Die Zukunft
des deutschen Kabelfernsehnetzes

Bernd Beckert · Wolfgang Schulz
Peter Zoche · Hardy Dreier

Die Zukunft des deutschen Kabelfernsehnetzes

Sechs Schritte zur Digitalisierung

*Marktstudie für das Bundesministerium
für Wirtschaft und Arbeit*

Mit 55 Abbildungen

Physica-Verlag
Ein Unternehmen
von Springer

Dr. Bernd Beckert
Peter Zoche M.A.
Fraunhofer-Institut
System- und Innovationsforschung (ISI)
Breslauer Straße 48
76139 Karlsruhe
b.beckert@isi.fraunhofer.de
p.zoche@isi.fraunhofer.de

Dr. Wolfgang Schulz
Hardy Dreier M.A.
Hans-Bredow-Institut für Medienforschung
Heimhuder Straße 21
20148 Hamburg
h.dreier@hans-bredow-institut.de
w.schulz@hans-bredow-institut.de

ISBN 3-7908-1584-5 Physica-Verlag Heidelberg

Bibliografische Information Der Deutschen Bibliothek
Die Deutsche Bibliothek verzeichnet diese Publikation in der Deutschen Nationalbibliografie;
detaillierte bibliografische Daten sind im Internet über <http://dnb.ddb.de> abrufbar.

Dieses Werk ist urheberrechtlich geschützt. Die dadurch begründeten Rechte, insbesondere die der Übersetzung, des Nachdrucks, des Vortrags, der Entnahme von Abbildungen und Tabellen, der Funksendung, der Mikroverfilmung oder der Vervielfältigung auf anderen Wegen und der Speicherung in Datenverarbeitungsanlagen, bleiben, auch bei nur auszugsweiser Verwertung, vorbehalten. Eine Vervielfältigung dieses Werkes oder von Teilen dieses Werkes ist auch im Einzelfall nur in den Grenzen der gesetzlichen Bestimmungen des Urheberrechtsgesetzes der Bundesrepublik Deutschland vom 9. September 1965 in der jeweils geltenden Fassung zulässig. Sie ist grundsätzlich vergütungspflichtig. Zuwiderhandlungen unterliegen den Strafbestimmungen des Urheberrechtsgesetzes.

Physica-Verlag ist ein Unternehmen von Springer Science+Business Media GmbH

springer.de

© Physica-Verlag Heidelberg 2005

Die Wiedergabe von Gebrauchsnamen, Handelsnamen, Warenbezeichnungen usw. in diesem Werk berechtigt auch ohne besondere Kennzeichnung nicht zu der Annahme, dass solche Namen im Sinne der Warenzeichen- und Markenschutz-Gesetzgebung als frei zu betrachten wären und daher von jedermann benutzt werden dürften.

Umschlaggestaltung: Erich Kirchner, Heidelberg

SPIN 11417194   43/3153-5 4 3 2 1 0 – Gedruckt auf säurefreiem Papier

Vorwort

Das deutsche Kabelfernsehnetz ist mit 22 Mio angeschlossenen Haushalten das zweitgrößte nach den USA. Mehr als 50 % aller Haushalte empfangen hierzulande ihre Fernsehprogramme über das Breitbandkabel, das damit mit Abstand der bedeutendste Verbreitungsweg für Rundfunkprogramme ist. Und es ist nicht nur für die Übertragung von Fernsehen und Radio geeignet, sondern auch für neue interaktive Dienste, wie z.B. Highspeed-Internet oder Voice over IP (Telefonie). Wegen seiner überlegenen technischen Kapazität wird das Breitbandkabelnetz seit Jahren auch als „Königsweg zu Multimedia" bezeichnet. Voraussetzung ist allerdings, dass die Übertragung durchgängig digitalisiert und das Netz bidirektional aufgerüstet wird. Dies erfordert zunächst große Investitionen in die Technik. Einig sind sich Netzbetreiber und Medienwirtschaft darin, dass ein künftiges, voll digitales Kabel-TV-Netz enorme wirtschaftliche Chancen birgt, weil es neue Angebote und neue Vermarktungsmöglichkeiten schafft und die Erweiterung etablierter Geschäftsmodelle erlaubt. Manche Experten sprechen gar von einem „Urknall" oder vom „Ende des Fernsehens in seiner heutigen Form" durch die Digitalisierung.

Tatsächlich kommt der Prozess der Digitalisierung im deutschen Kabel aber seit Jahren nicht so richtig in Gang. Strukturelle Eigenheiten des deutschen Kabelmarktes, häufige Eigentümerwechsel und unterschiedliche Strategien der Marktakteure haben bisher eine großflächige Digitalisierung verhindert. Man kann gar von einem „Knoten im Kabel" sprechen, der verhindert, dass das technische Potenzial dieser Infrastruktur realisiert wird. Für die Netzbetreiber besteht die akute Gefahr, bei der Rundfunkübertragung und bei den neuen Diensten ins Hintertreffen zu geraten. Dies wird insbesondere vor dem Hintergrund des anhaltenden Erfolgs des digitalen Satellitenfernsehens, der zunehmenden Konkurrenz des terrestrischen digitalen Fernsehens (DVB-T) und der rasanten Verbreitung von DSL über das Telefonfestnetz deutlich.

Wie der Knoten im Kabel möglicherweise gelöst werden kann und welche Rolle die Politik dabei spielt, wurde in einem Projekt im Auftrag des Bundesministeriums für Wirtschaft und Arbeit (BMWA) untersucht, das vom Fraunhofer-Institut System- und Innovationsforschung in Zusammenarbeit mit dem Hans-Bredow-Institut zwischen Januar und Oktober 2004 durchgeführt wurde. Aufgabe war es, in einer marktnahen Studie die wichtigsten Meilensteine auf dem Weg zu einem digitalen Kabelfernsehnetz und zu einer neuen digitalen Angebotsvielfalt aufzuzeigen sowie die aktuellen Konfliktlinien zu skizzieren.

Mit Hilfe eines speziellen Szenario-Ansatzes wurden sechs Schritte für die Digitalisierung herausgearbeitet und aufgezeigt, welche alternativen Entwicklungsverläufe sich ergeben können. Mit der Beschreibung der möglichen Schrittfolgen liegt erstmalig eine strukturierte Aufarbeitung der aktuellen Herausforderungen und eine zukunftsorientierte Darstellung der Digitalisierungsoptionen im deutschen Kabel-TV-Markt vor.

Redaktionsschluss der Studie war der 31. September 2004. Entwicklungen, die sich nach diesem Termin ergeben haben, konnten nicht mehr berücksichtigt werden. Die Gründe für die Bewegung, in die der Kabelmarkt - und mit ihm Teile der Medienbranche - geraten ist, werden in diesem Buch ausführlich dargestellt. Und trotz der zwischenzeitlich unternommenen bzw. fehlgeschlagenen Eigentümerwechsel bleiben die dargestellten Entwicklungs- und Konfliktlinien gültig. Die Diskussion um die Konsolidierung innerhalb der NE-3 (Aufkauf von Ish, Iesy und KabelBW durch Kabel Deutschland), die während der Erstellung der Studie intensiv in der Öffentlichkeit geführt wurde, wird hier nicht aufgegriffen. Im Mittelpunkt stehen vielmehr die Digitalisierungsstrategien der Kabelnetzbetreiber selbst, die sich seither nicht grundlegend geändert haben.

An der Erstellung dieser Studie waren verschiedene Personen beteiligt, bei denen wir uns an dieser Stelle herzlich bedanken wollen: In Karlsruhe (ISI) Christiane Kneier und Silke Just; in Hamburg (HBI) Malte Ziewitz. Bei Prof. Dr. Ulrich Reimers und Dr. Dirk Jäger von der TU Braunschweig bedanken wir uns für die Unterstützung in technischen Fragen. In den Workshops und in Expertengesprächen standen uns kompetente Experten zur Verfügung, ohne die dieses Buch nicht zustande gekommen wäre: Nicole Agudo (VPRT), Dr. Franz Arnold (Arnold Consulting), Dr. Hans-Henning Arnold (RTL Group), Wolfgang Bauriedel (KabelBW), Wolfgang Becker (BMWA), Inge Berger (BMWA), Ralf Berger (FRK), Martin Bilger (KMS), Hagen Bossert (KabelBW), Gernot Busch (ZVEH), Michael Bobrowski (VZBV), Dr. Peter Charissé (ANGA), Sabine Christmann (Premiere), Dr. Günther Ernstberger (KMS), Albrecht Gundlach (BMWA), Andreas Hamann (LfK), Stephan Heimbecher (Premiere), Dr. Ralf Heublein (Deutscher Kabelverband), Martin Herkommer (Kabel BW), Klaus Hofmann (ProSiebenSAT1), Anne Kemmler (BMWA), Dr. Michael Klein (ZVEI), Bruno Krüger (ZDF), Annegret Kübler-Bork (RegTP), Heinz-Peter Labonte (FRK), Dr. Georg Lütteke (ZVEI), Bernd Nitzschner (LKS), Hansjörg Pätz (KabelBW), Gerald Plischke (TeleColumbus), Norbert Reckers (Dream Multimedia-TV), Dr. Beate Rickert (KDG), Eckart Roeder (ZVEI), Alexander Sacher (Premiere), Dietmar Schickel (TeleColumbus), Dr. Annette Schumacher (KDG), Marc Schröder (T-Online), Dr. Claus Wedemeier (GDW), Dr. Oliver Werner (WDR).

Karlsruhe und Hamburg

Februar 2005

Bernd Beckert (ISI) und Wolfgang Schulz (HBI)

Inhaltsverzeichnis

Vorwort V

Zusammenfassung: Sechs Schritte zur Digitalisierung des deutschen Kabels und Empfehlungen für die Politik 1

1 Einleitung und Fragestellung 11

    1.1   Internationale Erfahrungen mit Fahrplänen für die Digitalisierung 13

2 Struktur des deutschen Kabel-TV-Marktes und aktuelle Tendenzen 19

    2.1   Versorgte WE und Endkundenbeziehungen 20

    2.2   Möglichkeiten der Abkopplung vom Signal der NE-3 22

    2.3   „Überbauung" der NE-4 als Gegenstrategie (WLAN) 24

    2.4   Kooperationen zwischen NE-3 und NE-4/WoWi 25

    2.5   Die Zukunft der Netzebenentrennung und die 2-Märkte-Theorie 27

    2.6   Einführung des Vermarktungsmodells im deutschen Kabelmarkt 28

3 Aktueller Stand der Digitalisierung des deutschen Kabels 31

    3.1   Digitales Fernsehen (FreeTV und Pay-TV) 31

    3.2   Interaktive TV-Dienste (auf MHP-Basis) 32

    3.3   Kabelmodemangebote 33

4 Technische Aspekte der Digitalisierung des Kabelnetzes 35

    4.1   Referenzmodell eines „Full Service Networks" 35

    4.2   Alternative Modelle und pragmatische Herangehensweisen bei der Netzaufrüstung 37

    4.3   Kosten der Netzaufrüstung 41

    4.4   Zuführungskonzepte: Zentrale Playout-Center und regionale Programme 42

    4.5   Typen von Set-top-Boxen für das digitale Fernsehen 44

    4.5.1 Free-to-Air-Boxen ohne Verschlüsselungssystem 44

    4.5.2 Free-to-Air-Boxen mit Common Interface-Slot 45

    4.5.3 Pay-Boxen mit Embedded Conditional Access 46

    4.5.4 Pay-Boxen mit Embedded CA und Common Interface-Slots ... 48

    4.6   Komponenten für Kabelmodemsysteme 50

5 Nutzer: Nachfrageverhalten und Nutzungspotenziale ... 53
5.1 Digitales Fernsehen ... 53
5.2 Interaktive TV-Dienste ... 57
5.3 Highspeed-Internet über Kabel ... 57

6 Regulierung: Rechtliche Aspekte und Politikoptionen ... 65
6.1 Europa- und verfassungsrechtliche Vorgaben ... 65
6.1.1 Europarechtliche Vorgaben ... 65
6.1.2 Verfassungsrechtliche Vorgaben ... 66
6.2 Einfachgesetzlicher Regelungsrahmen ... 67
6.2.1 Einspeiseverpflichtungen ... 67
6.2.2 Einspeisebedingungen ... 72
6.2.3 Zugang zu digitalen Zusatzdiensten ... 74
6.2.4 Entgeltregulierung ... 79
6.2.5 Missbrauchsaufsicht ... 83
6.2.6 Sonstige Vorgaben für einzelne Angebote ... 85

7 Markttreiber und Markthemmnisse der Digitalisierung der Breitbandkabelnetze ... 87
7.1 Markttreiber ... 88
7.1.1 Abschluss des Verkaufs der NE-3-Netze der Deutschen Telekom an Investoren ... 88
7.1.2 Digitalisierungsstrategien der Kabel Deutschland GmbH ... 88
7.1.3 Verschärfter Wettbewerb auf Grund der Entwicklungen beim digitalen Satellitendirektempfang, bei DVB-T und DSL ... 89
7.1.4 Nachfrageentwicklung bei Highspeed-Internet ... 89
7.1.5 Verfügbarkeit von Hard- und Software für Highspeed-Internet-Systeme für kleinere und mittelgroße Netze ... 90
7.1.6 Günstigere Internet-Standleitungen durch TK-Liberalisierung ... 90
7.1.7 Sinkende Hardware- und Equipmentkosten ... 90
7.1.8 Einigung von Programmveranstaltern, Geräteindustrie und Netzbetreibern auf den MHP-Standard ... 91
7.1.9 Digitalisierungs-Aktivitäten von EU-Kommission, Bundesregierung und Ländern ... 91
7.2 Markthemmnisse ... 92
7.2.1 Unterschiedliche Digitalstrategien bei den großen Privatsendern und den Netzbetreibern ... 92
7.2.2 Weiter andauernde Fragmentierung von NE-3 und NE-4 ... 92
7.2.3 Unsicherheit der Kabelnetzbetreiber über künftige Geschäftsmodelle ... 93

7.2.4	Unterschiedliche Boxenstrategien	93
7.2.5	Unsicherheit über Nutzerakzeptanz neuer digitaler TV-Angebote und interaktiver TV-Dienste	94
7.2.6	Konzentration auf Technik statt auf Inhalte im Bereich High-speed-Internet über Kabel	95
7.2.7	Keine gemeinsame Vermarktungsplattform für das digitale Fernsehen	95

8 Meilensteine der Digitalisierung in Deutschland 97

8.1	Neue Inhalte und neue Anbieter auf der digitalen Kabel-TV-Plattform	98
8.2	Boxenfrage und Standard für interaktive Anwendungen	102
8.3	Adressierbarkeit und Einspeisung der großen Privatsender	113
8.4	Netzausbau	120
8.5	Kooperationen zwischen NE-3- und NE-4-Betreibern	123
8.6	Kundennachfrage und Dauer der Simulcast-Phase	126
8.7	Gemeinsames Kommunikationskonzept für die Einführung des digitalen Fernsehens in Deutschland	131

9 Entwicklung eines Szenarios zur vollständigen Digitalisierung der Kabel-TV-Netze 133

9.1	Die Boxenfrage: Zapping-Box, voreingestelltes Verschlüsselungssystem oder Common-Interface	137
9.2	Die Verschlüsselungsfrage: Schneller Aufbau einer Pay-Plattform vs. Einstieg in eine frei empfangbare Digitalvielfalt	140
9.3	Der Netzausbau: TV-zentriert vs. Internet-orientiert	142
9.4	NE-3/NE-4-Kooperationen: Vermarktung vs. Durchleitung neuer Angebote	144
9.5	Neue Inhalte, neue Anbieter: Vervielfachung des Bekannten oder Entstehen einer neuen Vielfalt?	146
9.6	Dauer des Simulcast: Forcierter Umstieg vs. „Endlos"-Simulcast	147

10 Empfehlungen für die Politik 151

10.1	Verstetigung der Selbstbeobachtung	152
10.2	Koordination der politisch-administrativen Akteure	153
10.3	Optimierungsmöglichkeiten im Einzelnen	154

Literatur 155

Anhang A: Übersicht über interaktive TV-Angebote in Deutschland 167

Anhang B: Business Cases 179

Anhang C: Studien zum Nutzerverhalten 187

Zusammenfassung: Sechs Schritte zur Digitalisierung des deutschen Kabels und Empfehlungen für die Politik

Das Szenario, das in diesem Buch entwickelt wird, zeigt die Schrittfolge für die Lösung der zentralen Konflikte bei der Digitalisierung der deutschen Kabel-TV-Netze und veranschaulicht, welche Konsequenzen die jeweiligen Entscheidungen für die künftige Entwicklung der deutschen Medien- und Kabelbranche haben. Aus der komplexen und teilweise unübersichtlichen Gemengelage im deutschen Kabelmarkt wurden systematisch jene Meilensteine herausgearbeitet, die auf dem Weg zu einer vollständigen Digitalisierung erreicht werden müssen. Die Prämisse war dabei, dass die Digitalisierung kein Selbstzweck ist, sondern dass sie dazu beiträgt, die Ressourcen des Kabels intensiver zu nutzen und somit die Wettbewerbsfähigkeit des Breitbandkabelnetzes gegenüber konkurrierenden Infrastrukturen wie Satellit, Terrestrik oder DSL zu erhalten bzw. zu verbessern.

Grundlage für die Zusammenstellung, Beschreibung und Priorisierung der Meilensteine waren Experteneinschätzungen, die in Interviews, auf Fach-Veranstaltungen und in zwei Experten-Workshops im April und September 2004 eingeholt wurden. Abbildung 1 zeigt das Szenario mit der Anordnung der Meilensteine.

Abbildung 1: Szenario für die Digitalisierung der Kabelnetze

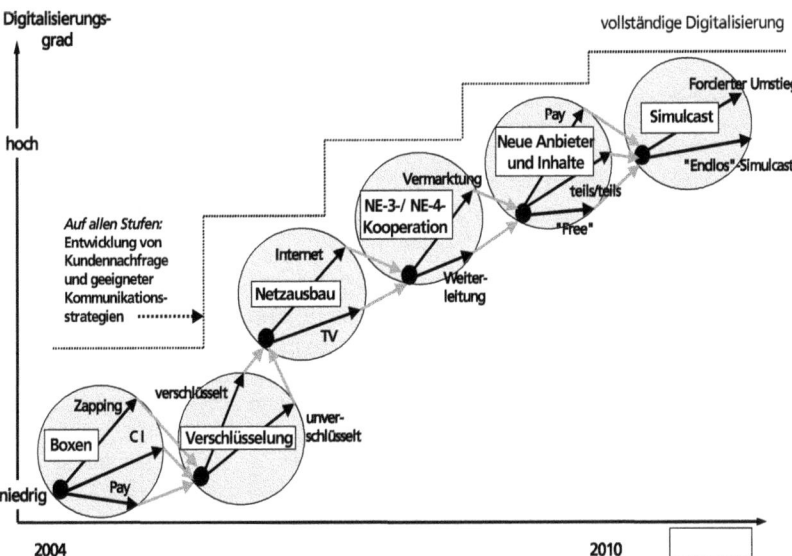

Die unterschiedlichen Standpunkte der Akteure zum Thema „Dauer des Simulcast", lassen es beim Kabel - im Unterschied etwa zur Terrestrik - wenig sinnvoll erscheinen, das Jahr 2010 als festen Endpunkt der Entwicklung zu betrachten. Dennoch wurde in Abbildung 1 das Jahr 2010 auf der Zeitachse als Orientierungsmarkte eingezeichnet. Denn bei einer optimalen Pfadwahl könnte bis 2010 durchaus ein hoher Digitalisierungsgrad erreicht sein.

Neben der Darstellung der Standpunkte der verschiedenen Akteure werden in dieser Studie die Strukturen und die aktuellen Entwicklungen im deutschen Kabelmarkt aufgearbeitet. Dazu gehört neben der Auseinandersetzung mit den Themen Technik, Regulierung und Nutzerverhalten auch die Beschreibung von so genannten Business Cases, d. h. von Netzbetreibern, die als Vorreiter in ihrem speziellen Segment gelten. Die Entwicklung des Umstiegsszenarios basiert auf diesen Analysen, die Teilergebnisse fließen jeweils in die Beschreibung der Meilensteine ein.

Jeder der sechs Schritte zur Digitalisierung schafft Tatsachen, die sich auf die nachfolgenden Schritte auswirken. Die grundlegenden Handlungsoptionen der Akteure werden so sukzessive konkretisiert und fokussiert. Idealerweise werden die Interessen der verschiedenen Akteure auf das gemeinsame Ziel der Digitalisierung ausgerichtet. Es besteht aber auch die Möglichkeit, dass sich ein starker Akteur oder eine Gruppe von Akteuren mit ihren jeweiligen Vorstellungen durchsetzt. Ebenfalls denkbar ist die Option, dass sich zwei oder drei starke Akteure mit jeweils eigenen Digitalisierungsstrategien durchsetzen. Da die Digitalisierung des deutschen Kabels erst am Anfang steht, bedeutet dies, dass wir uns momentan an einem Scheideweg befinden.

Alle sechs Kernfragen der Digitalisierung werden gleichermaßen von zwei Aspekten beeinflusst, die vor die Klammer gezogen wurden: Der Kundennachfrage und der Umsetzung geeigneter Kommunikationsmaßnahmen.

„Digitales Fernsehen", „breitbandiges Internet über Kabel" und „interaktive TV-Angebote" sind erklärungsbedürftige Erfahrungsgüter, d. h. ihr individueller Mehrwert erschließt sich erst über die erfahrene Nutzung. Welche Nachfrage sich für diese Angebote entwickelt, ist offen und hängt prinzipiell von den Strategien der Anbieter ab. Einführungsangebote, Marketingkampagnen und Vertriebsschulungen können Instrumente sein, um die Kunden mit den neuen Angeboten vertraut zu machen.

Darüber hinaus kann ein abgestimmtes, gemeinsames Kommunikationskonzept aller oder zumindest der Mehrzahl der Akteure dazu führen, dass negative Entwicklungen wie bei der Einführung von Digital Audio Broadcasting (DAB) vermieden werden. Zwar lässt sich in der momentanen Phase schwer vorstellen, dass sich die Akteure auf ein gemeinsames Marketing- und Kommunikationskonzept verständigen können. Allerdings sollte nach Erreichen der ersten Etappen der Digitalisierung über ein solches, gemeinsames Konzept nachgedacht werden, um die Nachfrage nach den neuen Angeboten positiv zu beeinflussen. Internationale Erfahrungen zeigen, dass ein koordiniertes Kommunikationskonzept die Einführung des digitalen Fernsehens beschleunigte. Eine bedeutende Moderationsaufgabe von Bund, Ländern und Regulierern könnte gerade an diesem vermeintlich „weichen" Faktor die Digitalisierung wesentlich beschleunigen.

Im Umstellungsszenario werden folgende Kernfragen der Digitalisierung bearbeitet:

1. Die Boxenfrage: Zapping-Box, voreingestelltes Verschlüsselungssystem oder Common-Interface

Die Beantwortung der Boxenfrage bildet zusammen mit der Entscheidung für oder gegen eine Verschlüsselung der großen Privatsender den ersten und momentan wichtigsten Baustein im Digitalszenario. Dabei geht es um die Frage, welche Set-top-Boxen (Zapping-, embedded CA-, oder CI-Boxen)[1] mit welcher Geschwindigkeit in die Haushalte gebracht werden. Die Art der installierten Boxen entscheidet über das mögliche Nutzungsspektrum durch den Verbraucher. Eine ausreichende Boxenverbreitung ist Voraussetzung sowohl für das Entstehen einer digitalen Programmvielfalt im Free-TV-Bereich als auch für die Entwicklung einer vielfältigen Pay-TV-Welt. Langfristig geht es darum, die Set-top-Boxen als digitale Kabelempfangskomponenten in die TV-Geräte zu integrieren. In der Pay-Welt kann neben der Beteiligung der etablierten deutschen Sender mit dem verstärkten Auftreten internationaler Programmveranstalter und mit einem verstärkten Engagement branchenfremder Akteure gerechnet werden. In der Free-TV-Variante werden dagegen zunächst hauptsächlich die bereits im analogen Bereich aktiven Sender und Medienhäuser Inhalte für die digitale Plattform zur Verfügung stellen. Da sich in diesem Rahmen die Pay-Plattform parallel zur Free-Plattform entwickeln wird, kann sich eine auf Bezahldienste fokussierte Anbieterlandschaft prinzipiell auch bei der Free-TV-Variante entwickeln. Die Entscheidung der Boxenfrage obliegt allein den Marktakteuren, wobei letztlich die Kunden entscheiden werden, welche Variante für sie attraktiver ist. Aus einer medienrechtlichen und -politischen Perspektive spricht bei dem Entwicklungspfad in Richtung „Pay" viel dafür, die Etablierung von CI-Boxen zu präferieren. Hierbei ist es wichtig festzustellen, dass die momentanen technischen Anfälligkeiten von CI-Boxen sowie die Frage des Haftungsrisikos, wenn z. B. das Verschlüsselungssystem eines Anbieters zum Absturz des Receivers und somit zum Sendeausfall eines anderen, ebenfalls zahlungspflichtigen Angebots führt, noch geklärt werden müssen.

2. Die Verschlüsselungsfrage: Schneller Aufbau einer Pay-Plattform vs. Einstieg in eine frei empfangbare Digitalvielfalt

Die Lösung der Verschlüsselungsfrage, die in Deutschland unmittelbar an die Boxenfrage gekoppelt ist, stellt den zweiten Meilenstein des Umstellungsszenarios dar. Einigen sich die Kabel Deutschland GmbH (KDG) und die großen deutschen Privatsender auf die Verschlüsselung ihrer Programme, kann mit attraktiven Inhalten und einem entsprechendem Marketingaufwand relativ rasch eine Pay-Infrastruktur aufgebaut werden. In vielen Regionen würden dann Kabel-Boxen mit voreingestelltem Conditional Access der KDG Standard werden. Bei entsprechender Preisgestaltung würde dies für die Verbraucher die Einstiegsschwelle für Pay-TV-Angebote deutlich senken und deshalb vermutlich eine vielfältige Pay-Welt beför-

---

[1] Zapping-Boxen: einfache Set-top-Boxen ohne Entschlüsselungsmodul; Embedded CA (Conditional Access): voreingestelltes Verschlüsselungssystem in der digitalen Kabelbox; CI (Common Interface) -Slot: Steckplatz in der Set-top-Box, der das Verschlüsselungsmodul eines Anbieters aufnehmen kann. Eine ausführliche Darstellung der Boxenoptionen findet sich in Kapitel 4.5.

dern. Sollten sich die KDG und die Privatsender allerdings darauf verständigen, dass ihre Programme unverschlüsselt eingespeist werden, würde der Pay-TV-Bereich zunächst weiterhin ein Nischenmarkt bleiben. Es würde eine 1:1-Übertragung der analogen auf die digitale Programmwelt stattfinden, in der neben den öffentlich-rechtlichen auch die werbefinanzierten Sender frei empfangbar wären. Bei dieser Variante würden vorwiegend Zapping-Boxen in unterschiedlichen Ausstattungen nachgefragt werden. Pay-fähige Boxen wären dann nur mit erhöhtem Marketingaufwand in den Markt zu bringen, z. B. durch die Kopplung an ein Pay-TV-Abonnement. Die Frage der Grundverschlüsselung wird auch als juristische Diskussion geführt, so dass Entscheidungen der Regulierer und des Bundeskartellamtes für diese Pfadentscheidung Bedeutung erlangt. Derzeit hemmt die Stagnation bei diesem Meilenstein erkennbar die Dynamik der Digitalisierung.

3. Der Netzausbau: TV-zentriert vs. Internet-orientiert

Vom eingeschlagenen Weg in den ersten beiden Meilensteinen hängt auch der Weg ab, der künftig bei der Aufrüstung der Netze eingeschlagen wird. Die Strategien TV-zentriert und Internet-orientiert schließen sich nicht aus, sie zeigen aber die Orientierung beim weiteren Netzausbau. Erweist sich die Strategie einiger großer Netzbetreiber und insbesondere der KDG als erfolgreich, über neue Pay-TV-Angebote zusätzliche Umsätze zu generieren, wird der Ausbau großer Teile des deutschen Kabelnetzes zunächst TV-orientiert, d. h. in technisch reduzierter Form erfolgen. Bidirektionale Aufrüstungen wird es dann nur punktuell und vornehmlich in Städten geben, in denen die Nachfrage nach Breitband-Internet besonders groß ist. Sollte sich dagegen die Free-TV-Variante durchsetzen, könnte der Bereich der interaktiven Dienste über Kabel zu einem strategisch wichtigeren Bereich für die Netzbetreiber werden. Dies gilt - aus unterschiedlichen Gründen - sowohl für die KDG als auch für viele kleine und mittelständische Netzbetreiber, denen damit zunehmend die Rolle von Telekommunikationsanbietern zufallen würde. Aus der Sicht von Medienpolitik und Medienrecht ist der Ausbau nicht nur im Hinblick auf die Vielfalt im Rundfunkbereich relevant, sondern auch für den Wettbewerb in anderen Märkten, etwa DSL und Sprachtelefonie. Letzteres kann im Hinblick auf die kartellrechtliche Beurteilung von Fusionen Auswirkungen haben, bzw. andersherum von ihnen beeinflusst werden.

4. NE-3/NE-4-Kooperationen: Vermarktung vs. Durchleitung neuer Angebote

Die erfolgreiche Gestaltung der Kooperationsbeziehungen zwischen dem größten NE-3-Betreiber (KDG) und den anderen NE-3/NE-4-Betreibern hat entscheidende Auswirkungen auf den gesamten Prozess der Digitalisierung. Dies insbesondere dann, wenn sich die KDG mit ihrem Plan der Verschlüsselung der großen Privatsender durchsetzen und eine einheitliche Pay-Plattform für das Kabelfernsehen in ihren direkten und indirekten Versorgungsgebieten aufbauen kann. Dann ist sie in einem zweiten Schritt daran interessiert, das „Kabel digital"-Angebot auch in Kooperation mit den NE-3/NE-4-Betreiber zu vermarkten. Die NE-3/NE-4-Betreiber legen allerdings Wert darauf, die direkten Endkundenbeziehungen zu behalten. Sie müssen sich deshalb langfristig entscheiden, ob sie sich aktiv an der Vermarktung der KDG-Angebote (oder anderer Angebote) beteiligen wollen, oder ob sie weiterhin reine Infrastrukturanbieter bleiben wollen. Soweit die Kooperation der Netzebenen durch Fusionen gelöst wird, stellen sich kartellrechtliche Fragen. Bei vertikaler Integration kann auch die Frage der Verhinderung vorherrschender Meinungsmacht relevant werden.

5. Neue Inhalte und neue Anbieter: Vervielfachung des Bekannten oder Entstehen einer neuen Vielfalt

Unabhängig davon, in welcher Form Bezahlplattformen eingeführt werden, ermöglicht das digitale Fernsehen in Kombination mit Verschlüsselungsverfahren neue Vermarktungsformen für Inhalte der unterschiedlichsten Art. So können z. B. attraktive Begegnungen im Fußball oder in anderen Sportarten als günstige Einzeltickets im Pay-per-view-Verfahren verkauft werden. Auch Spielfilme können einzeln angeboten und abgerechnet werden, ohne dass ein Jahresabonnement gekauft werden muss. Voraussetzung für solche spontanen Nutzungsentscheidungen ist dabei, dass eine entsprechende Box bereits im Haushalt vorhanden ist. Aber auch ohne Bezahlfunktionen kann eine neue Vielfalt entstehen, nämlich bei den Internet-basierten Diensten. Deren Entwicklung ist technisch nicht an die Verschlüsselungsfrage gekoppelt. Sie hängt aber von einer entsprechenden Netzaufrüstung und von geeigneten NE-3/4-Kooperationsmodellen ab. Darüber hinaus kann durch neue Programm-Verknüpfungen auch bei einer Vervielfachung des Bekannten in der Free-TV-Variante eine neue Qualität des Fernsehens entstehen. Medienpolitisch ist die Entstehung neuer Vielfalt ein unterstützungswürdiges Ziel. Allerdings vollzieht sich diese Entwicklung vor dem Hintergrund einer immer noch nicht konvergenzgerechten Rechts- und Aufsichtsstruktur. Regulierer stehen vor der Aufgabe, ganz neue Risiken für Zugangschancen zu bedenken, wie es sich etwa beim Konflikt um den Basisnavigator in der Set-top-Box zeigt. Darauf bezogene Regulierungsentscheidungen können den Entwicklungspfad daher prägen.

6. Dauer des Simulcast: Forcierter Umstieg vs. „Endlos"-Simulcast

Anders als bei der Digitalumstellung der Terrestrik (DVB-T) ist ein „forcierter Umstieg" mit einem festen Abschalttermin im Kabel technisch nicht zwingend notwendig. Aus Kostengründen ist aber auch ein „Endlos"-Simulcast nicht erwünscht. Von daher ist es notwendig, dass eine Strategie für eine möglichst rasche und marktgerechte Beendigung der Simulcast-Phase erarbeitet wird. In einer solchen Strategie sollte die Festlegung eines Abschalt-Termins getroffen werden. Dieser sollte jedoch den ökonomischen Bedingungen der Marktakteure Rechnung tragen und an einer Mindestverbreitungsquote von digitalen Empfangsgeräten in den Haushalten orientiert sein. Die Frage, die sich in diesem Zusammenhang stellt ist, wer den gesamten Prozess des Umstiegs und die Festlegung des Abschalttermins koordinieren kann.

Die unterschiedlichen Positionen zu den einzelnen Meilensteinen machen deutlich, dass jede einzelne Entscheidung nicht nur von gemeinsamen, sondern auch von gegensätzlichen Vorstellungen über die zukünftige Entwicklung getragen ist.

Im Interesse einer durch breite Zustimmung der Akteure und große Resonanz bei den Kunden getragenen Digitalisierung wäre es hilfreich, wenn auf möglichst neutraler Grundlage Entscheidungen getroffen würden. Wenn aus den genannten Gründen ein vollständiger „Rolloutplan" unrealistisch und vielleicht auch unangemessen erscheint, könnte die Entwicklung von einer moderierten Verhandlung über den einzuschlagenden Pfad von Meilenstein zu Meilenstein profitierten. Dies setzt voraus, dass hierfür eine geeignete Plattform geschaffen wird, die ohnehin für die Koordination der Kommunikation sinnvoll erscheint und zumindest kurzfristig für jede der als Meilenstein beschriebenen Etappen der Entwicklung Strukturierungsangebote macht. Zudem kann auch andersherum Medien- und Technologiepolitik sowie Regulierung von früher Information profitieren, da sich voraussichtlich viele Fragen der Konvergenz gerade beim Kabel zuerst stellen werden.

Empfehlungen für die Politik

Aufgabe der vorliegenden Studie ist es primär, den am Prozess der Digitalisierung der Breitbandkabelanlagen beteiligten Akteuren die vertretenen Positionen und ihre relevanten Rahmenbedingungen zu spiegeln, um so die sachliche Auseinandersetzung voranzubringen und möglicherweise bestehende unbegründete Blockaden zu überwinden. Da es sich um eine Momentaufnahme handelt und sich die Marktbedingungen und Rahmenbedingungen rasch verändern, ist die mögliche Steuerungskraft einer solchen Untersuchung natürlich begrenzt.

Für die Begleitung der Entwicklung durch die Politik gilt die inhärente Begrenzung ebenfalls. Allerdings kann die Studie zusätzlich Anhaltspunkte dafür liefern zu beurteilen, wie wahrscheinlich es ist, dass sich die Marktakteure ohne Veränderungen der durch Politik beeinflussbaren Rahmenbedingungen im Sinne des gewünschten Politikzieles – d. h. einer rascher voranschreitenden Digitalisierung – bewegen. Und sie kann zeigen, welche einzelnen Konfliktpunkte in Zukunft von den Marktakteuren und den Politikverantwortlichen ausgeräumt werden müssen. Hierzu bedarf es kontinuierlicher Arbeit an den Details. Denn als Ziel ist die Digitalisierung von allen Marktakteuren unbestritten. Insbesondere die Kabelnetzbetreiber haben ein genuines Interesse an der Weiterentwicklung ihrer technischen Infrastruktur. Ein Anhalten der Blockade bei der Digitalisierung des Kabels würde unweigerlich dazu führen, dass dieser Distributionsweg hinter die immer stärker werdende Konkurrenz von digitalem Satellit, digitaler Terrestrik und DSL zurückfällt.

Dabei wird im Folgenden das Politikziel einer möglichst raschen Digitalisierung als gegeben gesetzt, ohne es damit wissenschaftlich zu affirmieren oder gar als rechtliche Notwendigkeit abzuleiten. Für die Digitalisierung sprechen allerdings nicht nur technologiepolitische Gründe, sondern auch die damit verbundenen Möglichkeiten, ein Mehr an Vielfalt in der öffentlichen Kommunikation zu erreichen. Digitalisierung ist aber kein Selbstzweck, es geht um Vielfalt im qualitativen Sinne, so dass es im Sinne von Art. 5 Abs. 1 S. 2 GG sicherlich kein Fortschritt wäre, wenn durch die Digitalisierung ein publizistisches Programm, z. B. durch mehrere Teleshopping-Kanäle abgelöst würde.

Von der Initiative Digitaler Rundfunk (IDR) wurde festgestellt, dass die Digitalisierung des Kabels bis 2010 „marktgetrieben" erfolgen soll (vgl. BMWi 2000 und BMWA 2003). In der Praxis haben jedoch einige Akteure keine Eile. So verhalten sich z. B. einige kleine und mittelständische NE4-Betreiber eher abwartend. Sie haben in der Vergangenheit wechselnde Strategien der großen NE3-Betreiber erlebt. Hinzu kommt, dass die mittelständischen Netzbetreiber mit eigenen Angeboten sich auch strategisch von Netzbetreibern absetzen, die als reine Wiederverkäufer der Angebote der NE-3-Betreiber fungieren. Auch haben viele kleine und mittelgroße NE3/NE-4-Betreiber noch keine Digitalisierungsstrategie und sind momentan erst dabei, sich in diesem Feld zu positionieren. Die Marktstrategien im NE-3/NE-4-Bereich sind alles andere als homogen. Gleiches gilt für die Marktstrategien der Privatsender. So nehmen insbesondere die großen Privatsender die Digitalisierung zum Anlass, eine Einspeisegebühr für ihre Programme zu fordern. In dieser Situation verhalten sich die Sender zögerlich gegenüber der Digitalisierung - auch weil sie Reichweitenverluste fürchten - und wenden sich gegen eine Verschlüsselung ihrer Programme.

Vor diesem Hintergrund könnte eine inselweise Umstellung in Pilotregionen dazu dienen, konkrete Erfahrungen zu sammeln, Vorbilder zu schaffen und alternative Strategien zu entwickeln. Die inselweise Umstellung könnte von der Politik und den Landesmedienanstalten mit entsprechenden werblichen Maßnahmen und mit Begleituntersuchungen unterstützt werden. Auf diese Weise würden auch die Kundenbedürfnisse stärker in den Vordergrund gerückt. Hier müsste es darum gehen, Aufklärung zu schaffen und insgesamt die Vorteile des digitalen Kabelfernsehens in den Vordergrund zu rücken. Denn letztlich entscheiden die Kunden über Erfolg oder Misserfolg neuer digitaler Plattformen.

Der Blick ins Ausland belegt, dass auch dort, wo es keine Netzebenentrennung und keine zersplitterten Regulierungszuständigkeiten gibt, es massiver Koordinations- und Informationsanstrengungen bedarf, um die Digitalisierung der Rundfunkübertragung zu realisieren.

Im Laufe der Studie haben sich Hinweise für Verbesserungsmöglichkeiten der Rahmenbedingungen in Deutschland ergeben, die im Folgenden skizziert werden.

Verstetigung der Selbstbeobachtung

Zwar sind die Marktakteure in der Regel mit den Entwicklungen bestens vertraut, konzentrieren ihre Beobachtungsressourcen aber primär auf das, was für aktuelle Verhandlungen relevant erscheint. Eine Beobachtung der Gesamtentwicklung im Sinne der Positionierung der relevanten Akteure und der Abschätzung von aussichtsreichen Entwicklungspfaden, die sich mittel- und langfristig aus den Handlungsalternativen ergeben können, stellt sich nicht von selbst ein. Aus diesem Grund wird beispielsweise in Großbritannien im *Digital Television Project* eine solche Transparenz offensiv eingefordert.

Eine solche kontinuierliche Beobachtung ermöglicht auch den politischen Akteuren eine planende Gesamtschau. So kann einerseits ein an den wichtigen Teiletappen orientiertes Vorgehen erfolgen und andererseits hinreichende Flexibilität gewonnen werden, um die strittigen Teilprobleme zu überwinden. Es wird daher vorgeschlagen, ein Monitoring der Bearbeitung der Meilensteine vorzusehen und den Fortschritt transparent zu machen.

In diesem Sinne könnten die in dieser Studie vorgelegten Meilensteine als Grundlage einer „Roadmap der Digitalisierung" dienen. Die Umsetzung einer solchen *Roadmap* könnte die Politik aktiv unterstützen, indem sie den Marktakteuren z. B. zurückspielt, an welcher Verzweigung sie momentan stehen und welche Probleme noch ungelöst sind. Aus dem Kapitel „Meilensteine" ergeben sich dafür bereits relevante Hinweise im Hinblick auf Interdependenzen bestimmter Entscheidungen. Zur adäquaten Umsetzung einer solchen *Roadmap* der Digitalisierung müsste mit Unterstützung des Wirtschaftsministeriums zunächst eine entsprechende Arbeitsstruktur vorgegeben werden.

Koordination der politisch-administrativen Akteure

Mit der Liberalisierung und Privatisierung im TK-Bereich ist auch die Entwicklung der technischen Voraussetzungen für die Übertragung elektronischer Medien in die Gestaltungsmacht Privater überführt worden. Insoweit gibt es keine direkt wirkende Infrastrukturpolitik mehr, stattdessen wird die Entwicklung immer stärker von Einzelentscheidungen der Regulierer und des Kartellamtes geprägt.

Es ist bezeichnend für die Situation im Bereich der Übertragungstechnologie, dass eine Vorentscheidung des Bundeskartellamts im Juli 2004 über konkrete Fusionsvorhaben eines Breitbandkabelanbieters eine Struktur bildende Funktion für den gesamten Markt einschließlich der auf den Netzen verfügbaren Dienstleistungen zukommt. In diesem Zusammenhang erscheint es zum einen interessant, dass das Bundeskartellamt selbst in seiner Mitteilung gegenüber der KDG die Rahmenbedingungen medien- und telekommunikationsrechtlicher Regulierung als für die Betrachtung der Handlungsspielräume der KDG im kartellrechtlichen Sinne irrelevant einstuft und zum anderen, dass es die Grenzen seiner eigenen Handlungsmöglichkeiten thematisiert, indem es darauf aufmerksam macht, dass es weder Aufgabe noch Kapazitäten besitzt, die Durchsetzung von Ausbauauflagen durchzusetzen. Dies macht deutlich, dass eine solche Einzelfallentscheidung mit den weit reichenden Folgen eher überlastet wird und infrastrukturpolitische Maßnahmen nicht ersetzen kann.

Das Verhältnis von Medienrecht und Telekommunikationsrecht in diesem Bereich ist zudem durch die verfassungsrechtlich vorgegeben Kompetenzgrenzen gekennzeichnet. Auf der gegebenen verfassungsrechtlichen Grundlage können die damit verbundenen Probleme nur durch verstärkte Kooperation und Koordination bewältigt werden. Dies ist bedauerlicherweise auf gesetzlicher Ebene in den §§ 48 ff. TKG nur schwach vorstrukturiert, wird allerdings derzeit in der konkreten Zusammenarbeit von RegTP und LMA ausgeformt.

Die hier nur mit knappen Strichen skizzierte Lage führt dazu, dass derzeit nicht erkennbar ist, dass Gesetzgeber und Behörden auf Bundes- und Landesebene ihre Handlungsspielräume im Hinblick auf das Ziel der Digitalisierung koordinieren. Die Novellierungen des TKG, die Rundfunkänderungsstaatsverträge, Einzelentscheidungen von Landesmedienanstalten, RegTP und Bundeskartellamt formen zusammen den Regulierungspfad, für den bislang im Hinblick auf seine Auswirkungen für die Digitalisierung kein systematisches Instrument der Koordination zur

Verfügung steht. Mittel- oder langfristig erscheint es sinnvoll, Vorschläge etwa im Hinblick auf einen Koordinationsrat noch einmal zu prüfen.[2]

Kurzfristig ist auf die in angloamerikanischen Ländern übliche Praxis von Weißbüchern zu verweisen, die zumindest aus der Sicht eines oder mehrerer Politikakteure Projektionen in die Zukunft entwickeln, auf die sich andere, auch wirtschaftliche Akteure beziehen können. Diesen Planungen muss keine Verbindlichkeit zukommen, sie ermöglichen es den Akteuren aber zumindest, bei ihren Entscheidungen auf die Politik Bezug zu nehmen. Schon die klare Formulierung des Zieles kann, wie die Überlegungen zum analogen *Switchoff* bei der Terrestrik zeigen, steuernde Wirkung haben.

---

[2] Zu den unterschiedlichen Vorschlägen vgl. Hoffmann-Riem et al. (1999): Konvergenz und Regulierung. Gutachten im Auftrag des BMWA.

1 Einleitung und Fragestellung

„Pleiten, Pech und Pannen - das TV-Kabel sorgt seit Jahrzehnten hinter den Kulissen für mehr Spannung als auf dem Bildschirm." So wurde unlängst die Situation im deutschen Kabelmarkt beschrieben (Preissner 2004). Geht es nach den Vorstellungen der zentralen Akteure, ist mit der Digitalisierung des Kabels das Zeitalter der Pleiten, Pech und Pannen beendet. Doch die Spannung bleibt: In diesen Wochen und Monaten entscheidet sich, wie die künftige Kabellandschaft aussehen wird, ob ein neues Geschäftsmodell erfolgreich eingeführt werden kann, wie NE-3 und NE-4-Betreiber künftig miteinander auskommen, welche Endgeräte eingesetzt werden und welche neuen Angebote und Inhalte künftig entstehen können.

Vor dem Hintergrund der Digitalisierung der terrestrischen TV-Übertragung (DVB-T), der Entwicklung des digitalen Satellitendirektempfangs (DVB-S) und dem Siegeszug breitbandiger Internetverbindungen über DSL scheint eine möglichst rasche Digitalisierung des deutschen Breitbandkabelnetzes von großer Bedeutung. Insbesondere im Vergleich zum digitalen Satellitenfernsehen ist das Kabel in den letzten Jahren ins Hintertreffen geraten.[3]

Auch die volkswirtschaftliche und beschäftigungspolitische Bedeutung des Digitalisierungsvorhabens sollte nicht unterschätzt werden. Die Digitalisierung des Kabels wird Effekte in den verschiedenen Branchen zeigen und kann insgesamt zu einer neuen Dynamik im Medien- und IT-Bereich führen (vgl. z. B. Welfens et al. 2004). Primär sind von der Umstellung die Branchen Handel (Verkauf von Set-top-Boxen) und Handwerk (Umrüstung der Anlagen) betroffen, aber auch Broadcaster, Dienstleister und die Industrie (Hardware und Empfangsgeräte) können von einer raschen Umstellung profitieren.

Die entscheidende Frage ist daher, wie eine erfolgreiche Digitalisierung des Kabels mit einer entsprechenden Ausweitung des Programm- und Dienstespektrums von statten gehen kann. Welche Voraussetzungen müssen gegeben sein, welche zentralen Konflikte müssen geklärt, welche Akteure müssen eingebunden werden und von welchen Zeiträumen muss man realistischerweise ausgehen, bis eine vollständige Digitalisierung des Kabels Realität geworden ist?

Auf diese Fragen versucht die folgende Studie Antworten zu geben. Im Vordergrund steht die Analyse und Strukturierung der zentralen Konfliktlinien, die im Zusammenhang mit der Digitalisierung des Kabels von Bedeutung sind. Ziel der Studie ist es, ein Szenario zu entwickeln, das die entscheidenden Punkte der Digitalisierung benennt und die grundlegenden Optionen und Konsequenzen im Handeln der Akteure deutlich macht. Die Etappen der Digitalisierung werden dabei als Meilensteine dargestellt, über die eine Digital-Umstellung verlaufen muss.

---

3   Es müsse inzwischen bezweifelt werden, „ob das im Kabelnetz verfügbare Medienangebot die Meinungsvielfalt noch hinreichend widerspiegle", so der Bundesgerichtshof in einer aktuellen Urteilsbegründung über die Zulässigkeit von Satellitenschüsseln an Häuserfassaden (vgl. Nasemann 2004).

Auf dem Weg zu einem digitalen Kabel stellt sich nicht nur an den verschiedenen Weggabelungen, sondern generell die Frage, wer den Umstieg koordinieren kann und welche Rahmenbedingungen eine erfolgreiche Digitalisierung unterstützen können. In diesem Zusammenhang wird die Rolle des Staates als Moderator und der Regulierung als Schrittmacher einer raschen und chancengleichen Digitalisierung genannt.

Bund und Länder arbeiten gemeinsam mit Akteuren der Branche in der Initiative Digitaler Rundfunk (IDR) an Strategien für eine Umstellung, die gemeinsam von allen Akteuren getragen werden. Nachdem die Umstellung der Terrestrik (DVB-T) erfolgreich auf den Weg gebracht wurde, will sich die IDR nun verstärkt der Digitalisierung der Kabelnetze widmen (vgl. BMWA 2003, S. 9).

Diese Studie versteht sich als ein Beitrag im Rahmen dieser Bemühungen und soll dazu dienen, die Diskussion über konkrete Vorgehensweisen und Zeitpunkte anzuregen. Auf die Möglichkeit der Politik, Fahrpläne für die Digitalisierung und einen Abschalttermin festzulegen, wird gleich zu Beginn näher eingegangen. Im anschließenden Abschnitt wird gezeigt, welche Erfahrungen in Großbritannien und den Vereinigten Staaten mit einem solchen Vorgehen gemacht wurden und wie der Prozess der Digitalisierung dort organisiert wird.

Danach werden in sechs Kapiteln die analytischen Grundlagen für die Entwicklung des Umstiegsszenarios gelegt. Dabei wird zunächst auf die eigentümliche Struktur des deutschen Kabelmarktes eingegangen. Dann wird der Stand der Digitalisierung der Kabelnetze, wie er sich Ende 2004 darstellte, aufgezeigt. Anschließend wird auf ausgewählte technische Aspekte der Digitalisierung eingegangen, die die prinzipiellen Handlungsspielräume der Netzbetreiber besser verständlich machen sollen. Danach wird schlaglichtartig auf das Nachfrageverhalten und die zu erwartende Nutzung neuer Angebote über das Kabel-TV-Netz eingegangen. Im anschließenden Kapitel geht es um die rechtlichen Rahmenbedingungen und um die Politikoptionen im Zusammenhang mit der Digitalisierung. Schließlich werden in Kapitel 7 die Markttreiber und Markthemmnisse im Kabelmarkt zusammengefasst.

Die eigentliche Szenario-Entwicklung findet dann in den Kapiteln 8 und 9 statt. Kapitel 8 dokumentiert zunächst die Positionen der verschiedenen Akteure hinsichtlich der einzelnen Meilensteine. In Kapitel 9 werden schließlich die Etappenziele auf dem Weg zur Digitalisierung benannt und die Konsequenzen von Entscheidungen entlang der Wegmarken aufgezeigt.

In den Anhang wurden die Auswertungen der Nutzerstudien aufgenommen, die im Rahmen dieser Studie gesichtet wurden. Außerdem findet sich im Anhang eine ausführlichere Darstellung von interaktiven TV-Angeboten, über die in dieser Studie viel gesprochen wird, die aber bislang nur Wenige aus eigener Anschauung kennen. Zur Ergänzung des Technikkapitels und zur Verdeutlichung aktueller Handlungsoptionen für Kabelnetzbetreiber werden im Anhang außerdem drei Fallstudien als „Business Cases" vorgestellt.

1.1 Internationale Erfahrungen mit Fahrplänen für die Digitalisierung

Der Blick ins Ausland zeigt zunächst, dass die Situation der Kabelanbieter nicht nur in Deutschland wirtschaftlich schwierig ist. Die häufig vorgetragene These, dass die Marktsituation des Kabelfernsehens in Deutschland sich vor allem aus der Struktur der Netzebenen ergibt, scheint nicht alle entscheidenden Einflussgrößen zu berücksichtigen, die die Entwicklung der Kabelmärkte bestimmen. Denn es spielen auch Faktoren wie die Organisation der Kabellandschaft als Pay- oder Infrastrukturvariante, die Verkabelungsdichte und die Digitalisierung der Fernsehhaushalte eine Rolle (vgl. Gertis 2003, S. 34). Außerdem ist die Konkurrenzsituation zwischen den verschiedenen Distributionsinfrastrukturen ein entscheidender Faktor für die wirtschaftliche Situation der Kabelanbieter. So spielt in Großbritannien z. B. das digitale Satellitenfernsehen die entscheidende Rolle für die Entwicklung des digitalen Fernsehens; die Programme des Satellitenanbieters SKY werden auch in den Kabelnetzen übertragen.

Als Grundlage für den Übergang zur digitalen Rundfunkübertragung gibt es in vielen Ländern so genannte Fahrpläne, die als Vorgabe für den zeitlichen Ablauf die Abstimmung zwischen den beteiligten Akteuren erleichtern und die Voraussetzungen für die Planungssicherheit bei Anbietern und Nachfragern schaffen sollen. In Europa wurde bereits mit dem Aktionsplan der Europäischen Union „eEurope-2005: Eine Informationsgesellschaft für alle" im Jahr 2002 festgelegt, dass die Mitgliedsstaaten bis Ende 2003 ihre Pläne für die Gestaltung des Übergangs veröffentlichen sollten (vgl. Kommission der Europäischen Gemeinschaften 2002, S. 22). Nicht nur in Europa, sondern auch in den USA werden durch die FCC als zentraler Institution immer wieder zeitliche Vorgaben für unterschiedliche Akteure beim Übergang zum digitalen Fernsehen festgelegt.

In diesem Abschnitt werden die zeitlichen Vorgaben für den Übergang zur digitalen Fernsehübertragung und der Umgang mit solchen Vorgaben in Großbritannien und den USA kurz vorgestellt. Im Anschluss daran werden bisherige Erfahrungen mit der Umsetzung solcher Fahrpläne geschildert und es wird diskutiert, inwieweit die dabei gewonnenen Erfahrungen auch für die Entwicklung in der Bundesrepublik von Bedeutung sind.

Hierbei ist von besonderem Interesse, dass die beiden Märkte, die hier näher betrachtet werden, mit Blick auf das digitale Angebot traditionell als Pay-Märkte organisiert sind, d. h. die wichtigsten Anbieter digitaler Programme verbreiten ihre Angebote als Pay-TV. Damit ähnelt die Situation beim digitalen Fernsehen der Entwicklung in Deutschland, wo der Pay-TV-Anbieter Premiere bislang für das deutsche digitale Fernsehen die zentrale Rolle spielt.

Bei der Betrachtung der Zeitpläne in den beiden Ländern zeigt sich, dass es keine spezifischen allein auf die Distribution im Kabel ausgerichteten Elemente der Zeitpläne gibt, aber natürlich betreffen viele der Maßnahmen zur Durchsetzung der digitalen Distribution auch diesen Bereich. Außerdem sind es bei unterschiedlichen Distributionsformen immer wieder zum großen Teil die gleichen Akteure, die einen Konsens beim Übergang zum Kabelfernsehen finden müssen. Der Wettbewerb der

Distributionsinfrastrukturen trägt ebenfalls dazu bei, dass Maßnahmen für die terrestrische oder die Satellitenübertragung nicht ohne Folgen für die Kabelanbieter bleiben.

Großbritannien

Im September 1999 veröffentlichte die britische Regierung Kriterien, die für den erfolgreichen Übergang zum digitalen Fernsehen insgesamt erfüllt sein müssen. Die drei wichtigsten Voraussetzungen sind, dass jeder Fernsehteilnehmer die wichtigsten bisher analog ausgestrahlten Programme (BBC 1 und 2, ITV, Channel 4/S4C und Channel 5) digital empfangen kann und dass sowohl der Übergang zum, als auch die Nutzung des digitalen Fernsehen für mindestens 95 % der Bevölkerung bezahlbar ist. Aus Sicht der Regierung wird der Übergang zum digitalen Fernsehen frühestens im Jahr 2006 erreicht werden, als spätester Zeitpunkt für den Abschluss des Übergangs wird das Jahr 2010 angenommen. Um dieses Ziel zu erreichen, wurde das *Digital Television Project* ins Leben gerufen, das den *Digital Television Action Plan* entwickelte und ihn nun ständig aktualisiert. An dem Projekt sind die *Digital TV Group* der Regierung, die zuständigen Ministerien, Interessenvertreter und ein festes Projektteam, das das Programm-Management durchführt, beteiligt. Darüber hinaus ist das Projekt mit anderen Institutionen und Initiativen, die sich mit der Einführung des digitalen Fernsehens auseinandersetzen, vernetzt. Die konkrete Arbeit, die im Rahmen des Projektes geleistet wird, organisieren vor allem vier Gruppen: die *Spectrum Planning Group*, die *Technology & Equipment Group*, die *Market Preparation Group* und die *Communications Strategy Group*, die untereinander unterschiedlich stark vernetzt sind (Abb. 2). Darüber hinaus werden Pilotprojekte durchgeführt.

Die gebildeten Gruppen unterscheiden sich stark in Zusammensetzung, Arbeitsweise und Verfahren. So setzt sich z. B. die *Spectrum Planning Group* aus Vertretern der Institutionen und Organisationen zusammen, die traditionell in diesem Bereich aktiv sind. Eine Verbreitung der Dokumente dieser Gruppe kann nur mit Zustimmung aller Beteiligten erfolgen, dies gilt sowohl für eine Weitergabe von Informationen innerhalb der am Projekt Beteiligten als auch für eine generelle Veröffentlichung. Die *Technology and Equipment Group* beschäftigt sich vor allem mit der Entwicklung der für den digitalen Empfang erforderlichen Endgeräte. Die Mitgliedschaft in dieser Gruppe erlangt man auf Einladung des Vorsitzenden.

Im Gegensatz zum geregelten Zugang dieser Gruppen ist der Weg zur *Market Preparation Group* und zur eng mit dieser zusammenarbeitenden *Communications Strategy Group* offen. Beteiligte dieser Gruppen sind Vertreter der Rundfunkveranstalter, der Geräteindustrie, des Handels und von Initiativen der Konsumenten. Ihr Ziel ist die Entwicklung einer umfassenden Strategie, um die öffentliche Aufmerksamkeit und Akzeptanz für das digitale Fernsehen zu fördern. Das *Project-Team* übernimmt organisatorische Aufgaben für alle Gruppen. Als Ergebnis der Arbeit der Gruppen werden in Kooperation mit dem *Project-Team* Initiativen umgesetzt, die zum Erreichen des Projektzieles beitragen sollen.

Abbildung 2: Projektstruktur des „Digital Television Projects" in Großbritannien

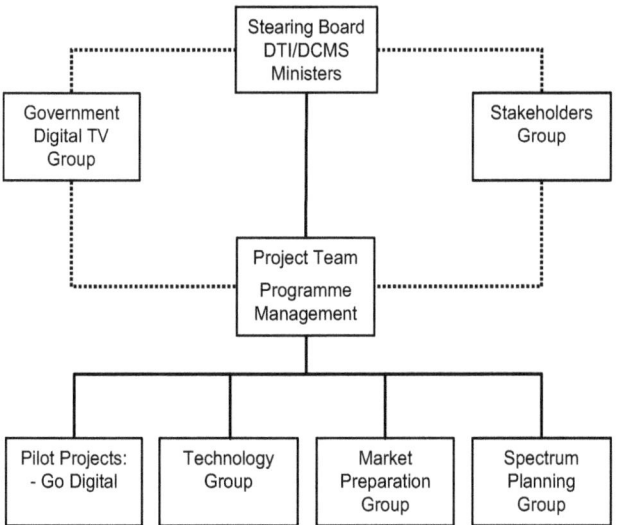

Quelle: Digital Television Action Plan - Version 11, Juli 2004, S. 6: www.digitaltelevision.gov.uk (DTI: Department for Trade and Industry; DCMS: Department for Culture, Media and Sport)

Die bisher im Rahmen des Projekts geleistete Arbeit umfasst Berichte verschiedener Akteure über die Gestaltung und den Ablauf des Übergangs, mehrere Konsultationen zu unterschiedlichen Teilaspekten der Entwicklung und die Durchführung einer Reihe von wissenschaftlichen Studien zu unterschiedlichen Fragestellungen. Neben den punktuellen Studien ist auch ein kontinuierliches Monitoring der für die Einführung des digitalen Fernsehens besonders wichtigen Konvergenzentwicklung fester Bestandteil des Projektes.

Der „Digital Television Action Plan" ist ein regelmäßig aktualisiertes, öffentlich zugängliches Dokument, das vor allem die einzelnen Maßnahmen der Regierung aufzeigt, die im Rahmen des Übergangs zum digitalen Fernsehen erforderlich sind. Damit ist der Action Plan kein fester Zeitplan für den *Switchover*. Allerdings werden wesentliche Rahmenbedingungen dort festgelegt, die es ermöglichen, bis zum Jahr 2010 den Übergang zum digitalen Fernsehen vollzogen zu haben. Der im Plan angenommene Übergangszeitraum zwischen 2006 und 2010, in dem die Voraussetzungen für das Ende der analogen Rundfunkübertragung erreicht werden sollen, ergibt sich aus unterschiedlichen *Switchover*-Zeitpunkten in verschiedenen Regionen. Bis zum Ende des Jahres 2004 soll ein Zeitplan veröffentlicht werden, der verbindlichere Vorgaben als der bisherige *Action Plan* enthält, um den Übergang bis zum Jahr 2010 sicherzustellen.

Dabei soll auch dieser Zeitplan keine endgültig festgelegte Vorgabe sein, die Auskunft über den Ablauf der kommenden Entscheidungsprozesse gibt. Vielmehr soll das Dokument den Charakter eines Business Plans bekommen, der auf dem Weg zum *Switchover* verschiedene Optionen eröffnet. Der Veröffentlichung dieses Zeitplans geht derzeit eine umfangreiche Konsultation voran, in der die verschiedenen Interessengruppen erneut die Möglichkeit erhalten, ihre Position in die Entwicklung dieses Zeitplans einzubringen.

USA

Im Unterschied zur Situation in Großbritannien, wo ein umfassender Übergangsplan für alle Verbreitungsformen von digitalem Fernsehen kontinuierlich weiterentwickelt wird, publiziert die FCC (Federal Communications Commission, www.fcc.gov) in den Vereinigten Staaten eine ganze Reihe unterschiedlicher zeitlicher Vorgaben für die verschiedenen Akteure, die nicht so stark miteinander verknüpft erscheinen, wie dies in Großbritannien der Fall ist. Auf der Übertragungsebene steht in den USA vor allem der Übergang zur digitalen terrestrischen Distribution im Mittelpunkt der Aktivitäten der FCC (vgl. FCC 2001a). Die Einführung des digitalen Fernsehens in den USA wird von der FCC vorangetrieben, indem diese Termine festlegt, zu denen die einzelnen Akteure bestimmte Bedingungen erfüllt haben müssen. Vor der Festlegung dieser Bedingungen wird in der Regel ein Konsultationsprozess durchlaufen, in dem die betroffenen Akteure ihre Positionen vortragen können. Darüber hinaus sammelt die FCC im Rahmen so genannter *Periodic Reviews* Daten und Informationen zur Entwicklung des Fernsehmarktes (vgl. FCC 2001b).

Im Vergleich zur britischen Situation ist die FCC in diesem Umfeld als starke Institution nicht darauf angewiesen, ihr Vorgehen in einem ständigen Abstimmungsprozess mit anderen Akteuren zu gestalten. So kam es Mitte 2004 unmittelbar vor dem von der FCC festgelegten Zeitpunkt für die Aufnahme des digitalen Sendebetriebes einer Reihe von Fernsehstationen zu einer Situation, in der die FCC Sanktionen androhen musste, damit die vorgegebenen Ziele erreicht werden konnten. Die Verbände privater Rundfunkveranstalter NAB, MSTV und ALTV forderten die FCC auf, ihre gegenüber den Kabelnetzbetreibern getroffene *must carry*-Anordnung vom 23. Januar 2004 durchzusetzen. Der Streit zwischen den Kabelnetzbetreibern und den Veranstaltern drehte sich im Wesentlichen darum, ob im *Cable Act* von 1992 nur analoge oder auch digitale Programme den *must carry*-Anforderungen unterliegen (vgl. Broadcasting.com 2001).

Im Juli 2004 übertrugen rund 300 Sender ihre Programme digital (terrestrisch), damit konnten rund 75 % der amerikanischen Haushalte zumindest einen digitalen Kanal empfangen. Weitere Schritte, die die FCC seit einiger Zeit anstrebt, betreffen die Bereiche Kabel- und Satellitenübertragung und die Anbieter von Unterhaltungseletronik, die rechtzeitig entsprechende Empfangsgeräte am Markt etablieren sollen (IDATE 2002). Der Übergangsprozess verläuft jedoch schleppend, so dass die FCC ihre Planungen bereits mehrfach überarbeiten musste.

Neben der Entwicklung der terrestrischen Übertragung beschäftigt sich die FCC auch mit dem Kabelfernsehen. So publiziert die FCC auf der Grundlage des *Cable Acts* von 1992 jährlich Daten zur Preisentwicklung im amerikanischen Kabelfernsehen. Dabei werden die Preise für technische Dienste, Programme und Geräte erfasst. Eine besondere Rolle spielt für die Untersuchung der Preisentwicklung die

Stellung der Anbieter in den jeweiligen Märkten. So unterscheidet die FCC zwischen Märkten „mit und ohne Wettbewerb". Auf einem Markt „mit Wettbewerb" muss eines der folgenden vier Kriterien erfüllt sein:

a) Weniger als 30 % der Haushalte in der entsprechenden Region sind Kunde bei dem betreffenden Anbieter;

b) mindestens zwei Anbieter versorgen mehr als 50 % der Haushalte im Verbreitungsgebiet und der Marktanteil des kleineren Versorgers liegt bei mindestens 15 %;

c) ein regionaler Anbieter versorgt mindestens 50 % der Haushalte mit Programmen;

d) ein lokaler Anbieter, der nur Programme weiterverbreitet, ist im Verbreitungsgebiet tätig.

Die Entwicklung wird mit Hilfe der Befragung einer repräsentativen Stichprobe der Anbieter ermittelt. Die FCC merkt selbst zum Bericht an, dass es auf Grund der wachsenden Bedeutung der Satellitenverbreitung in einigen Regionen Probleme bei der Bestimmung der Wettbewerbsverhältnisse gibt.

Das Vorgehen der FCC konzentriert sich nicht nur auf die Programmveranstalter und ihren Sendebetrieb. Insbesondere die Aktivitäten bei der Entwicklung des Endgerätemarktes spielen in den USA eine wichtige Rolle für den Übergang zum digitalen Fernsehen. Die FCC verabschiedete einen Plan, der vorsieht, dass bis zum Jahr 2007 alle TV-Empfangsgeräte technisch für den Empfang digitaler Angebote ausgerüstet sein müssen. Grundlage für diese Entscheidung der FCC ist der „All Channel Receiver Act (ACRA)" aus dem Jahre 1962, der unter anderem der FCC die Pflicht auferlegt, sicher zu stellen, dass adäquate Empfangsmöglichkeiten für alle Fernsehangebote bestehen. Das Ziel der FCC ist die Vorbereitung des Übergangs zum digitalen Fernsehen im Jahr 2007. Dazu wird mit dem neuen Plan sichergestellt, dass die Geräteanbieter Fernseher und andere Empfänger anbieten, die es der Bevölkerung ermöglichen, bei angemessenen Kosten Zugang zum digitalen Fernsehen zu erhalten.

2 Struktur des deutschen Kabel-TV-Marktes und aktuelle Tendenzen

Mit ca. 22 Mio versorgten Haushalten ist der deutsche Kabel-TV-Markt der größte in Europa. Für inländische und ausländische Investoren ist er unter anderem deshalb attraktiv, weil der Umsatz pro angeschlossenem Haushalt im internationalen Vergleich niedrig ist. Auf der Erlösseite bestehen also prinzipiell „Entwicklungspotenziale" (Gertis 2003).

Dabei sollte nicht vergessen werden, dass sich der deutsche Kabelmarkt durch strukturelle Besonderheiten auszeichnet, die es so in keinem anderen Land gibt. Diese Besonderheiten erschweren eine einheitliche Digitalisierungsstrategie, eine rasche Durchsetzung des in Deutschland bislang kaum praktizierten Vermarktungsmodells und damit eine schnelle Realisierung neuer Umsätze mit neuen TV-Angeboten und neuen Diensten.

Auf die Entstehung der eigentümlichen deutschen Kabellandschaft soll an dieser Stelle nicht näher eingegangen werden.[4] Vielmehr sollen in diesem Kapitel die Konsequenzen angesprochen werden, die sich aus der Netzebenentrennung, dem zersplitterten Anbietermarkt, der komplexen Wettbewerbs- und Kooperationsstruktur sowie dem Wechsel vom Infrastrukturmodell zum Vermarktungsmodell mit Blick auf die Digitalisierung ergeben.

Bekanntermaßen besteht das deutsche Kabel aus verschiedenen Netzebenen, wobei die Netzebene 3 (NE-3) die Zuführung der TV-Signale über öffentlichen Grund bis zum Übergabepunkt (ÜP) in den Gebäuden bezeichnet, während die Netzebene 4 (NE-4) aus jenem Streckenabschnitt besteht, der vom ÜP in die Wohnsiedlungen bzw. direkt in die Wohnungen hinein reicht. Die Hausnetze werden in der Regel von kleinen und mittelständischen Kabelfirmen oder von der Wohnungswirtschaft selbst betrieben. Für die Zuführung bis zum Übergabepunkt ist dagegen meist einer der vier großen NE-3-Betreiber Kabel Deutschland, Ish (NRW), Kabel Baden Württemberg (BW) oder Iesy (Hessen) zuständig.

Bei dieser Beschreibung handelt es sich um eine idealtypische Darstellung, die in der Realität von allen möglichen Kombinationen überlagert wird. So haben verschiedene größere NE-4-Betreiber in den letzten Jahren eigene Kopfstellen aufgebaut und betreiben die NE-3 in Eigenregie. Sie haben sich vom Signal der vorgelagerten Netzebene abgekoppelt und speisen direkt das Satelliten-Signal in ihre Netze ein. Netze, die durchgehend von der Kopfstelle bis in die Wohnung hinein von einem einzigen Betreiber gespeist werden, werden auch „integrierte" Netze genannt, weil sie die Trennung der letzten beiden Netzebenen überwunden haben. Auch die großen NE-3-Betreiber verfügen in manchen Regionen über integrierte Netze und damit über direkte Kundenkontakte.

Auf Grund der Netzebenentrennung hat sich in Deutschland ein zersplitterter Anbietermarkt entwickelt, in dem mehrere Tausend Unternehmen, vor allem NE-4-

---

4   Eine ausführliche Beschreibung findet sich z. B. in VPRT, 1999, S. 13-42.

Betreiber, aktiv sind. Obwohl bei weitem nicht alle NE-4-Netzbetreiber als aktive Marktakteure betrachtet werden können, stellen sie insgesamt gesehen eine Marktmacht dar, weil sie über die Endkundenbeziehungen und den Zugang zu den Wohnungen verfügen.

Durch Aufkäufe, Zusammenschlüsse und Erschließungen von Neubaugebieten haben sich eine Reihe größerer NE-4-Betreiber (TeleColumbus, PrimaCom, EWT, Bosch usw.) gebildet, die streng genommen nicht mehr als NE-4-Betreiber bezeichnet werden dürften, weil sie wie erwähnt in einigen Netzclustern eigene Kopfstationen aufgebaut haben und somit auch als NE-3-Betreiber fungieren.

Generell lassen sich in Deutschland auf Grund der Netzebenentrennung, der unterschiedlichen Größe der Unternehmen und der historisch gewachsenen Strukturen vier Typen von Netzbetreibern unterscheiden:

Typ 1: Ehemalige Telekom-Regionalgesellschaften (KDG, Ish, Kabel BW, Iesy): NE-3-Betreiber, die z. T. auch über eigene NE-4-Netze verfügen.

Typ 2: Große überregionale NE-3/NE-4-Betreiber (TeleColumbus, PrimaCom, EWT, Bosch usw.): NE-4-Betreiber, die z. T. auch über eigene NE-3-Zuführungen verfügen.

Typ 3: Kleine und mittelständische Kabelnetzbetreiber inkl. City Carrier (z. B. Hansenet, SMATcom, Marienfeld Multimedia, KMS München, LKG Lauchhammer, NetCologne, Magdeburg CityCom): NE-4-Betreiber, die z. T. auch über eigene NE-3-Zuführungen verfügen.

Typ 4: Wohnungswirtschaft (WoWi) als NE-4-Betreiber: NE-4-Betreiber, die nur zu einem geringen Teil auch über eigene NE-3-Zuführungen verfügen.

2.1 Versorgte WE und Endkundenbeziehungen

Abbildung 3 zeigt die die Herkunft des Signals und die Verteilung der Endkundenbeziehungen im deutschen Kabelmarkt im Juli 2004. Das Schaubild muss zunächst von oben nach unten gelesen werden: Die Zuführung des TV-Signals über die Netzebene 3 ist zum größten Teil Sache der ehemaligen Telekom-Regionalgesellschaften. Diese versorgen direkt oder indirekt 17,2 Mio Wohneinheiten (WE) mit Kabelfernsehen. Im Vergleich dazu ist die Zahl der Wohneinheiten, die von anderen Netzbetreibern mit eigenen Kopfstationen, d. h. über die integrierten Netze der Netzbetreiber des Typs 2 bis 4, versorgt werden, mit 4 Mio relativ klein. Nimmt man alle 22 Mio deutschen Kabelhaushalte als Basis, dann versorgen die ehemaligen Telekom-Regionalgesellschaften 82 % und die unabhängigen Netzbetreiber 18 % der Haushalte.

Liest man das Schaubild von links nach rechts, wird dieser Sachverhalt noch deutlicher: In der mittleren Spalte sind die Netzbetreiber aufgeführt, die das Signal der ehemaligen Telekom-Regionalgesellschaften unverändert an ihre Kabelkunden weiterleiten.

Darüber hinaus haben sie aber auch Haushalte unter Vertrag, die sie über eigene Kopfstationen versorgen (rechte Spalte). Insgesamt sind dies momentan 4 Mio oder wie erwähnt 18 % aller Kabelhaushalte. Die Zahl der Haushalte, die über integrierte Netze versorgt werden, ist in den letzten Jahren kontinuierlich gestiegen.

Abbildung 3: Struktur des deutschen Kabel-TV-Marktes: Signalherkunft und Endkundenbeziehungen

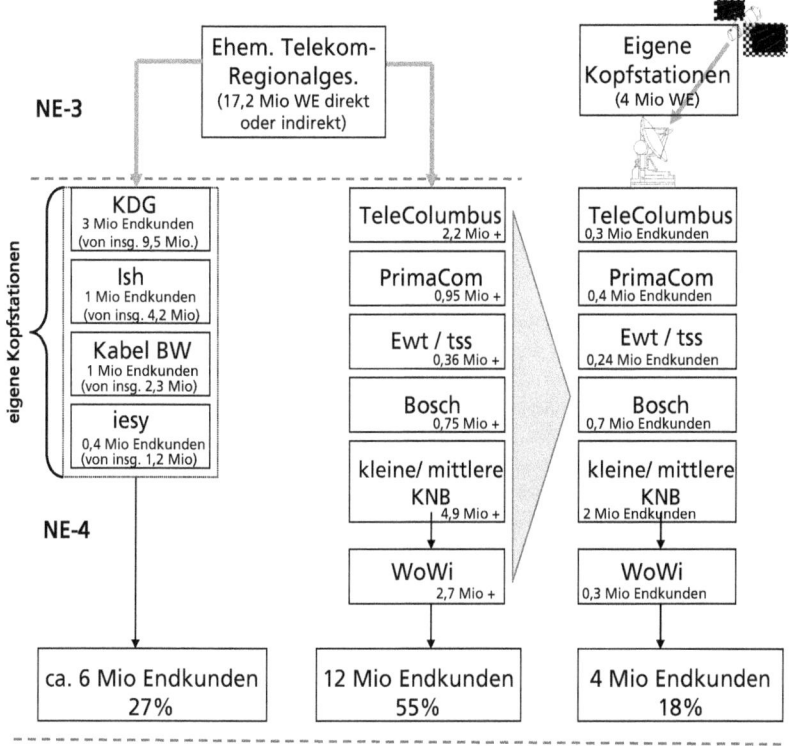

Quellen: ANGA, FRK, WIK 2002, Unternehmensangaben, eigene Berechnungen. Es handelt sich um ca.-Werte wegen teilweise unterschiedlichen Angaben zu versorgten WE.

Kompliziert ist der deutsche Kabel-TV-Markt vor allem deshalb, weil Signallieferung und Endkundenbeziehung nicht zusammenfallen, wie dies in anderen Ländern der Fall ist, sondern in den meisten Fällen auf verschiedene Unternehmen verteilt sind. Denn obwohl die meisten deutschen Kabelhaushalte mit dem Signal der ehemaligen Telekom-Regionalgesellschaften versorgt werden, haben sie nicht mit diesen, sondern mit einem regionalen Kabelnetzbetreiber vor Ort oder der Wohnungswirtschaft eine Vertrags- und Abrechnungsbeziehung (vgl. Abb. 4).

Abbildung 4: Diskrepanz zwischen Signallieferung und Endkundenbeziehungen im deutschen Kabelmarkt

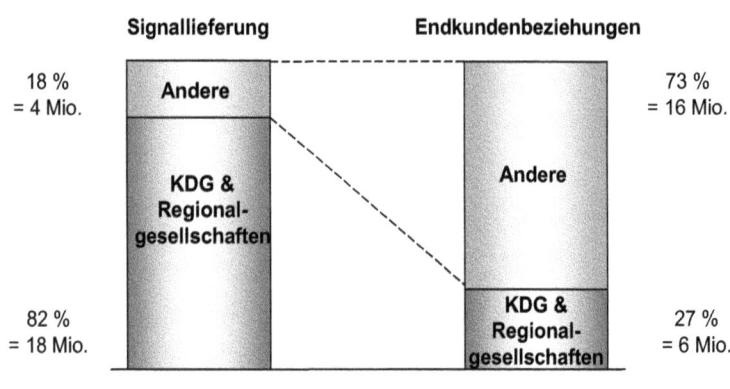

100% = 22 Mio. Kabelhaushalte

Ein weiteres Strukturmerkmal des deutschen Kabel-TV-Marktes ist die Kleinteiligkeit der Netzcluster. Auch dies ist eine Folge der Netzebenentrennung und der zersplitterten Anbieterstruktur. Das deutsche Kabelnetz besteht nicht aus größeren Regionalmärkten, die einheitlich versorgt werden, sondern aus vielen kleinen und mittelgroßen Netzinseln, die von verschiedenen NE-4-Betreibern versorgt werden. So kann es vorkommen, dass Wohnungen in ein und demselben Stadtteil von drei oder mehr Netzbetreibern mit Kabel-TV versorgt werden. Je nach Adresse wird der Kabelkunde dann von der KDG, von Bosch Breitband, von TeleColumbus oder anderen Netzbetreibern betreut.

Unabhängig davon, von wem er letztlich betreut wird, erhält der Kabelhaushalt prinzipiell entweder das TV- und Diensteangebot der KDG (von Ish, Kabel BW oder Iesy) oder das Angebot eines größeren NE-3/NE-4-Betreibers, der seine Signale über eine eigene Kopfstelle einspeist.

2.2 Möglichkeiten der Abkopplung vom Signal der NE-3

Die meisten der NE-4-Betreiber leiten das Signal, das sie von der NE-3 beziehen, unverändert an ihre Kunden weiter. Dafür bezahlen sie den NE-3-Betreibern KDG, Ish, Kabel BW oder Iesy entsprechende Signallieferungsentgelte. Höhe und Staffelung dieser Entgelte sind immer wieder Streitpunkte zwischen NE-4 und NE-3-Betreibern.

Da die Kosten für den Aufbau und Betrieb einer eigenen Kabelkopfstation (*Headend*) in den letzen Jahren stark gefallen sind, koppeln sich inzwischen immer mehr NE-4-Betreiber vom NE-3-Signal ab, kündigen den Signallieferungsvertrag mit dem NE-3-Betreiber und speisen die TV-Programme ein, die vom Satelliten abgestrahlt werden.

Die Entscheidung über den Bau einer eigenen Kopfstation wird dabei je nach Lage und Größe eines Netzclusters getroffen. Die Spannbreite der technischen Umsetzung einer eigenen Signalversorgung ist groß und reicht von kleinen Hausverteil-Anlagen mit Frequenzumsetzung bis hin zur Bildung größerer *Cluster*, die durch Glasfasernetze an zentrale *Headends* mit eigenem *Play-Out-Center* angebunden sind.

Wie die Loslösung vom NE-3-Signal konkret aussehen kann, zeigt z. B. ein Blick auf den Münchner Kabelnetzbetreiber KMS. Das Unternehmen prüft die technischen Möglichkeiten der Abkopplung in Gebieten, in denen es bereits NE-4-Netze betreibt und verbindet bei Vorliegen der entsprechenden Voraussetzungen die Übergabepunkte über eigene oder gemietete Glasfaserleitungen mit der zentralen Kopfstelle in Unterföhring (Abb. 5).

Abbildung 5: Beispiel für die Abkopplung vom NE-3-Signal

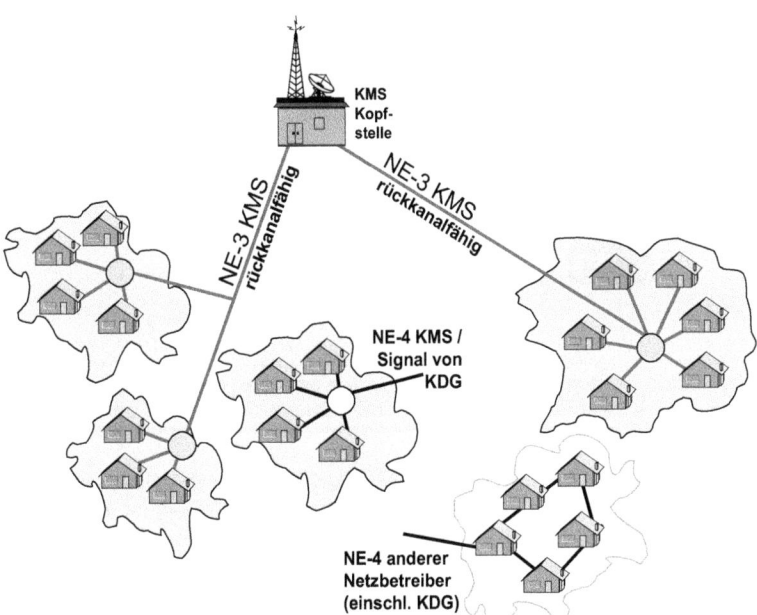

Dadurch entsteht ein integriertes Netz, dessen *Cluster* zwar z. T. weit über die Stadt verstreut liegen, das jedoch von der selben Kopfstelle aus gespeist wird. Neben herkömmlichem Kabelfernsehen können auch digitale TV-Programme eingespeist werden. Weil die Netze gleichzeitig mit der Abkopplung rückkanalfähig ausgebaut werden, kann das neue Angebotsspektrum von KMS auch interaktive Dienste, d. h. Highspeed-Internet und Telefonie über Kabel, mit einschließen (siehe auch „KMS München" in Anhang B).

Über den Gesamtumfang der Abkopplungsaktivitäten deutscher NE-4-Betreiber liegen keine Zahlen vor, allerdings wird die Einschätzung von allen Marktakteuren geteilt, dass es sich hierbei um eine wichtige Entwicklung handelt, die entsprechende Konsequenzen für den deutschen Kabelmarkt haben wird. Denn obwohl die Erlöse aus den Signallieferungsentgelten für die ehemaligen Telekom-Regionalgesellschaften nur einen kleinen Teil am Gesamtumsatz ausmachen, verlieren sie durch die Abkopplung den Zugriff auf potenzielle Kunden ihrer eigenen neuen Angebote.

Für die NE-4-Betreiber bedeutet die Loslösung dagegen, dass sie künftig selbst Angebote gestalten oder zusammenstellen müssen, da ihre Kunden früher oder später digitales Fernsehen und Highspeed-Internet nachfragen werden. Sie müssen sich also mittelfristig mit dem Aufbau eigener „digitaler Kioske", d. h. mit dem Aufbau einer eigenen digitalen Pay-Plattform beschäftigen, wenn sie nicht ausschließlich auf die Free-TV-Variante setzen (Abb. 6).

Abbildung 6: Handlungsoptionen der NE3 und NE-4-Betreiber: Kooperation vs. Abkopplung

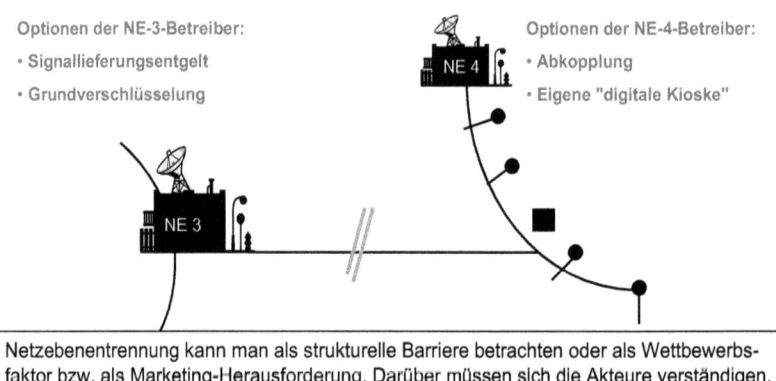

Netzebenentrennung kann man als strukturelle Barriere betrachten oder als Wettbewerbsfaktor bzw. als Marketing-Herausforderung. Darüber müssen sich die Akteure verständigen.

Zum Aufbau einer Pay-Plattform gehören neben der Frage der Paketierung und der Verschlüsselung auch Fragen der technischen Ausstattung der Set-top-Box sowie Vermarktungsmodelle, Freischaltungsprozeduren und Abonnentenverwaltungssysteme. Kleinere Netzbetreiber - und oft auch mittelständische Netzbetreiber - sind mit diesen Fragen in der Regel überfordert, so dass sie sich entsprechende Partner suchen.

2.3 „Überbauung" der NE-4 als Gegenstrategie (WLAN)

Mit der Abkopplung vom NE-3-Signal schrumpft die Kundenbasis der NE-3-Betreiber. Für die NE-3-Betreiber gibt es nun verschiedene Gegenstrategien, um den Schwund der Marktbasis aufzuhalten und dem möglichen Verlust des Marktpotenzials für neue Dienste entgegenzutreten.

Eine Strategie ist es, die Netzebene 4 zu umgehen und die so genannte „letzte Meile" mit drahtlosen Technologien zu überbrücken. Dadurch können Kunden direkt angesprochen werden, ohne dass ein NE-4-Betreiber dazwischengeschaltet wäre. Für die Installation drahtloser Technologien können die NE-3-Betreiber ihre bestehende Infrastruktur nutzen. Diese hat den Vorteil, dass relativ nahe beim Endkunden Verteilerkästen vorhanden sind, die als Basisstationen für die Ausstrahlung drahtloser Dienste dienen können.

Diese „Überbauung" der NE-4 mit Hilfe drahtloser Technologien funktioniert momentan nur für den Highspeed-Internet-Zugang, nicht für Fernsehdienste. In den Verteilerkästen können Wireless LAN (WLAN) Access Points eingerichtet werden, die die Haushalte in der näheren Umgebung (bis zu 300 Meter) mit einem breitbandigen Internet-Zugang versorgen. Auch der Einsatz anderer drahtloser Technologien (z. B. WiMAX), die einen noch größeren Versorgungsradius haben, ist denkbar. Der Vorteil der drahtlosen Versorgung ist außerdem, dass die Hausverkabelung nicht rückkanalfähig ausgebaut werden muss. Dies ist insbesondere dann mit aufwändigen Baumaßnahmen verbunden, wenn die Koaxkabel in Baumstruktur und nicht in Sternstruktur verlegt wurden.

WLAN-Lösungen für den Internet-Zugang als alternative Anbindungskonzepte der Kabelnetzbetreiber werden ausführlicher im Technik-Kapitel behandelt.

2.4 Kooperationen zwischen NE-3 und NE-4/WoWi

Neben den Konfrontationsstrategien, die auf NE-4-Seite „Abkopplung" und auf NE-3-Seite „Überbauung" heißen können, gibt es die Möglichkeit der Kooperation zwischen den Betreibern der verschiedenen Netzebenen. Die Kooperation kann dabei sowohl die technische Seite, d. h. die Koordination der Netzaufrüstung, als auch die wirtschaftliche Seite, d. h. die Beteiligung an der Vermarktung neuer digitaler Angebote sowie den gemeinsamen Aufbau einer Decoderbasis für das digitale Fernsehen betreffen.

Bei der Bereitstellung von Highspeed-Internet (HSI)-Zugängen über Kabel ist die Koordination der technischen Aufrüstung zwischen NE-3 und NE-4 oft ein Problem. Da beide Netzebenen von unterschiedlichen Firmen mit unterschiedlichen Strategien betrieben werden, ist es in der Vergangenheit immer wieder vorgekommen, dass NE-3-Netze rückkanalfähig ausgebaut wurden, während die nachgelagerten Netze auf dem alten Stand geblieben waren (so z. B. bei Ish und Kabel BW). Der umgekehrte Fall, in dem die NE-3 der Nachzügler bei der Aufrüstung war, ist ebenfalls oft eingetreten - und heute weiterhin ein drängendes Problem, da die meisten NE-3-Netze lediglich 450-MHz-Netze sind, während ein Großteil der NE-4-Netze bereits auf 862 MHz ausgebaut ist.

Um trotz unterschiedlicher Ausbaugrade der Netze ein HSI-Angebot zu realisieren, gehen die Netzbetreiber in einigen Regionen neue Kooperationen ein. So bietet etwa der NE-3/NE-4-Betreiber TeleColumbus (TC) in einigen Gebieten Nordrhein-Westfalens einen breitbandigen Internetzugang in Kooperation mit Ish unter dem Namen „InfoCity 2M Powered by Ish" an (Abb. 7). „InfoCity" ist dabei das Breitband-Internet-Angebot, das TeleColumbus in den letzten Jahren in Pilotregionen entwickelt hat und das seit 1999 als kommerzielles Produkt in entsprechend aufgerüsteten Netzinseln an verschiedenen Standorten in Deutschland angeboten wird (ausführlich dazu siehe Beckert 2002, S. 191-205). Voraussetzung ist die Anbindung des Netzclusters an eine TC-eigene Kopfstelle, die meist über Glasfaserringe realisiert wird.

Wo dies nicht möglich ist, wo die Haushalte also direkt mit der NE-3 einer ehemaligen Telekom-Regionalgesellschaft (hier: Ish) verbunden sind, muss die Internet-Verbindung über die Kopfstelle von Ish realisiert werden. Hierfür sind entsprechende Kooperationsvereinbarungen notwendig, die sich in der Produktbezeichnung „InfoCity 2M powered by Ish" ausdrücken.

Abbildung 7:   Kooperation von TeleColumbus (TC) und Ish beim Highspeed-Internet-Angebot

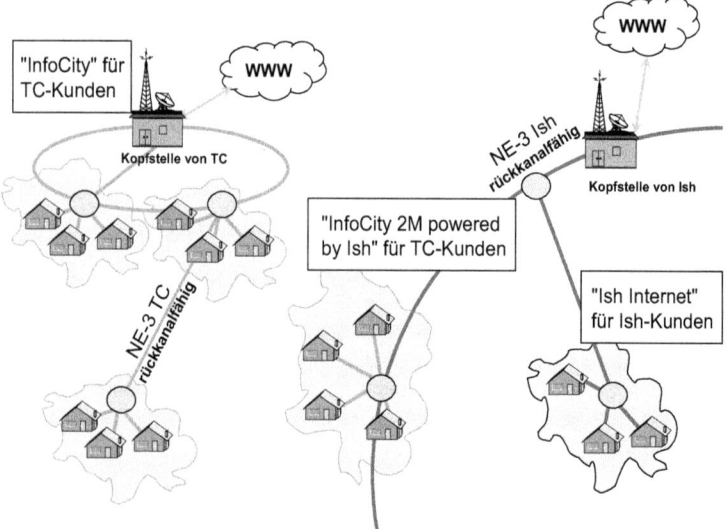

Der in der Abbildung gezeigte dritte Fall stellt die Situation dar, in der Ish direkte Endkundenbeziehungen in aufgerüsteten Netzclustern besitzt. Dort kann das Unternehmen sein eigenes Internet-Produkt, nämlich „Ish Internet" anbieten.

Beim digitalen Fernsehen sind ebenfalls Kooperationen zwischen NE-3 und NE-4-Betreibern möglich und notwendig. Dabei stehen hier nicht so sehr die technischen Aspekte der Netzaufrüstung im Vordergrund als vielmehr Fragen der Vermarktung des digitalen Pay-Angebots sowie Strategien der Boxenverbreitung. Kooperationsmodelle, die die Vermarktung zusätzlicher Pay-Angebote auf der technischen Plattform des digitalen Fernsehens betreffen, werden momentan insbesondere zwischen der KDG und den NE-4-Betreibern diskutiert.

Die KDG, aber auch andere NE-3-Betreiber beabsichtigen, mit der Einführung des digitalen Fernsehens eine Pay-Plattform im Kabel aufzubauen, über die neue Umsätze generiert werden sollen. Hier gibt es z. T. große Differenzen mit den NE-4-Betreibern, die im Abschnitt „Meilensteine der Digitalisierung" näher beschrieben werden. Die Differenzen zwischen NE-3- und NE-4-Betreibern bei den Digitalisierungsstrategien gehen zum Teil darauf zurück, dass viele NE-4-Betreiber den Wechsel vom Transport- zum Vermarktungsmodell, wie ihn insbesondere die KDG anstrebt, nicht mitgehen wollen oder können. Für die Netzbetreiber bedeutet der Wandel des Geschäftsmodells[5], dass zum Teil ganz neue Kompetenzen aufgebaut werden müssen, die weit über das angestammte Geschäft hinausgehen. Dies betrifft z. B. das Packaging von TV-Programmen, den Aufkauf von Senderechten, den Aufbau eines Kabelmodemdienstes, für den auch Installations- und Servicekapazitäten vorgehalten werden müssen oder die Kooperation mit Drittanbietern, die über die technische Plattform eigene interaktive Dienste anbieten wollen (vgl. Abschnitt 2.6 Einführung des Vermarktungsmodells im deutschen Kabelmarkt).

Dies trifft aber nicht auf alle NE-4-Betreiber zu. Als erster der großen NE-4-Betreiber ist im Juni 2004 TeleColumbus in die aktive Vermarktung des digitalen Pay-TV-Angebots der KDG eingestiegen: In allen Netzen, die mit dem Signal der KDG versorgt werden, will TeleColumbus „Kabel Digital" mit der von der KDG zertifizierten Set-top-Box vermarkten. In Regionen, in denen TeleColumbus dagegen eigene NE-3-Zuführungsstrecken besitzt, wird sie ihr eigenes digitales TV-Angebot unter dem Produktnamen „Columbus TV" vermarkten.

Weiterhin sind Kooperationen nicht nur zwischen NE-3 und NE-4-Betreibern zunehmend möglich und notwendig, um das digitale Angebotsspektrum zu den Kabelkunden zu bringen, sondern auch Kooperationen der NE-4-Betreiber untereinander. So hat z. B. PrimaCom mit dem digitalen Pay-TV-Angebot „KabelVision" ein Paket entwickelt, das über Satellit auch anderen NE-4-Betreibern zur Verfügung gestellt wird, die ihre Netze über eigene Kopfstationen speisen. Das „KabelVision"-Angebot wird inhaltlich ebenso wie das KDG-Angebot weiter entwickelt und wird in der Endausbaustufe mehrere Hundert Programme, inkl. Fremdsprachen- und Pay-per-View-Programme, beinhalten. „KabelVision" ist - wie auch das konkurrierende Produkt „VisaVision" des Satellitenbetreibers Eutelsat - momentan eine Alternative für NE-4-Betreiber mit integrierten Netzen, die nicht das KDG-Angebot in ihre Netze einspeisen möchten.

2.5 Die Zukunft der Netzebenentrennung und die 2-Märkte-Theorie

Abkopplung, Überbauung und Kooperation sind verschiedene Ansätze, die Netzebenentrennung zu überwinden, die sich als besonders hinderlich für eine rasche Digitalisierung erweist. Eine Folge der Digitalisierung könnte sein, dass die Netzebenentrennung im deutschen Kabelmarkt an Bedeutung verliert und langfristig sogar aufgehoben wird.

Nach den Worten von Büllingen, Gries, Neumann et al. (2002) stellt die Loslösung der NE-4 von der Signallieferung durch die Regionalgesellschaften „eine Rückwärtsintegration in der Wertschöpfungskette" dar. Die Autoren der WIK-Kabelnetz-Studie von 2002 erwarten mit der zunehmenden Bildung von integrierten Netzen

---

5   Näheres zu Geschäftsmodellen im Kabel siehe z. B. Schrape, Hürst 2000.

ebenfalls die Überwindung der deutschen Netzebenenproblematik (vgl. Büllingen, Gries, Neumann et al. 2002, S. 48.). Auch die Überbauungsversuche der NE-3-Betreiber haben zum Ziel, möglichst die ganze technische Kette vom *Headend* bis zum Endgerät in einer Hand zu behalten und durchgehend zu organisieren.

Wenn die Entwicklung zur Bildung eigener integrierter Netze anhält, könnte das Resultat ein zweigeteilter Markt sein: Der eine Teil der Kabelhaushalte würde dann die digitalen Angebote der ehemaligen Telekom-Regionalgesellschaften (KDG, Ish, Iesy und evtl. Kabel BW) erhalten, wobei „Kabel Digital" bzw. „Ish Plus TV" entweder direkt an die Endkunden vermarktet oder indirekt über Kooperationen mit NE-4-Unternehmen vertrieben wird. Auf der anderen Seite würden NE3/NE-4-Betreiber stehen, die eigene integrierte Netze aufgebaut haben und über eigene Digitalambitionen verfügen. Diese Unternehmen würden selbst Digitalpakete schnüren oder aber Inhalteangebote Dritter in ihren Netzen vermarkten, wie dies bereits heute geschieht. Aber auch ein gänzlicher Verzicht auf neue Pay-TV-Programme ließe sich auf dieser Seite vorstellen. Die NE-4-Betreiber würden sich dann lediglich auf die Digitalisierung der vorhandenen Programme konzentrieren. Beide „Lager" würden versuchen, durch Aufkäufe von NE-4-Netzen ihre Kundenbasis zu erhöhen. Diese „2-Märkte-Theorie" ist keine Theorie im engeren Sinne, sie bezeichnet lediglich einen Entwicklungspfad, wie er momentan als möglich erscheint.

Es sind aber auch andere Entwicklungen denkbar, wie z. B. Zusammenschlüsse von NE-3 und NE-4-Betreibern auf Länderebene, so dass langfristig durchgängige regionale Märkte entstehen würden. Auch ein Zusammenschluss von Ish, Kabel BW und Iesy könnte eine Möglichkeit sein, die Marktfragmentierung - wenn auch zunächst nur auf NE-3 - zu überwinden. Die Optionen für die Entwicklung des deutschen Kabelmarktes hängen u. a. vom Ausgang des aktuellen Kartellverfahrens zur NE-3-Konsolidierung ab. Auf dieses Verfahren kann an dieser Stelle nicht näher eingegangen werden, es kann jedoch festgestellt werden, dass eine wie auch immer geartete langfristige Aufhebung der Netzebenentrennung im Interesse aller Akteure ist, die sich von der Digitalisierung zusätzliche Marktchancen erhoffen.

2.6 Einführung des Vermarktungsmodells im deutschen Kabelmarkt

Die Digitalisierung der Rundfunkübertragung bietet den Netzbetreibern grundsätzlich die Möglichkeit, ein neues Geschäftsmodell einzuführen. Sobald eine digitale Plattform mit verschlüsselten Programmesignalen und einer entsprechenden Boxenpenetration aufgebaut ist, können mit entsprechend attraktiven Inhalten neue Erlösströme realisiert werden. Dies bedeutet aber auch, dass das über lange Jahre stabile, renditestarke und umsatzsichere Geschäftsmodell der meisten NE-4-Betreiber (Abb. 8) in Frage gestellt wird. In Zukunft wird es für die meisten Kabelnetzbetreiber nicht mehr ausreichen, als reine Signallieferanten aufzutreten. Vielmehr werden sie immer mehr zu Plattformbetreibern, die eine Vielzahl von Angeboten und Diensten (digitale TV-Programme, breitbandigen Internetzugang und evtl. IP-basierte Telefonie) selbst anbieten, vermarkten und abrechnen (siehe Abb. 9).

Abbildung 8: Das etablierte Geschäftsmodell der Kabelnetzbetreiber in Deutschland

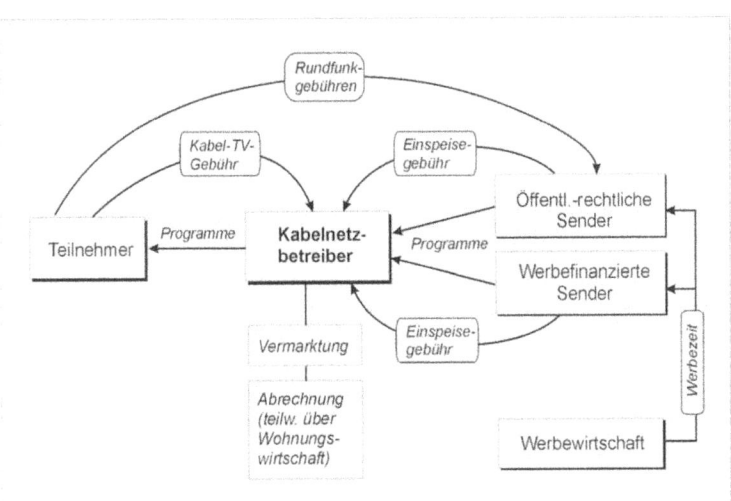

Quelle: Beckert 2002, S. 128 auf Basis von VPRT 1999

Abbildung 9: Das neue digitale Geschäftsmodell der Kabelnetzbetreiber

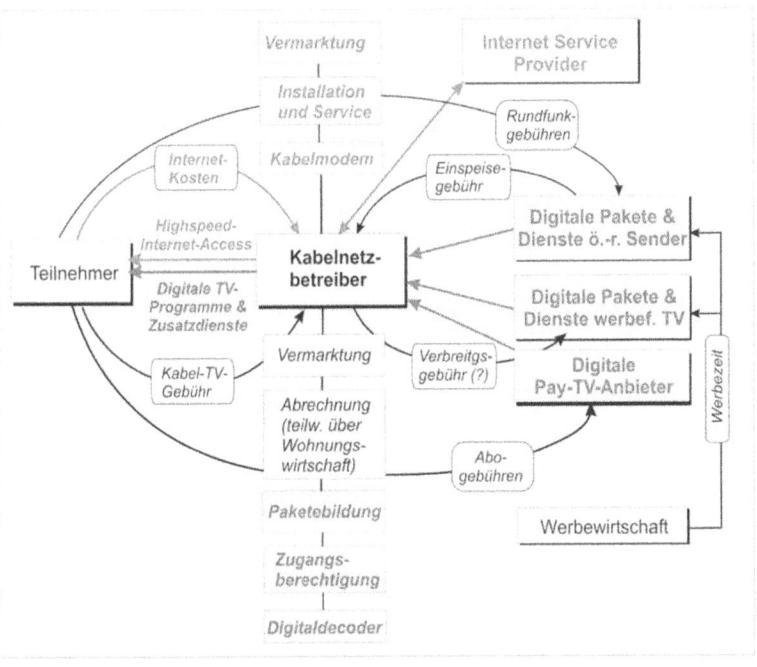

Dabei ist es nicht notwendig, dass sie als Programmveranstalter im rechtlichen Sinne auftreten. Im Unterschied zu amerikanischen Netzbetreibern, die oft über eigene Kabelsender verfügen oder an verschiedenen Sendern finanziell beteiligt sind, werden die deutschen Netzbetreiber eine Vermischung von Kabelgeschäft und Programmveranstaltung auf Grund der unterschiedlichen Rechtslage möglichst vermeiden.

Stattdessen werden sie als neutrale Plattformbetreiber auftreten, die allerdings aktiv die Vermarktung von Programmen und Diensten vorantreiben. Dabei sind durchaus *Content*-Partnerschaften, Vertriebskooperationen oder Exklusivitätsvereinbarungen zwischen Sendern und Netzbetreibern denkbar.

Für die Netzbetreiber bedeutet der Wandel des Geschäftsmodells[6], dass zum Teil ganz neue Kompetenzen aufgebaut werden müssen, die weit über das angestammte Geschäft hinausgehen. Dies betrifft z. B. das Packaging von TV-Programmen, den Aufkauf von Senderechten, den Aufbau eines Kabelmodemdienstes, für den auch Installations- und Servicekapazitäten vorgehalten werden müssen oder die Kooperation mit Drittanbietern, die über die technische Plattform eigene interaktive Dienste anbieten wollen.

---

[6] Näheres zu Geschäftsmodellen im Kabel siehe z. B. Schrape, Hürst 2000.

3 Aktueller Stand der Digitalisierung des deutschen Kabels

3.1 Digitales Fernsehen (FreeTV und Pay-TV)

„Unser Kabel ist längst digital!" Diese Bemerkung hört man immer wieder, wenn man Netzbetreiber nach ihren Digitalisierungsstrategien fragt. Tatsächlich sind neben den digitalen Pay-Kanälen von Premiere und den digitalen Bouquets von ARD und ZDF auch verschiedene Fremdsprachenpakete seit Jahren in fast allen deutschen Kabelnetzen verfügbar. Doch was anbieterseitig seit Jahren eingespeist wird, wird von der Mehrzahl der Fernsehzuschauer bislang kaum wahrgenommen, geschweige denn genutzt.

Die AGF/GfK-Fernsehforschung weist für April 2004 lediglich 3,92 Mio Haushalte mit angeschlossenem Digitalreceiver nach. Bei einer Gesamtzahl von 34,54 Mio Fernsehhaushalten hat das digitale Fernsehen in Deutschland damit im Jahr 2004 einen Marktanteil von ca. 11 % (siehe Tab. 1).[7]

Tabelle 1: Entwicklung der deutschen Digital-TV-Haushalte (2001-2004)

Jahr	Gesamt TV-HH in Mio	Anzahl HH mit angeschlossenem Digital-Receiver in Mio	Anteil Digital-HH an Gesamt TV-HH in Prozent
2001	34,35	1,84	5,4
2002	34,10	2,42	7,1
2003	34,37	2,89	8,4
2004	34,54	3,92	11,3

Quelle: AGF/GFK Fernsehforschung; pc#tv Basis Fernsehpanel, www.agf.de/daten/tvmarkt/digitaltv

Trotz des insgesamt noch geringen Anteils der Digital-TV-Haushalte an den Gesamthaushalten hat es zwischen 2003 und 2004 einen sprunghaften Anstieg gegeben: Mehr als 1 Mio Digitalhaushalte sind in diesem Zeitraum hinzugekommen. Die meisten der neu hinzugekommenen Digitalhaushalte sind dabei Satellitenhaushalte. Diese machen auch den größten Teil beim digitalen Bestand aus: Insgesamt empfangen rund 2,5 Mio Haushalte digitales Fernsehen über Satellit. Allein 1,4 Mio davon sind Premiere-Abonnenten. Beim Kabel ist die Digital-TV/Premiere-Ratio noch eindeutiger: Von den insgesamt 1,4 Mio digitalen Kabelhaushalten empfangen 1,3 Mio den Abo-Sender Premiere (95 %). Die restlichen digitalen Kabelhaus-

---

[7] Der ASTRA-Reichweiten-Monitor kommt für 2004 auf insgesamt 5,29 Mio Digitalhaushalte in Deutschland, wobei 3,18 Mio als Satellitenhaushalte und 2,11 Mio als Kabelhaushalte ausgewiesen sind (vgl. Astra Reichweiten 2004, Ausgabe März).

halte empfangen die bezahlpflichtigen Fremdsprachenprogramme (vgl. Kofler 2003, Hofmeir 2003, Ott 2004).

Grund für starken Anstieg beim digitalen Satellitenfernsehen ist aber nicht ein Sprung in den Abonnentenzahlen von Premiere, sondern die Tatsache, dass im Handel inzwischen kaum noch analoge Anlagen angeboten werden. Ersatz- und Neubeschaffungen erhöhen damit automatisch die Gesamtzahl der digitalen Satellitenhaushalte.

Tabelle 2: Digitale TV-Angebote (Free-TV und Pay-TV) in deutschen Kabelnetzen

	digitale Programme der öffentlich-rechtlichen Sender	digitale Programme der großen privaten Sender	zusätzliche digitale Programme kleiner werbefinanzierter Sender, z.T. verschlüsselt (z.B. Tele5, MTV, BBC, BibelTV)	Premiere inkl. Pay-per-View	zusätzliche Pay-Programme (Spartenkanäle, Sport, Erotik usw.) inkl. Pay-per-View	Kostenpflichtige Fremdsprachenprogramme
KDG	✓	—	✓	✓	✓	✓
Ish	✓	—	✓	✓	✓	✓
KabelBW	✓	—	✓	✓	—	✓
Iesy	✓	—	—	✓	—	✓
Große, überregionale NE-3/NE-4-Betreiber (z.B. Primacom, TeleColumbus)	✓	—	überwiegend ✓	✓	✓	✓
Kleine, mittelständische Netzbetreiber (z.B. MDCC, LKS, KMS) und WoWi	✓	—	überwiegend —	✓	—	✓

Während sich das Programmspektrum zwischen Kabel und Satellit im analogen Bereich kaum unterscheidet, werden im digitalen Bereich im Kabel Differenzierungen vorgenommen. Die Kabelnetzbetreiber versuchen dabei, sich über neue Angebote und zusätzliche, z. T. bezahlpflichtige TV-Pakete gegenüber dem Satelliten zu positionieren und neue Erlösströme zu generieren. Tabelle 2 zeigt den aktuellen Stand der Einspeisung digitaler Programme in die Kabelnetze in Deutschland.

3.2 Interaktive TV-Dienste (auf MHP-Basis)

Interaktive Dienste über die digitale TV-Plattform haben sich auf Grund der schleppenden Verbreitung des digitalen Fernsehens in Deutschland bislang nur in geringem Umfang entwickelt. Dies gilt sowohl für programmbegleitende interaktive Dienste, wie z. B. Elektronische Programmführer (EPG) oder Multimedia-Channels mit Hintergrundinformationen zum laufenden Programm, als auch für programmunabhängige Dienste, wie z. B. Wetten oder E-Mail-Dienste über den Fernseher.

Bei den programmbegleitenden interaktiven Diensten bieten ARD und ZDF sowie einige der großen Privatsender (diese nur über Satellit) eine Reihe von Anwendungen an, die auch im Kabel verfügbar sind. Die programmunabhängigen Anwendungen können bisher meist nur von Satellitenhaushalten genutzt werden. Da sich die digitale Kabelplattform erst im Aufbau befindet, könnte es noch einige Zeit dauern, bis interaktive TV-Dienste eine entsprechende Verbreitung und Nutzung erfahren. Die momentan verfügbaren interaktiven TV-Dienste auf MHP-Basis (Multimedia Home Platform) werden in Anhang A detaillierter dargestellt.

Alle interaktiven Dienste, die über das Kabel realisiert werden, sollen auf der Basis des MHP-Standards entwickelt werden und mit MHP-kompatiblen Set-top-Boxen zu empfangen sein. Darauf haben sich die Mehrzahl der Programmanbieter und die Geräteindustrie in der „Mainzer Erklärung" verständigt. Auch die KDG hat sich für die Unterstützung des MHP-Standards bei interaktiven Anwendungen ausgesprochen.

3.3 Kabelmodemangebote

Highspeed-Internet-Anschlüsse über das Breitbandkabelnetz werden in Deutschland bislang nur von wenigen Netzbetreibern angeboten. Entsprechend gering ist die Nutzung und die generelle Bedeutung dieser Technologie im deutschen Breitband-Internet-Markt. Der Jahresbericht der RegTP von 2004 weist für Ende 2003 lediglich 60.000 Kabelmodemnutzer aus. Dies bedeutet, dass bei einer Gesamtzahl von 4,6 Mio Breitbandnutzern der Kabelmodem-Anteil lediglich 1,3 % des gesamten Breitband-Internet-Marktes ausmachte. Andere Quellen kommen zu ähnlichen Ergebnissen, wenngleich die Zahlen leicht variieren.

Interessant ist der Vergleich mit anderen Ländern. Hier zeigt sich sehr deutlich das Potenzial, das die hiesigen Kabelnetzbetreiber momentan nicht nutzen (Abb. 10).

Durch fallende Hardwarepreise, billigere *Backbone*-Anbindungen und die insgesamt starke Nachfrage nach Breitband-Anschlüssen ist der Bereich Highspeed-Internet über Kabel in letzter Zeit stärker in das Blickfeld vieler deutscher Netzbetreiber gerückt. Viele Netzbetreiber sind bereits dabei, eigene Internet-Plattformen aufzubauen oder planen dies in nächster Zukunft. Und Netzbetreiber, die bereits erste Erfahrungen mit Highspeed-Internet gemacht haben, planen die Ausweitung ihres Angebotes auf andere Netzinseln, die vorher bidirektional aufgerüstet werden müssen.

Oder sie sind dabei, Vermarktungsallianzen einzugehen, um ihren Kunden breitbandiges Internet anbieten zu können, wo sie nicht über die vollständige Infrastruktur (NE-3) verfügen (vgl. Abschnitt 2.4 „Kooperationen zwischen NE-3 und NE-4/WoWi").

Abbildung 10: Anteile von DSL- und Kabelmodem-Anschlüssen an den Breitbandhaushalten

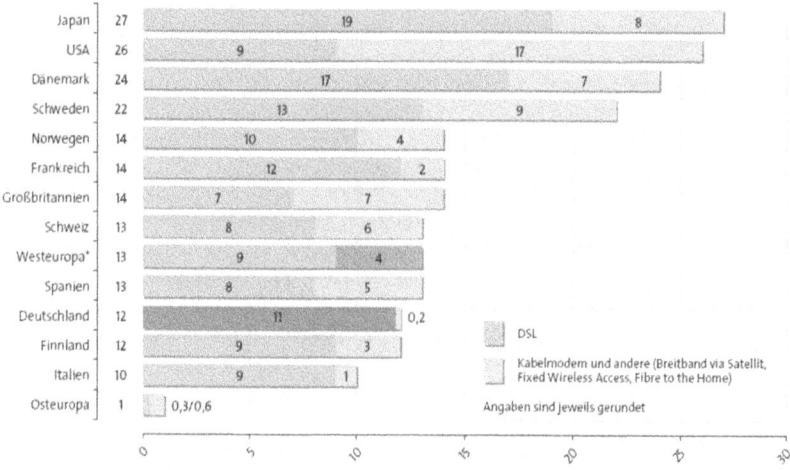

Quelle: Bitkom 2004, S. 9, Basis: EITO, EU-Kommission

4 Technische Aspekte der Digitalisierung des Kabelnetzes

Nach der Darstellung der strukturellen Besonderheiten des deutschen Kabelnetzes werden in diesem Kapitel ausgewählte technische Aspekte beleuchtet, die für die Digitalisierung von Bedeutung sind. Dabei geht es zum einen um die verschiedenen Konzepte der Netzaufrüstung und zum anderen um die technische Ausstattung von digitalen Receiverboxen sowie um Voraussetzungen zum Aufbau von Kabelmodemsystemen.

4.1 Referenzmodell eines „Full Service Networks"

Kabelfernsehnetze benutzen als Hauptinfrastruktur koaxiale Kupferkabel mit kaskadierten Verstärkern zum Ausgleich von Übertragungsverlusten („Dämpfung"). Die BK-Netze sind in den 80er-Jahren als reine Verteilnetze mit einfacher Verteilrichtung und begrenztem Übertragungsfrequenzbereich konzipiert und errichtet worden (Abb. 11).

Abbildung 11: Verteilstruktur des BK-Netzes vom Headend zum Übergabepunkt[8]

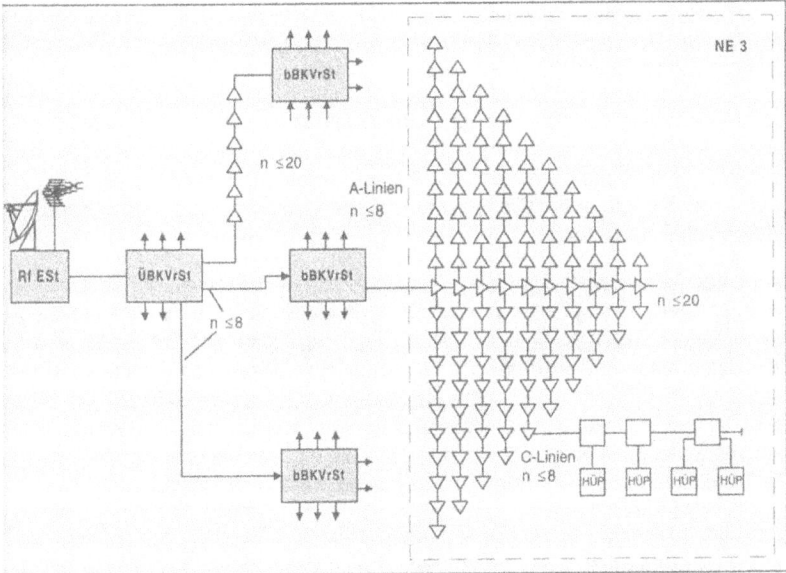

Quelle: ANGA/ZVEI 1998, S. 41

---

[8] Abkürzungen: Rf ESt: Rundfunk Empfangsstation (=Headend), ÜBKVrSt: Übergeordnete Breitbandkabel Verteilerstelle, bBKVrST: benutzerseitige BKVrSt, HÜP: Hausübergabepunkt.

Der ursprünglich definierte Frequenzbereich, der in bis heute nicht aufgerüsteten Netzen genutzt wird, umfasst den Bereich zwischen 50 und 450 MHz und ermöglicht eine Übertragung von etwa 45 analogen TV-Kanälen mit 7 bzw. 8 MHz-Kanalbandbreite sowie die Übertragung des UKW-Rundfunkbandes im Bereich von 87,5 bis 108 MHz.

Auf Netzebene 3 versorgen die Kabel-TV-Netze in der dargestellten klassischen Architektur ca. 1.000 bis 10.000 Haushalte in einem einzigen *Cluster* bzw. Netzsegment. Das *Cluster* beginnt an der bBKVrSt und umfasst die A-, B- und C-Linien. Die Kopfstellen versorgen in der Regel mindestens 10.000, aber oft sogar bis 100.000 und in Einzelfällen sogar bis zu 1 Mio Haushalte (vgl. Thöry 2004).

Logistisch betrachtet sind die TV-Kabelnetze Bussysteme und aus der Sicht der Nutzer ein „Shared Medium" im Gegensatz zu den Telefonnetzen, die individuelle Leitungen vom Nutzer zur Vermittlungsstelle („dedicated lines") bereitstellen.

Um aus diesem Netz ein „Full Service Network" zu machen, über das nicht nur Rundfunkverteildienste, sondern zusätzlich alle neuen digitalen und interaktiven Dienste übertragen und genutzt werden können, wurden in den 90er-Jahren von ANGA und ZVEI technische Spezifikationen erarbeitet. Die Empfehlungen der beiden Verbände für den Ausbau zu einem frequenzerweiterten und bidirektionalen Kabel-TV-Netz wurden 1998 unter dem Titel „TV-Kabelnetze: Zukunftssicherheit durch Ausbau zu interaktiven Breitbandnetzen (Teil II-Netzausbau)" veröffentlicht (vgl. ANGA/ZVEI 1998).

Das ANGA/ZVEI-Ausbaukonzept geht ebenso wie andere, in den 90er-Jahren entstanden Ausbaukonzepte davon aus, dass weit reichende Veränderungen der Netztopologie notwendig sind, um das Kabel-TV-Netz für zusätzliche digitale TV-Programme und interaktive Dienste wie Highspeed-Internet-Access oder Kabeltelefonie nutzbar zu machen.

Ziel ist der Aufbau eines hybriden Fiber-Coax-Netzes (HFC), eines Kabelnetzes, das durch Glasfaserringe ergänzt wird, die bis in die Nähe des Endkunden reichen. Erst an einem Glasfaser-Knoten („Node") wird dann das optische Signal in ein elektrisches umgewandelt (Abb. 12). Grund für den Einsatz von Glasfaserverbindungen ist die Tatsache, dass durch die Frequenzerhöhung von 450 auf 862 MHz die Distanz sinkt, über die die Signale übertragen werden können: Höhere Frequenz bedeutet auch höhere Dämpfung. Deshalb müssen die bestehenden Koaxialkabelstrukturen in neue Inselgrößen gegliedert werden, die jeweils über eine eigene Glasfaseranbindung an das Netz angebunden werden. Ziel eines solchen „Re-Clusterings" ist es, Netzinseln zu erhalten, die nicht mehr als 300 bis 500 Teilnehmer versorgen (vgl. Heinz 2003). Neben dem Kapazitätsausbau wird auch der Austausch der unidirektionalen Verstärker durch bidirektionale Komponenten notwendig.

Frequenzerweiterung und bidirektionale Aufrüstung des Kabelnetzes, die ein *Re-Clustering* mit einschließt, ist meist mit umfangreichen Erdarbeiten für die Verlegung neuer Glasfaserleitungen verbunden.

Abbildung 12: Netztopologie eines Full Service Networks

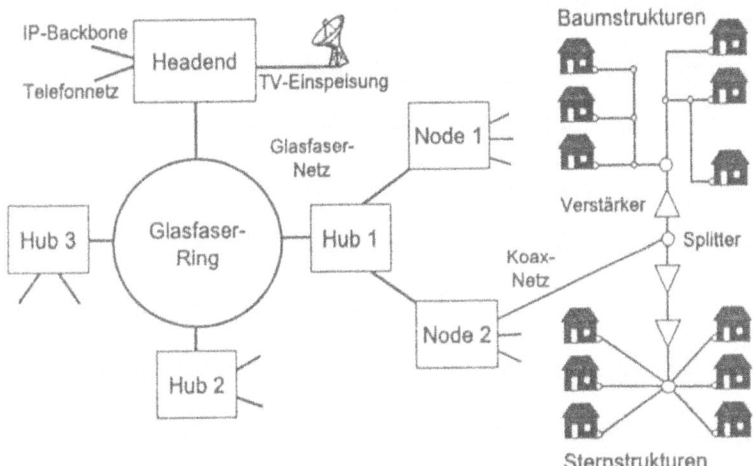

Quelle: Ciciora et al. 1999

Auch die Netzebene 4 muss technisch aufgerüstet werden. Im Rahmen dieser Aufrüstung werden im Regelfall auch die Anschlussdosen in den Wohnungen ausgetauscht. Rückkanalfähige Kabelanschlüsse haben drei Anschlussbuchsen: für TV, Radio und Kabelmodem.

4.2 Alternative Modelle und pragmatische Herangehensweisen bei der Netzaufrüstung

Eine vollständige Netzaufrüstung nach dem Referenzmodell des *Full Service Networks* hat sich in der praktischen Umsetzung als sehr aufwändig und kostenintensiv erwiesen. Deshalb werden von den meisten NE-3-Betreibern inzwischen reduzierte Ausbauvarianten favorisiert. Zwar bleibt das 862-MHz-Netz mit kleinen Clustergrößen und entsprechenden Glasfaserzuführungen weiterhin als Ideal bestehen, auf dem Weg dorthin werden aber zunehmend Zwischenschritte akzeptiert.

Denn die komplette 862 MHz-Aufrüstung schafft u. a. Kapazitäten, die zunächst gar nicht gebraucht werden, weil nicht in allen Netzclustern eine hohe Nachfrage nach interaktiven und bandbreitenintensiven Anwendungen erwartet werden kann.

Die reduzierten Ausbauvarianten gehen deshalb davon aus, dass die technische Aufrüstung parallel zur steigenden Nachfrage verlaufen sollte und sich auf solche Netzinseln beschränken sollte, in denen der Bedarf eine gewisse Grenze übersteigt.

Bei den reduzierten Ausbaumodellen handelt es sich zum einen um das Konzept „BK420+", die so genannte Liberty-Variante, bei der das Netz mit geringem Aufwand lediglich auf 510 MHz aufgerüstet wird, die BK2K2-Methode, bei der der Frequenzbereich zunächst auf 614 MHz erhöht wird und die BK2000-HFC-Methode, die dem *Full Service Network* sehr nahe kommt und bei der nur bei der Glasfaser-Zuführung Zugeständnisse gemacht werden. Die Konzepte unterscheiden sich voneinander hinsichtlich des Aufwandes beim Austausch von Verstärkern und anderen Komponenten, bei der Einbindung von Glasfaserleitungen und bei der Verkleinerung der Netzcluster (vgl. Schmoll 2003). Insbesondere die BK2K2-Technik wird im Zusammenhang mit der Netzaufrüstung der großen NE-3-Betreiber diskutiert. Sie wurde eigens von der KDG in Zusammenarbeit mit der Industrie entwickelt und wird nun eingesetzt, um viele der NE-3-Netze aufzurüsten.

Bei der BK2K2-Technik bleibt das Netz zunächst in seiner ursprünglichen Clusterung (A-Linie in Abb. 13) erhalten und wird im ersten Schritt nur bis 614 MHz, aber mit vollwertigem Rückkanal betrieben. Dabei werden alle Verstärker mit Rückkanalmodulen, neuen Diplexern und besseren Entzerrern nachgerüstet. Die Anzahl der Speisepunkte wird nicht erhöht und es werden nur oberflurige Komponenten ausgetauscht. Die alten 450 MHz-Verstärker werden durch 862 MHz-Verstärker getauscht, um in der zweiten Ausbaustufe die ganze Frequenz nutzen zu können. Prinzipiell gewinnt man durch den Verstärkertausch bei 20 in Reihe geschalteten Verstärkern eine Bandbreite von 606 MHz oder 17 neue Kanäle. Beschränkt man die Zahl der in Reihe geschalteten Verstärker auf einen Mittelwert von zehn, sind es sogar 702 MHz oder 29 Kanäle (vgl. Schmoll 2003).

Abbildung 13: Prinzip des BK2K2-Aufrüstungs-Konzepts (Stufe 1)

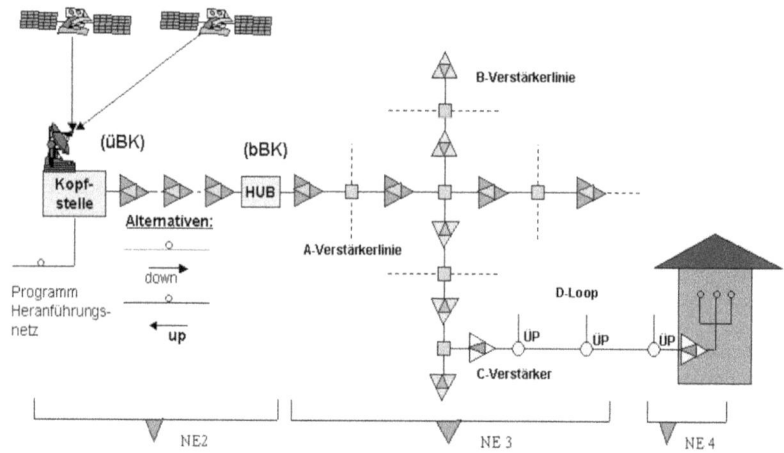

Quelle: Thöry 2004

Die BK2K2-Methode hat den Vorteil, dass in der Ausgangssituation mit nur geringer Teilnehmerdichte ein kostengünstiges Netz aufgebaut werden kann. Nimmt die Teilnehmerdichte später zu und erfahren die interaktiven Dienste eine größere Nachfrage, kann durch den gezielten Einsatz von Glasfaserverstärkerpunkten und eine feinere Clusterung eine flexible Anpassung erreicht werden, ohne dass der Rest des Netzes geändert werden muss (Abb. 14). Denn es können weiterhin die 862 MHz-Verstärker genutzt werden, die in der ersten Stufe verbaut wurden.

Abbildung 14: Prinzip des BK2K2-Konzeptes (Stufe 2)

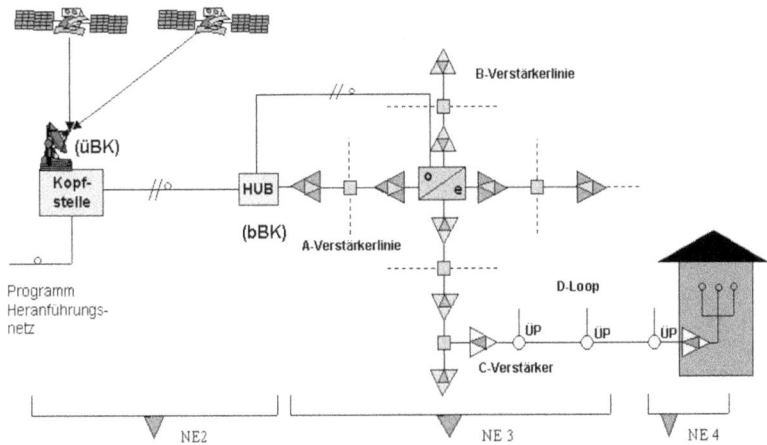

Quelle: Thöry 2004

Die BK2K2-Methode ist darauf ausgelegt, möglichst schnell und kostengünstig ein breiteres Spektrum zur Verteilung von TV-Programmen zu gewinnen. Gleichzeitig erhält man durch die Frequenzerweiterung neue Kanäle, die auch für den *Upstream*-Bereich (Rückkanal) interaktiver Dienste reserviert werden können.

Bei entsprechender Nachfrage, z. B. nach Highspeed-Internet, könnten allerdings relativ schnell neue Aufrüstungen und entsprechende Clusterteilungen notwendig werden, für die dann der notwendige zeitliche Vorlauf nicht mehr gegeben wäre. In Gebieten, in denen mit einer starken Nachfrage nach interaktiven Diensten gerechnet werden kann, ist deshalb vor Ankündigung und Vermarktung des neuen Dienstes eine umfangreichere Netzaufrüstung notwendig, die bereits beide Stufen der Aufrüstung beinhaltet.

Prinzipiell zeigt sich, dass die heutige Herangehensweise beim Netzausbau sowohl bei der KDG als auch den anderen NE-3/NE-4-Betreibern sich weniger an idealtypischen Ausbauvarianten orientiert als vielmehr einem pragmatischen Ansatz folgt, der die jeweils gegebenen Umstände vor Ort entsprechend berücksichtigt. Es wird weniger am „grünen Tisch", als vielmehr bestands- und bedarfsorientiert aufgerüstet. So werden z. B. auch bestehende Richtfunkstrecken in das Übertragungskonzept eingebaut anstatt neue Glasfaserleitungen aufzubauen, obwohl Glasfaserringe die elegantere Lösung wären. Die Schlüsselfrage scheint nicht so sehr, wie die eleganteste Aufrüstvariante oder das ideale Netz aussieht, sondern vielmehr, wie die neuen Dienste möglichst effizient zum Endnutzer gebracht werden können.

Für die Realisierung eines Highspeed-Internet-Zugangs über Kabel kann dies z. B. bedeuten, dass die Kabelnetzbetreiber unterschiedliche Technologien einsetzen, die zum Teil einen *Workaround* einer eigenen Netzaufrüstung bedeuten (Abb. 15).

Abbildung 15: Flexible Internet-Anbindungskonzepte für Kabelnetzbetreiber: Beispiele für pragmatische Herangehensweisen bei der Netzaufrüstung

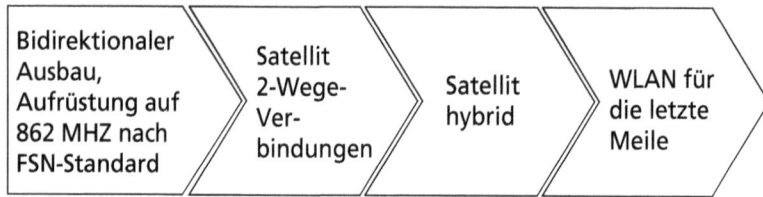

Denn unter Umständen kann es für einen Netzbetreiber wirtschaftlicher sein, die Internet-Anbindung der Kabelkopfstation über eine 2-Wege-Satelliten-Verbindung zu realisieren, als einen eigenen Glasfaserring aufzubauen, der dann über eine Internet-Standleitung gespeist wird. Oder er kann in sehr kleinen Netzinseln auf eine bidirektionale Aufrüstung verzichten und seinen Kunden eine hybride Satellitenlösung anbieten, die er zusammen mit dem jeweiligen Anbieter vermarktet. Auch die Überbrückung der „letzten Meile" mit Hilfe von Wireless-Technologien wie z. B. WLAN ist denkbar und wird bereits an verschiedenen Orten eingesetzt (siehe auch Abschnitt 2.3 „Überbauung" der NE-4 als Gegenstrategie).

Ein Beispiel für die Realisierung eines Highspeed-Internet-Zugangs über alternative Anbindungskonzepte ist das Angebot „Cable DSL", den der Netzbetreiber Bosch Breitband in Kooperation mit SkyDSL der Unternehmensgruppe Teles in seinen kleineren Netz-Clustern anbietet. Da sich dort eine bidirektionale Aufrüstung nicht lohnen würde, wird den Haushalten ein hybrides System angeboten, das auf der schnellen Internet-Satellitenverbindung von SkyDSL basiert (Abb. 16).

Während der *Upstream* (vom Computer des Kunden zum Internet Service Provider) über die Telefonleitung realisiert wird, läuft der *Downstream* (vom ISP zum Kunden) über das Koax-Netz des Kabelbetreibers. Bei größeren, bidirektional aufgerüsteten Kabelnetzen kann Bosch Breitband dagegen sein eigenes Highspeed-Internet-Produkt „Blue Cable" anbieten.

Abbildung 16: Beispiel für ein hybrides Konzept der Internet-Anbindung für kleinere Netzinseln

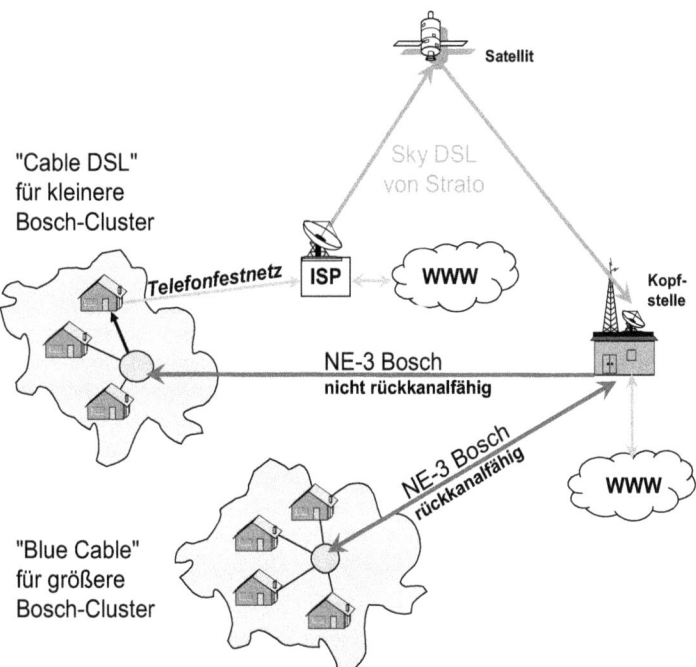

4.3 Kosten der Netzaufrüstung

Während man bei Modellrechnungen vor einigen Jahren noch davon ausging, dass eine wirtschaftliche Nutzung des Kabel-TV-Netzes für Internet und Telefonie nur dann möglich ist, wenn ca. 30 % der Kabelfernsehkunden für diese Dienste gewonnen werden können (vgl. Sefczyk 1999), geht man heute von anderen Rechnungen aus. Grund dafür sind die in den letzten Jahren z. T. drastisch gesunkenen Kosten für die Hardware-Ausstattung (digitale Kopfstationen, Cable Modem Termination Stations, CMTS und andere Komponenten) und die Software sowie der Zugangskosten zum Internet bzw. Telefonfestnetz (Horn 2004).

Die Kabelnetzbetreiber gehen heute davon aus, dass sich der laufende Betrieb für einen Highspeed-Internet-Zugang (ohne Kosten für die Aufrüstung) bereits ab einer *Take-Rate* von 10 % für den Betreiber rechnen kann. Auch die Cluster-Größe, ab der sich die Netzaufrüstung für Internet oder Kabeltelefonie rechnet, wurde vor einiger Zeit noch mit mindestens 5.000 versorgten WE angegeben. Heute geht man davon aus, dass es sich bereits bei erheblich kleineren Netzclustern rechnen kann und geht von einer Untergrenze von ca. 2.500 WE aus.

Alle Wirtschaftlichkeitsrechnungen müssen allerdings die jeweils vor Ort gegebenen Strukturen, technischen Voraussetzungen und die technische Erreichbarkeit mit einbeziehen. Die entsprechenden Rechnungen können sehr unterschiedlich ausfallen, je nachdem, welche Verstärker vor Ort verbaut sind, welche Erdarbeiten möglicherweise notwendig werden, welche Zuführung (Kosten für die Miete der Glasfaserleitung) in Frage kommt etc. Ein genereller Betrag für die Aufrüstung pro WE kann vor diesem Hintergrund nicht genannt werden (vgl. auch Hankmann 2004).

4.4 Zuführungskonzepte: Zentrale Playout-Center und regionale Programme

In *Playout-Centern* werden analoge Fernsehprogramme digitalisiert, die Bild- und Toninformationen komprimiert, gemeinsam mit weiteren digitalen Programmen auf Multiplexe moduliert und ggf. verschlüsselt. Da diese aufwändigen Rechenvorgänge in Echtzeit ablaufen müssen, werden große Rechnerkapazitäten benötigt. Die Dimensionierung von *Playout-Centern* richtet sich nach der Anzahl der aufzubereitenden digitalen TV-Kanäle und dem Angebot weiterer Dienste. Sie ist jedoch völlig unabhängig von der Anzahl der Nutzer. Die Kopfstationen der Kabelinseln werden über Satellit mit den *Playout-Centern* verbunden. Hierfür fallen hohe Fixkosten an. So kostete die Anmietung eines Transponders für einen DVB-Kanal mit 6 bis 10 digitalen Programmen im Jahr 2002 etwa 4,6 Mio € (WIK 2002, S. 76).

Die KDG betreibt in Usingen bei Frankfurt am Main ein zentrales *Playout-Center*, über das die meisten Netze in Deutschland versorgt werden. Im Rahmen der Netzaufrüstung in Berlin wurde noch zu Telekom-Zeiten ein kleines, ergänzendes *Playout-Center* eingerichtet, das die Einspeisung lokaler Inhalte für das dortige Kabelnetz übernimmt. Weitere *Playout-Center* werden von den Kabelnetzbetreibern PrimaCom in Leipzig und von Ish in Kerpen betrieben.

Für NE-3/NE-4-Betreiber ist es auch möglich, digitale Programme in ihre Netze einzuspeisen, die nicht von einem größeren Netzbetreiber in dessen *Playout-Center* aufbereitet wurden, sondern direkt von den Sendern digitalisiert auf den Satelliten geschickt werden. Voraussetzung ist, dass die Programme so geplext sind, dass kein neues Multiplexing an den Kopfstationen notwendig wird. Bei den digitalen Paketen von ARD und ZDF ist dies bereits heute der Fall und auch die großen Privatsender werden - vorausgesetzt sie entscheiden sich gegen eine Verschlüsselung durch die KDG - Interesse an einem derartigen Multiplex haben.

Dies bedeutet, dass kleinere oder mittelständische NE3/NE-4-Netzbetreiber eigene, kostenintensive *Playout-Center* nur dann aufbauen und betreiben müssen, wenn sie eigene Programme in ihr Angebot einfügen wollen, die nicht frei über Satellit zu empfangen sind (vgl. Doeppes 2004). Durch immer günstiger werdende technische Komponenten, die komplette Satellitentransponder 1:1 in digitale Kabelkanäle umsetzen (QPSK-QUAM-Umsetzer), sind auch kleinere Netzbetreiber prinzipiell in der Lage, attraktive Programmangebote in ihre Netze einzuspeisen. Da sie diese direkt vom Satelliten „abgreifen", sind sie unabhängig von den digitalen Multiplexen von KDG, PrimaCom oder Ish.

Ein digitales Einspeiseproblem zeichnet sich dagegen für die regionalen *Sender* ab. Da die KDG sämtliche digitalen Technikaktivitäten im *Playout-Center* in Usingen konzentrieren will, müssten die regionalen Fernsehsender prinzipiell ihre Programme dort anliefern (Abb. 17).

Abbildung 17: Regionalsender und die digitale Einspeisung in regionale Netze

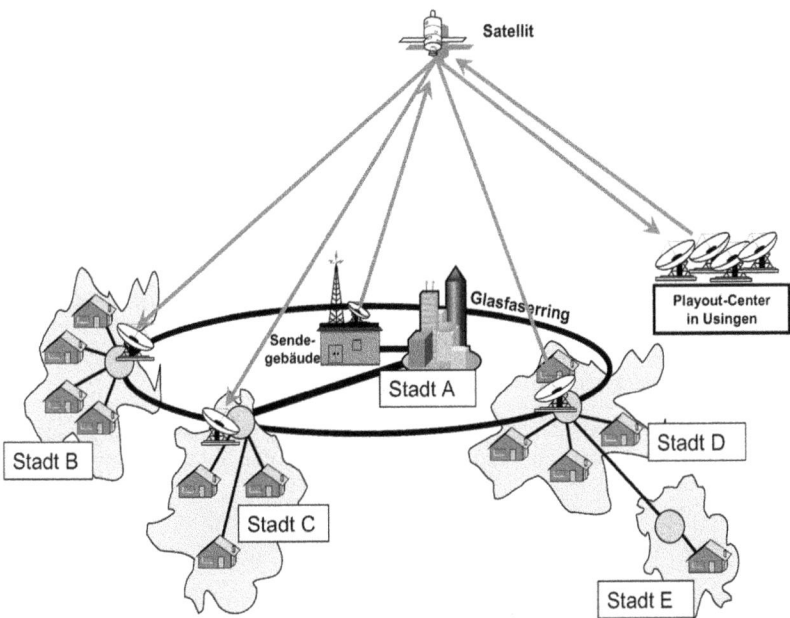

Im analogen Bereich wird die Einspeisung regional bei den jeweiligen Kabelkopfstationen vorgenommen, die sich meist in der Nähe der Sendegebäude befinden. Die Zentralisierung im *Playout-Center* in Usingen würde bedeuten, dass die regionalen Programme zunächst nach Usingen gesendet werden müssten, dann im Multiplex komplett über Satellit ausgestrahlt würden, um dann bei den Kopfstellen, die nicht im Verbreitungsgebiet des regionalen Senders liegen, wieder herausgefiltert zu werden. Der Transport der digitalen Programme nach Usingen stellt für die meisten regionalen Sender einen Kostenfaktor dar, der sie überfordert. Deshalb wird in Kooperation mit den Landesmedienanstalten nach alternativen Konzepten gesucht.

Eine Möglichkeit wäre es z. B., die regionalen Programme wie bisher an die jeweilige regionale Kopfstelle zu liefern und die digitale Einspeisung dort vorzunehmen. Dazu müsste an der Kopfstelle ein eigenes Multiplex installiert werden, ein Gerät, das heute zwischen 2.000 und 3.000 € kostet. Der DVB-Datenstrom müsste „ausgepackt" und neu geplext werden. Außerdem müssten die entsprechenden *Service Information* (SI)-Daten eingefügt werden. Die Weiterverbreitung zu den entsprechenden Netzinseln könnte idealerweise über Glasfaserringe realisiert werden, sofern diese vorhanden sind.

4.5 Typen von Set-top-Boxen für das digitale Fernsehen

Neben den verschiedenen Netzkonzepten spielen bei der Digitalisierung insbesondere die Endgeräte, d. h. die digitalen TV-Empfangsgeräte, eine wichtige Rolle. Digitale Receiver bzw. Set-top-Boxen haben zunächst die Aufgabe, das digitale Signal wieder in ein analoges Signal umwandeln, damit es von den heute eingesetzten Fernsehgeräten dargestellt werden kann. Weiterhin sind sie für den Empfang und die Darstellung des elektronischen Programmführers und anderer interaktiver TV-Zusatzdienste notwendig.

Eine wichtige Funktion der Set-top-Boxen besteht darüber hinaus in der Entschlüsselung von bezahlpflichtigen Inhalten für den Fall, dass diese abonniert werden. Entsprechend können zwei Grundtypen von digitalen Empfangsgeräten unterschieden werden: Set-top-Boxen mit und Set-top-Boxen ohne Verschlüsselungssystem. Weiterhin gibt es Boxen, bei denen das Verschlüsselungssystem nachgerüstet werden kann. Diese Boxen verfügen über so genannte Common-Interface-Slots, d. h. über Steckplätze, in die entsprechende Entschlüsselungsmodule (CI-Module) eingesteckt werden können.

Auf der Basis der zwei Grundtypen und der Möglichkeit, nutzerseitig jeweils eigene Entschlüsselungsmodule einzufügen, ergeben sich bei den Set-top-Boxen folgende vier Varianten:

4.5.1 Free-to-Air-Boxen ohne Verschlüsselungssystem

Beispiele für Free-to-Air-Boxen sind die „CCR 70 FTA" von Hirschmann für 195 € (siehe Tab. 3) oder die Receiver-Box „Elipsus FTA" von Microlink für 219 €.[9] Solche Free-To-Air (FTA)-Boxen sind technisch gesehen die einfachsten Boxen; sie sind lediglich zum Umschalten der Programme im Angebot der frei empfangbaren (unverschlüsselten) Programme geeignet und verfügen nur über rudimentäre elektronische Programmführer. FTA-Boxen ohne Verschlüsselungsoption werden deshalb auch Zapping-Boxen genannt.

Mit dem Ausdruck „Free-TV-Box" bzw. „Free-to-Air" muss man in Deutschland freilich vorsichtig sein, denn neben den werbefinanzierten Sendern werden darunter in der Regel auch die öffentlich-rechtlichen Sender subsumiert. Und die öffentlich-rechtlichen Sender finanzieren sich bekanntermaßen durch Gebühren, die alle Haushalte bezahlen müssen, die ein TV-Gerät besitzen. Darüber hinaus trifft die Bezeichnung „to air" bei diesen Boxen nicht zu, da es sich um spezielle Kabelboxen handelt, die nicht für den Empfang von terrestrischem Digital-TV geeignet sind. Dennoch wird die Bezeichnung „Free-to-Air" für diese Boxen verwendet, weil sie den einfachen DVB-T-Boxen ähneln.

---

[9] Modelle und Euro-Angaben beziehen sich auf Juli 2004.

Die Preise für FTA-Boxen ohne Verschlüsselungsoption werden langfristig weiter fallen, insbesondere wenn sich die großen Privatsender gegen eine Verschlüsselung durch die KDG entscheiden sollten. Denn dann wären alle momentan „frei" empfangbaren Programme auch digital „frei", d. h. ohne dass sie mit einer Verschlüsselung belegt wären, über das Kabel zu empfangen. Zur Nutzung der digitalen Programme und einer Reihe zusätzlicher, nur im digitalen Kabel empfangbaren Sender und Programme sowie einiger Zusatzdienste, würde dann eine einfache und kostengünstige FTA-Box ausreichen. Eine solche Entscheidung vorausgesetzt, könnten die Preise für einfache Kabel-Zapping-Boxen wegen der dann möglichen höheren Stückzahlen auf unter 80 € sinken, wie dies bereits heute bei DVB-T-Boxen der Fall ist. Momentan ist die Situation im Kabel für die Boxenhersteller zu unsicher, um größere Stückzahlen bestimmter Kabelboxen zu produzieren.

4.5.2 Free-to-Air-Boxen mit Common Interface-Slot

Ein Beispiel für eine FTA-Box mit Common-Interface (CI)-Einschubfach ist die „CCR 80 CI" von Hirschmann, die im Herbst 2004 im Fachhandel für ca. 200 € angeboten wurde.

Abbildung 18: Free-to-Air-Box mit CI-Slot von Hirschmann (CCR 80 CI)

Quelle: www.hirschmann.de

Hierbei handelt es sich um eine FTA-Box, die zwar kein Verschlüsselungssystem integriert hat, die aber über ein leeres Schubfach verfügt, in das ein CI-Modul geschoben werden kann, sobald ein verschlüsseltes, d. h. bezahlpflichtiges digitales TV-Paket abonniert werden soll. Der Kunde muss dann ein entsprechendes CI-Modul über den Handel oder vom entsprechenden Programmbetreiber erwerben und in dieses Modul die entsprechende SmartCard einschieben. Die SmartCard erhält er ausschließlich vom Pay-TV-Anbieter.

Hersteller von FTA-Boxen mit CI-Slots vermarkten diese Boxen als „zukunftssicher", weil sie sich prinzipiell mit allen Verschlüsselungsmodulen aufrüsten lassen, die die Programmanbieter einsetzen. Allerdings wäre eine „embedded"-Lösung, die dritte Variante von Set-top-Boxen, die kostengünstigere, denn separate CI-Module sind teuer als solche, die von Anfang an fest in die Boxen integriert sind. Aktuell sind die CI-Module, die im Satellitenbereich angeboten werden, alle teurer als 50 €.[10] Für den Kabelbereich existieren momentan noch keine CI-Module für von den entsprechenden Pay-TV-Anbietern.

4.5.3 Pay-Boxen mit Embedded Conditional Access

Boxen mit vorinstalliertem Entschlüsselungssystem (Conditional Access) wie z. B. Nagravision oder Cryptoworks bilden die dritte Gruppe der digitalen Receiver. Beispiele für Boxen mit „embedded Nagra" sind die „DC220KKD" von Pace (Abb. 19), die für das KDG-Netz lizenziert ist und für ca. 100 € angeboten wird, die „PR Fox C" des Herstellers Humax, die in den Kabelnetzen von Ish und Kabel BW eingesetzt werden und die zwischen 30 und 130 € kosten, je nachdem, von welchem Netzbetreiber sie angeboten werden.

Abbildung 19: Kabelbox DC220 KKD mit Embedded Nagra von Pace

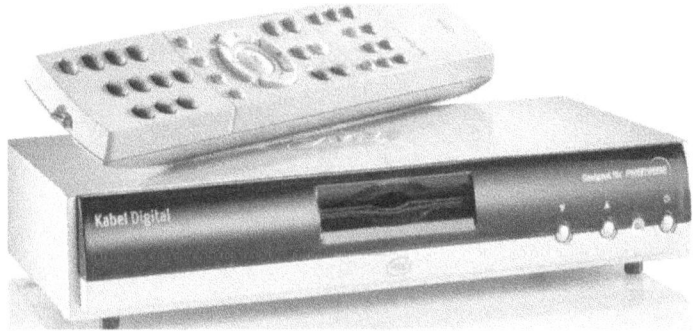

Quelle: www.pace-deutschland.de

Im Unterschied zu Kabel BW subventioniert der NRW-Netzbetreiber Ish die Humax-Boxen, um möglichst schnell eine hohe Penetration dieser Digitalboxen in seinen Netzen zu erreichen.

Weitere Beispiele für Boxen mit eingebettetem Verschlüsselungssystem sind die Boxen UFD 595 von Kathrein für 150 € und Digit PK von Technisat für knapp 200 €.

Da Premiere und die Pay-Angebote der KDG mit Nagravision das gleiche Verschlüsselungssystem benutzen, können alle Boxen, die für Premiere geeignet sind,

---

10 Premiere CI-Module für den Satellitenempfang kosten z. B. momentan ca. 80 €. Für den Nutzer kommen die Kosten für die SmartCard, d. h. für das eigentliche Abonnement des Paketes, hinzu.

ebenfalls die Programme der KDG entschlüsseln. Um darüber hinaus den elektronischen Programmführer der KDG und weitere Zusatzdienste nutzen zu können, muss die Box jedoch zusätzlich das Gütesiegel „Kabel Digital" besitzen, d. h. eine Zertifizierung bei der KDG durchlaufen haben. Für die Kunden sind Boxen mit eingebauten Verschlüsselungssystemen und den entsprechenden Gütesiegeln der wesentlichen Programmanbieter die bequemste und günstigste Möglichkeit, wenn sie über die frei zu empfangenden Programme hinaus Pay-TV abonnieren wollen. Denn bei diesen Boxen bedarf es lediglich einer entsprechenden SmartCard, um die gewünschten Pay-Pakete oder Programme freizuschalten. Diese kann gegen ein entsprechendes Abo-Entgelt beim Programmveranstalter bezogen werden. Ist eine SmartCard bereits vorhanden, reicht ein Anruf beim Programmanbieter, um ein zusätzliches Programm oder einen Pay-per-View-Film freizuschalten.

Zwischen pay-fähigen Decodern, d. h. Decodern, mit denen verschlüsselte Programme freigeschaltet und entschlüsselt werden können und solchen, die dies nicht können (FTA-Decoder ohne Entschlüsselungsoption), gibt es einen kategorialen Unterschied. Bei Pay-Boxen ist es wichtig, dass alle Komponenten technisch auf das Netz abgestimmt sind, über das die Programme übertragen werden. Ausspielverfahren, Verschlüsselung, Verarbeitung und Entschlüsselung, d. h. die ganze Signallieferungskette muss entsprechend koordiniert werden, damit die Aussendung und Nutzung reibungslos funktioniert. Denn wenn es Probleme bei der Bild- oder Tonqualität gibt oder wenn einzelne Kanäle ganz ausfallen, ist meist der Pay-TV-Anbieter der erste Ansprechpartner der Kunden und nicht der Boxenhersteller. Die Pay-Infrastruktur ist insgesamt komplexer, voraussetzungsvoller und z. T. anfälliger als eine Free-TV-Infrastruktur. Der Netzbetreiber, der eine Pay-Infrastruktur mit den entsprechenden Boxen aufbauen will, muss sicherstellen, dass die Boxen in seinem Netz funktionieren, dass er aktualisierte Software über das Netz auf die Boxen spielen kann und dass die Boxen technisch keinen Schaden im Netz verursachen. Deshalb hat der Anbieter eines Pay-Pakets in der Regel ein Interesse daran, dass die Boxen, die von verschiedenen Herstellern produziert werden, zertifiziert, d. h. technisch freigegeben werden.

Eine weitere Notwendigkeit für eine Boxenzertifizierung ergibt sich aus den Verpflichtungen, die Pay-Anbieter gegenüber Inhaltelieferanten, wie z. B. den Hollywood-Studios oder internationalen Sportrechteinhabern hinsichtlich des Kopierschutzes eingehen. Den Rechteinhabern wird in der Regel vertraglich zugesichert, dass es technisch nicht möglich ist, unberechtigte Kopien herzustellen, die evtl. ohne Zustimmung weiterverbreitet werden könnten. Ähnliches gilt für den Jugendschutz, der ebenfalls über technische Vorrichtungen sichergestellt werden muss.

Für die FTA-Boxen ohne Verschlüsselungssystem, die so genannten Free-TV-Boxen, ist dagegen eine Zertifizierung seitens des Netzbetreibers oder Programmanbieters nicht erforderlich. Die Technik dieser Boxen basiert auf der durchgängig standardisierten DVB-C-Norm. Boxenhersteller können reine DVB-C-Boxen herstellen und vertreiben, ohne dass Gütesiegel oder andere Zertifizierungen erworben werden müssen. Die durchgängige Standardisierung ermöglicht darüber hinaus eine relativ unkomplizierte Ausstattung künftiger TV-Geräte mit der digitalen Empfangstechnik. Integrierte Digitalreceiver *mit* Pay-Funktion können zwar auch in neue TV-Geräte integriert werden. Für die Kunden steht bei der Beschaffung solcher Geräte jedoch der Preis und die Zukunftssicherheit im Vordergrund. Zukunftssicherheit kann dabei insbesondere mit Geräten erzielt werden, die über Common Interface-Slots verfügen.

4.5.4 Pay-Boxen mit Embedded CA und Common Interface-Slots

Die Kombination „Embedded CA" plus „Common-Interface-Slot" stellt die letzte Kombinationsmöglichkeit bei den Decoderboxen dar. Solche Boxen verfügen zum einen über ein fest eingebautes Verschlüsselungssystem und zum anderen bieten sie die Option, weitere Programme zu abonnieren, die ein anderes Verschlüsselungssystem benutzen, indem später entsprechende Entschlüsselungsmodule gekauft und in die freien Steckplätze eingesteckt werden. Beispiel für seine solche Box ist die „CIP-K" von TechniSat, die im Fachhandel zur Zeit für ca. 200 € angeboten wird. Diese Box wurde von Premiere zertifiziert („geeignet für Premiere") und kann neben Premiere weitere Pay-Programme entschlüsseln.

Abbildung 20: Set-top-Box mit zwei Common-Interface-Slots

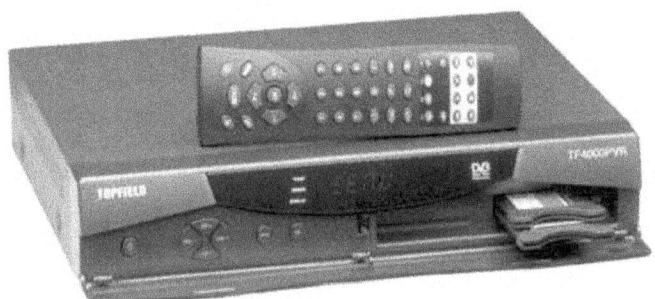

Quelle: www.satforce.de

Über die Common-Interface-Einschubfächer (Abb. 20) lassen sich prinzipiell verschiedene Verschlüsselungssysteme mit einer einzigen Box decodieren. Deshalb werden solche anbieterneutralen oder plattformunabhängigen Boxen als besonders zukunftssicher eingeschätzt. Auf der Netzbetreiberseite ermöglichen sie die Einspeisung und Vermarktung von Programmpaketen, die verschiedene Verschlüsselungsverfahren einsetzen.

Die CI-Module, die den jeweiligen Entschlüsselungscode enthalten, müssen von den Nutzern separat gekauft werden. Sie kosten derzeit zwischen 50 und 120 €. Zur Freischaltung muss eine entsprechende Smart-Card beim jeweiligen Pay-TV-Anbieter bestellt werden, die dann in das CI-Modul eingesteckt und freigeschaltet wird.

Neben diesen vier Grundtypen gibt es weitere Boxenmodelle, z. B. solche mit Festplatte, die sich als digitale Videorecorder (Personal Video Recorder, PVR) nutzen lassen, Boxen mit integriertem DVD-Player oder integriertem DVD-Brenner.

Das Potenzial der möglichen Kombinationen mit anderen Geräten und Medienträgern ist groß. Es kann sich insbesondere bei den Free-TV-Boxen entfalten, da diese Boxen keine Rücksicht auf technische und vertragliche Besonderheiten nehmen müssen, die bei den zu lizenz- oder gütesiegelpflichtigen Pay-Boxen zum Tragen kommen.

Tabelle 3 zeigt die Verfügbarkeit von Set-top-Boxen für das Kabel, wie sie im Juli 2004 von der Zeitschrift „Digital Fernsehen" ermittelt wurde.

Tabelle 3: Kabelboxen-Angebot, Stand: Juli 2004

Hersteller	Modell	Empfang	Preis	Lieferbar	Premiere	Festplatte
Smart	Terra C CI	≤	?	*	–	–
Sagem	ICD 4000	≤	?	*	–	–
Scientific-Atlanta	Explorer 4000 DVB	≤	?	*	–	–
Humax	PR Fox C	≤	?	*	*	–
Pace	DC220KKD	≤	149 €	*	*	–
Tonbury	Jupiter CS	≤	169 €	*	–	–
Hirschmann	CCR 70 FTA	≤	195 €	*	–	–
TechniSat	Digit PK	≤	199 €	*	*	–
TechniSat	DIGITAL PR-K	≤	199 €	*	*	–
Tonbury	Jupiter DC	≤	229 €	*	–	–
TechniSat	Digit CIP-K	≤	229 €	*	*	–
Astro	ASR 530	≤	230 €	*	–	–
Hirschmann	CCR 80 CI	≤	235 €	*	–	–
Smart	Terra C	≤	249 €	*	–	–
Humax	BTCI 5900 C	≤	279 €	*	*	–
Humax	CI 5100 C	≤	409 €	*	–	–
Fujitsu Siemens Computers	ACTIVY Media Center 200 Kabel	≤	999 €	*	–	*
Fujitsu Siemens Computers	ACTIVY Media Center 320	≤	1099 €	*	–	*
Fujitsu Siemens Computers	ACTIVY Media Center 350 Kabel	≤	1299 €	*	–	*

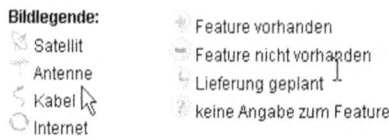

Bildlegende:
  Satellit   * Feature vorhanden
  Antenne   – Feature nicht vorhanden
  Kabel   ⌐ Lieferung geplant
  Internet   ? keine Angabe zum Feature

Quelle: www.digitalfernsehen.de

Wie dargestellt, kann bei der Preisbildung der Boxen auch die Strategie der Netzbetreiber eine Rolle spielen. So kostet z. B. die „Humax PR Fox C"-Box nur 30 €, wenn sie vom Netzbetreiber Ish in Nordrhein-Westfalen bezogen wird, während sie im Fachhandel für über 140 € angeboten wird.

Keine der im Juli 2004 verfügbaren Kabel-Receiver-Boxen war bereits voll MHP-fähig. Während im Satelliten-Bereich zunehmend MHP-fähige Boxen angeboten werden und eine verstärkte Vermarktung der MHP-Anwendungen von ARD und ZDF mit den olympischen Spielen 2004 in Athen begonnen hat, ist die MHP-Entwicklung im Kabel erst am Anfang. Trotz der höheren Anforderungen an Rechenleistung und Speicherkapazität kann für die Zukunft erwartet werden, dass MHP-fähige Boxen zum Standard im Kabel werden. Sowohl die KDG als auch Premiere haben sich inzwischen für MHP ausgesprochen und wollen künftig den europäischen Standard für interaktive Anwendungen unterstützen.

4.6 Komponenten für Kabelmodemsysteme

Kabelkunden, die in aufgerüsteten Netzinseln wohnen und die sich für einen Highspeed-Internet-Zugang über das Kabelnetz entscheiden, benötigen ein spezielles Endgerät für den Internet-Anschluss, ein Kabelmodem. Ähnlich einem herkömmlichen externen Telefonmodem wird das Kabelmodem einerseits mit dem Computer und andererseits mit dem Netz verbunden. Computerseitig wird dafür entweder der USB-Port oder eine Ethernet-Schnittstelle verwendet (Abb. 21). Netzseitig wird das Koax-Kabel in den „Internet"-Steckplatz der Kabel-TV-Buchse eingesteckt. Voraussetzung ist, dass die herkömmliche Kabelanschlussdose durch eine neuere, so genannte Multimedia-Dose ausgetauscht wurde, die aus drei Steckplätzen (Radio, TV, Internet) besteht.

Im Unterschied zu herkömmlichen Modems, die Wählverbindungen ins Internet über Telefon oder ISDN herstellen, arbeitet das Kabelmodem eher wie eine Netzwerkkomponente in einem Local Area Network (LAN), d. h. als Bridge oder als Router.

Der Frequenzbereich für die Datenübertragung liegt zwischen 50 und 600 MHz für den Empfang („Downstream") und zwischen 5 und 50 MHz für das Senden („Upstream"). Dabei beträgt die theoretische, maximal erreichbare Datenübertragungsrate bei der so genannten 64-QAM-Modulation (6 Bit) zwischen 31 und 41 MBit/s und bei der 256-QAM-Modulation (8 Bit) zwischen 412 und 55 MBit/s. Wie viel Bandbreite der Netzbetreiber seinen Nutzern tatsächlich zuweist, hängt vom jeweiliges gewählten Preismodell ab.

Da es sich bei Kabelmodemsystemen um ein „Shared Medium" handelt, bei dem sich alle angeschlossenen Teilnehmer die maximal mögliche Bandbreite teilen, kann es vorkommen, dass die individuell verfügbare Bandbreite bei gleichzeitiger Nutzung vieler Teilnehmer abfällt. Der Kabelnetzbetreiber kann den dauerhaften Rückgang der Übertragungsgeschwindigkeit, der sich durch die Aufschaltung zusätzlicher Kunden verschärft, durch entsprechend feinere Clusterungen seines Netzes auffangen (vgl. Abschnitte 4.1 und 4.2 zu Netzarchitektur und -ausbau). Auch ist es möglich, feste Bandbreiten für bestimmte Nutzer oder bestimmte Anwendungen zu garantieren, indem man diesen Nutzern oder Diensten Vorrang einräumt. Dies kann durch entsprechende Einstellungen an der so genannten *Cable Modem Termination Station* (CMTS) geschehen. So können beispielsweise die Service-Qualitäten für Voice over IP garantiert werden. Netzbetreiber, die neben einem Internet-Access auch Telefonie über das Internet anbieten, nutzen die Kabelmodems als Anschlussstationen in den Haushalten: Die herkömmlichen analogen Telefongeräte, die in den Haushalten vorhanden sind, werden in das Kabelmodem eingesteckt, das damit auch als Analog-Digital-Wandler fungiert.

Abbildung 21: Installation eines Kabelmodems

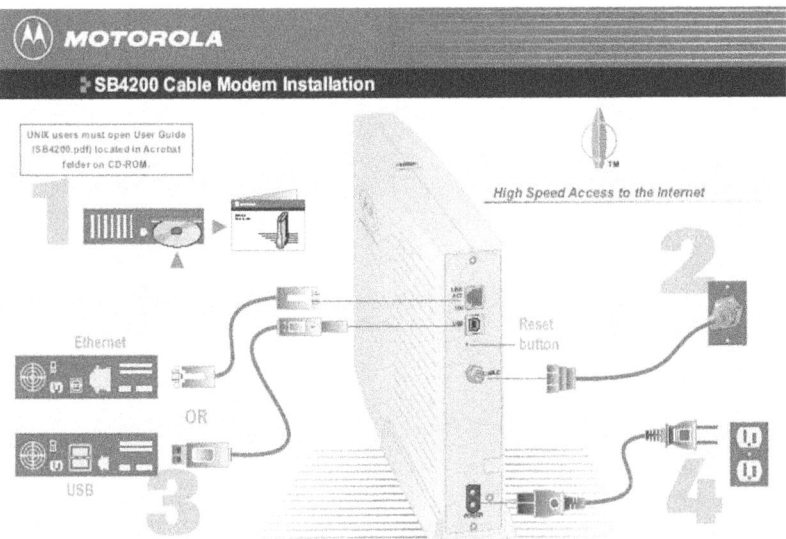

Quelle: www.broadband.motorola.com

Als Zentrale des interaktiven Netzwerks dient die CMTS in der Kabelkopfstation des Netzbetreibers (Abb. 22). Die CMTS ist direkt mit einem Switch oder Router verbunden, der Teil des *Backbone*-Netzes des Betreibers ist, das wiederum an das Internet und das Telefonfestnetz angebunden ist.

Netzseitig erhält die CMTS Datenpakete z. B. aus dem Internet oder aus lokalen Videoservern, konvertiert diese in DOCSIS-kompatible digitale Signale und moduliert sie auf die Trägerfrequenz für den *Downstream* (vgl. ausführlicher z. B. Juniper 2002 oder ANGA/ZVEI 2001, S. 71ff).

In den Regionen, in denen Highspeed-Internet heute über Kabel angeboten wird, können Kabelmodems entweder für durchschnittlich etwa 100 € gekauft werden oder für ca. 5 € monatlich gemietet werden. Bei manchen Angeboten, wie z. B. dem HSI-Angebot von Kabel BW, ist die Miete für das Kabelmodem im monatlichen Grundpreis bereits enthalten.

Abbildung 22: Cabel Modem Termination Station (CMTS) Blockschaubild

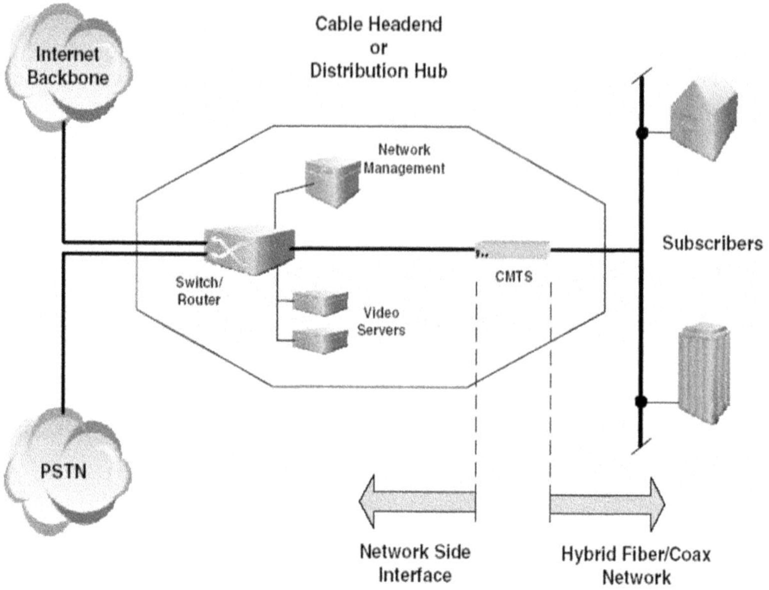

Quelle: Juniper 2002, S. 4

5 Nutzer: Nachfrageverhalten und Nutzungspotenziale

Für die Einschätzung des Nachfrageverhaltens und der Nutzungspotenziale wurden für diese Studie verschiedene Erhebungen gesichtet und Ergebnisse bzw. Einschätzungen zusammengetragen, die Aussagen zur künftigen Entwicklung in den Bereichen „Digitales Fernsehen", „interaktive Zusatzdienste" und „Highspeed-Internet" zulassen.

In diesem Kapitel werden die zentralen Ergebnisse existierender deutscher und ausländischer Studien knapp referiert, eine ausführliche Darstellung mit zusätzlichen Informationen über die in diesen Studien verwendeten Fragestellungen, Methoden und erzielten Ergebnisse findet sich in Anhang C.

5.1 Digitales Fernsehen

Die Schwierigkeit, das Nutzungsverhalten von TV-Konsumenten zu bestimmen, ist z. T. darin begründet, dass die Nutzer erst einmal mit dem digitalen Fernsehen in Berührung kommen müssen, um den individuellen Mehrwert des neuen Mediums erfahren zu können. Es handelt sich hierbei um ein so genanntes Erfahrungsgut. Im Unterschied z. B. zu neuen Zeitschriftentiteln oder neuen Medienformaten (z. B. im herkömmlichen Fernsehen oder im Internet), die ebenfalls als Erfahrungsgüter bezeichnet werden können, setzt das digitale Fernsehen zunächst eine nicht unerhebliche Investition in die Technik voraus (Set-top-Box).

Ein erster Schritt zur Nutzung eines neuen Mediums ist das Wissen über die prinzipielle Nutzungsmöglichkeit und die ungefähre Kenntnis der Anwendungen. Tatsächlich kann man davon ausgehen, dass momentan die wenigsten Haushalte über Informationen zum digitalen Fernsehen verfügen. Auch die tatsächliche Nutzung des digitalen Fernsehens ist zurzeit sehr gering. Die Arbeitsgemeinschaft Fernsehforschung (AGF) geht in ihrer Fernsehnutzungsstudie[11] davon aus, dass nur 8 % aller deutschen TV-Haushalte über digitale Empfangsmöglichkeiten verfügen.

Die noch kleine Gruppe der digitalen Zuschauer unterscheidet sich in ihrer Struktur von den analogen TV-Haushalten. Der Anteil der Männer und Personen unter 50 Jahren in der digitalen Gruppe ist höher als bei den analogen Haushalten. Höhere Haushaltseinkommen sind ebenso stärker vertreten wie Mehr-Personen-Haushalte und Haushalte mit Kindern. Damit entspricht die deutsche Entwicklung dem Bild, das sich auch in Großbritannien zeigt. Auch dort sind es vor allem diese Bevölkerungsgruppen, die heute digitales Fernsehen nutzen (z. B. Harrison, Chilvers 2001; MORI 2001).

Diese Haushalte sind in Deutschland in erster Linie Pay-TV-Abonnenten von Premiere, so dass das andere Fernsehverhalten, das diese Gruppe im Vergleich zum Bevölkerungsdurchschnitt zeigt, wenig überraschend ist. Die Nutzung der etablierten Sender nimmt ab, vor allem die Spielfilmangebote der digitalen Anbieter wer-

---

11 AGF/GfK-Panel 2003: Aktuelle Daten zur Fernsehnutzung, www.gfk.de.

den immer stärker genutzt (vgl. Eck 2004). Zur Entwicklung der Haushalte mit angeschlossenem Digitalreceiver und zum Marktanteil des digitalen Fernsehens bei den Zuschauern siehe Tabellen 4 und 5.

Tabelle 4: Entwicklung der Verbreitung des digitalen Fernsehens in Deutschland 2001 bis 2004

	Entwicklung des Digitalisierungsgrades: Berichtende Haushalte		
	Alle Haushalte (HH)	HH mit angeschlossenen Digital-Receiver	
	Potenzial in Mio.	Potenzial in Mio.	Potenzial in %
Stichtag 01.04.2001	34,35	1,84	5,3
Stichtag 01.07.2001	34,35	1,94	5,6
Stichtag 01.10.2001	34,35	2,10	6,1
Stichtag 01.01.2002	34,10	2,20	6,4
Stichtag 01.04.2002	34,10	2,42	7,1
Stichtag 01.07.2002	34,10	2,60	7,6
Stichtag 01.10.2002	34,10	2,54	7,4
Stichtag 01.01.2003	34,37	2,53	7,4
Stichtag 01.04.2003	34,37	2,89	8,4
Stichtag 01.07.2003	34,37	3,01	8,8
Stichtag 01.10.2003	34,37	3,14	9,1
Stichtag 01.01.2004	34,54	3,42	9,9
Stichtag 01.02.2004	34,54	3,57	10,3
Stichtag 01.03.2004	34,54	3,65	10,6
Stichtag 01.04.2004	34,54	3,72	10,8
Stichtag 01.05.2004	34,54	3,83	11,1
Stichtag 01.06.2004	34,54	3,92	11,4
Stichtag 01.07.2004	34,54	4,21	12,2

Quelle: AGF/GfK Fernsehforschung; pc#tv, Basis: Fernsehpanel D+EU, www.agf.de, August 2004

Es herrscht Uneinigkeit darüber, in welchem Umfang die Fernsehzuschauer in Deutschland bereit sind, auf das digitale Fernsehen umzusteigen. Gegen einen raschen Umstieg spricht vor allem, dass momentan etwa 30 TV-Kanäle im analogen Kabel frei empfangbar sind. In verschiedenen Studien wird ein (negativer) Zusammenhang zwischen der Anzahl der frei verfügbaren TV-Programme und der Verbreitung von zusätzlichen digitalen Programmen bzw. digitalem Pay-TV hergestellt (z. B. Goldmedia 2004 und Becker, Hauptmeir, Helfers 2004).

Tabelle 5: Marktanteile digitaler TV-Nutzung 2001 bis 2004

Marktanteile digitale TV-Nutzung an TV-Gesamt
Zuschauer ab 3 Jahre, BRD gesamt, alle Ebenen, Montag – Sonntag, 3:00 bis 3:00 Uhr

Zeitraum	Marktanteil in %
01.01.2001 bis 31.03.2001	2,3
01.04.2001 bis 30.06.2001	2,8
01.07.2001 bis 30.09.2001	2,9
01.10.2001 bis 31.12.2001	3,1
01.01.2002 bis 31.03.2002	3,4
01.04.2002 bis 30.06.2002	3,9
01.07.2002 bis 30.09.2002	3,8
01.10.2002 bis 31.12.2002	4,2
01.01.2003 bis 31.03.2003	4,5
01.04.2003 bis 30.06.2003	5,3
01.07.2003 bis 30.09.2003	5,8
01.10.2003 bis 31.12.2003	6,1
01.01.2004 bis 31.01.2004	6,0
01.02.2004 bis 29.02.2004	6,7
01.03.2004 bis 31.03.2004	6,9
01.04.2004 bis 30.04.2004	7,2
01.05.2004 bis 31.05.2004	7,3
01.06.2004 bis 30.06.2004	7,4

Quelle: AGF/GfK Fernsehforschung; pc#tv, Basis: Fernsehpanel D+EU, www.agf.de, August 2004

Im Moment sorgt vor allem die geringe Kenntnis der Verbraucher über die Inhalte und Möglichkeiten des digitalen Fernsehens dafür, dass die Bereitschaft zum Wechsel eher gering einzuschätzen ist. Dies gilt insbesondere dann, wenn dies mit zusätzlichen Kosten verbunden ist.

Dabei ist der Umstieg auf die digitale Plattform nicht zwangsläufig mit der Nutzung von Pay-TV verbunden. Einer größeren Öffentlichkeit wird momentan durch die Einführung von DVB-T deutlich, dass digitales Fernsehen nicht gleichbedeutend mit Pay-TV ist. Inwieweit das Wissen über die Möglichkeiten des digitalen Fernsehens auch auf das Kabel übertragen wird, ist offen.

Die vorliegenden internationalen Studien, auf die sich die folgenden Ausführungen beziehen, müssen immer vor dem Hintergrund der Fernsehtradition des jeweiligen

Landes betrachtet werden. So ist z. B. in Großbritannien ein wichtiges Argument für den Zugang zu digitalem Fernsehen die erheblich größere Programmvielfalt im Vergleich zur analogen Fernsehwelt. Dennoch geben die Studienergebnisse auch wichtige Hinweise für die Entwicklung in Deutschland.

Zentrale Argumente für die Anschaffung digitalen Fernsehens im In- und Ausland ist zunächst die Ausweitung des Angebotes im Hinblick auf die Zahl der Programme und spezialisierte Inhalte sowie eine verbesserte Empfangsqualität bei Bild und Ton. Letzteres ist auch mit der technisch verbesserten Haushaltsausstattung im Hinblick auf HDTV-fähige TV-Geräte und Surround-Systeme von Bedeutung (vgl. z. B. Pace Micro Technology 2001 und Heil 2004). Dabei ergeben sich bei einer entsprechenden Verbreitung des digitalen Fernsehens beim Publikum für eine Vielzahl von Sendern Chancen, zielgruppengerechte Angebote zu liefern, für deren Finanzierung verschiedene Optionen zwischen vollständiger Bezahlung durch den Nutzer und einer kompletten Finanzierung durch Dritte (Werbekunden, Sponsoren) möglich ist.

In den meisten Studien zeigt sich allerdings eine generelle Skepsis gegenüber dem digitalen Fernsehen, die vor allem auf fehlenden Informationen beruht. So sehen die meisten Konsumenten keinen Zusatznutzen des digitalen Fernsehens, der den Anschaffungspreis neuer Endgeräte rechtfertigen würde, hinzu kommt in vielen Fällen eine generelle Unsicherheit in Bezug auf die tatsächlich benötigten Endgeräte (vgl. Go Digital Project 2003). Ein weiterer Faktor für die Akzeptanz ist die Vertragsbeziehung zum *Provider*. Dort, wo bereits eine Vertragsbeziehung besteht, wird der Umstieg auf digitales Fernsehen als *Upgrade* akzeptiert, Skepsis kommt erst bei der Nutzung von Pay-Diensten auf (Counterpoint Research 2001). Die Situation bei Kunden, die bislang keinen direkten Kontakt zum *Provider* hatten, etwa, weil sie als Mieter die Kosten für die Kabelnutzung nicht an den *Provider* zahlten, ist schwieriger – die individuelle Abrechnung von Nutzungsvorgängen und die Nutzung eines bestimmten Angebotspakets macht hier den Aufbau einer neuen Art der Kundenbeziehung erforderlich, für die zunächst Akzeptanz erreicht werden muss.

Die größte Skepsis gegenüber digitalem Fernsehen findet sich in Altersgruppen, die sich durch ausgeprägten Fernsehkonsum auszeichnen: In älteren Bevölkerungsgruppen (Hanley 2002). Die höchste Akzeptanz zeigt sich international übereinstimmend bei Familien mit überdurchschnittlichem Einkommen und überdurchschnittlicher Bildung. Wie bei vielen anderen technischen Innovationen rekrutieren sich die *Early Adopters* aus diesem Teil der Bevölkerung, hier sind z. B. auch DVD-Player und Online-Zugänge am weitesten verbreitet (Becker, Hauptmeir, Helfers 2004; Hanley 2002).

Dieser Generationenunterschied bedeutet, dass in dieser Gruppe z. B. Fragestellungen des Jugendschutzes von Interesse sind und es ein Interesse der Eltern an Kontrollmöglichkeiten des Fernsehkonsums der Kinder gibt. Dabei suchen die Eltern vor allem Programminformationen, technischen Systemen gegenüber sind sie eher skeptisch eingestellt (Hanley 2002b).

5.2 Interaktive TV-Dienste

Zusätzliche Dienste, die in Verbindung mit dem TV-Programm stehen, wurden von den Nutzern von digitalen Fernsehangeboten in der Regel positiv beurteilt. Auch hier zeigt sich, dass Informationsstand und Benutzerfreundlichkeit die entscheidenden Kriterien für den Erfolg der Angebote sind. Eine zentrale Rolle bei der Nutzung spielten die *Electronic Programme Guides* (EPGs), die von den Nutzern als Zugangsmöglichkeit zu den Programmen und nicht als eigenständiges Angebot verstanden werden (Counterpoint Research 2001). Die Leistungsfähigkeit des EPGs, etwa die Möglichkeit zur Ermittlung von Genres, kann zu einer Änderung des Fernsehverhaltens beitragen, bei der Programme als Orientierungshilfe an Bedeutung verlieren. Allerdings nutzen die Zuschauer Programme, deren Position sie kennen, häufig ohne die Verwendung des EPGs.

Eine Funktion, die in den vorliegenden Studien uneinheitlich beurteilt wird, ist die Möglichkeit der Nutzung von digitalen PVR-Systemen. Einige Studien deuten darauf hin, dass das erweiterte Programmangebot ausreichend ist, und eine solche Funktion nur wenig beachtet wird, in anderen Studien wird die Nutzung des Personal Video Recorders (PVRs) als ein wichtiger Vorteil der neuen Technik gesehen (skeptisch: Harrison, Chilvers 2001; positiv: Pace Micro Technologies 2001). Vorliegende Daten über die Akzeptanz und Nutzung der Systeme aus den USA lassen jedoch die skeptische Perspektive als wahrscheinlicheres Szenario erscheinen (IPSOS 2004).

Weitere Dienste, die in Verbindung mit digitalem Fernsehen von Bedeutung sind, sind vor allem Pay-Dienste in den unterschiedlichsten Varianten – von Pay-TV bis zu Pay-per-View oder Video-on-Demand. Diese Angebote stehen in Deutschland in einem Spannungsverhältnis zur Vielfalt des frei empfangbaren Fernsehangebotes, so dass die Nachfrage nach solchen zusätzlichen Angeboten von verschiedenen Studien kritisch eingeschätzt wird (z. B. Goldhammer 2004).

Allerdings sollte das Potenzial solcher Pay-Dienste sowie weiterer, frei zu empfangender interaktiver Dienste nicht generell unterschätzt werden. Interaktives Mediennutzungsverhalten hat sich in den letzten Jahren im Zuge der Verbreitung des Internets auch in Deutschland entwickelt und kann sich bei entsprechend attraktiven Angeboten durchaus auf die TV-Plattform übertragen.

5.3 Highspeed-Internet über Kabel

Die Nutzung von Internetdiensten ist in den meisten Fällen mit der Nutzung des PCs verbunden. Auch in Haushalten, die über digitales Fernsehen verfügen, werden E-Mail oder Homebanking meist vom PC aus erledigt. Dabei spielt letztlich auch der Standort des Fernsehers im Wohnzimmer eine Rolle.

Eine Anwendung, die in Verbindung mit dem digitalen Fernsehen in Zukunft möglicherweise eine größere Rolle spielen wird, sind Online-Spiele, vor allem, wenn es sich dabei um Angebote handelt, die mit Spielkonsolen genutzt werden. Diese Endgeräte nutzen den Fernseher als Bildschirm und verfügen mittlerweile über

Netzwerkfunktionen, so dass sie an den breitbandigen Internetanschluss über Kabel nutzen können.

Zu einem Konkurrenzverhältnis zwischen Breitband-Internet und digitalem Fernsehen ist es bislang jedoch noch nicht gekommen, da die genutzten Internet-Dienste meistens spezifisch mit der Computernutzung verknüpft sind. Eine Änderung dieser Situation kann in der Zukunft vor allem durch zwei mögliche Entwicklungen bewirkt werden: Zum einen könnten neue Anbieter bei Vorhandensein der entsprechenden Infrastruktur neue Angebote, die in einem Unterhaltungskontext stehen, entwickeln. Es zeichnet sich ab, dass z. B. Wetten und Glücksspiele in diesem Kontext mögliche Angebote sind. Zum anderen könnte die Akzeptanz neuer Typen von Endgeräten, die mehrere Unterhaltungselektronik- und PC-Funktionen in sich vereinen, dazu führen, dass es zu neuen Mischungen von Nutzungsformen kommt. Die bisherigen Erfahrungen mit der Akzeptanz von Endgeräten, in die unterschiedliche Funktionalitäten integriert sind, zeigt allerdings, dass die Zeitspanne bis zur Etablierung solcher Geräte beträchtlich sein kann.

Wie ist nun das Potenzial für Highspeed-Internet-Anschlüsse über Kabel in Deutschland einzuschätzen? Breitbandige Internetanschlüsse mit Übertragungsraten über 128 KBit/s werden in Deutschland heute über digitale Telefonfestnetzverbindungen (Digital Subscriber Line, DSL), Kabelfernsehanschlüsse (Kabelmodems) und Satellit (hybride Verbindungen oder VSAT-bidirektional) sowie zu einem sehr kleinen Teil über Stromkabel (Powerline) angeboten. Nach den Zahlen der RegTP waren Ende 2003 in Deutschland insgesamt über 4,6 Mio breitbandige Internetanschlüsse in Betrieb (RegTP 2004, S. 21). Davon entfielen 4,1 Mio auf die T-DSL-Anschlüsse der Deutschen Telekom (T-Com), rund 400.000 auf DSL-Anschlüsse der Festnetzwettbewerber, über 60.000 auf bidirektionale Kabelanschlüsse, 45.000 auf Internetzugänge über Satellit und 8.000 auf Powerline.

Bezogen auf eine Internet-Gemeinde von insgesamt 41 Mio Personen verfügen damit inzwischen über 10 % der Internet-Nutzer in Deutschland über einen breitbandigen Anschluss. Auf die Gesamtzahl der bundesdeutschen Haushalte bezogen, sind es etwa 15 %, die 2004 über einen Breitband-Anschluss verfügen (FGW Online 2004, BITKOM 2004).

Der deutsche Branchenverband BITKOM geht in seiner Markteinschätzung vom Februar 2004 davon aus, dass die Zahl der in Deutschland installierten Breitband-Anschlüsse auch weiterhin mit deutlich zweistelligen Wachstumsraten steigen wird. Für das Jahr 2006 rechnet die BITKOM damit, dass mehr als jeder fünfte deutsche Haushalt (21 %) über einen breitbandigen Anschluss an das Internet verfügen wird (Abb. 23). Bei insgesamt ca. 39,6 Mio Haushalten in Deutschland würde die Zahl der Breitbandhaushalte im Jahr 2006 ca. 8,3 Mio ausmachen.

Wie sich dabei die verschiedenen Zugangstechnologien auf die jeweiligen Haushalte verteilen werden, lässt die BITKOM-Prognose offen. Anders das Wissenschaftliche Institut für Kommunikationsdienste (WIK), das in einer Studie die Entwicklung der Telekommunikationsinfrastrukturen bis zum Jahr 2010 prognostiziert (Büllingen, Stamm 2001, siehe Abb. 24 und 25). Die Autoren dieser Studie kommen zu der Einschätzung, dass im Jahr 2010 fast alle Haushalte in Deutschland

(95 %) über einen breitbandigen Zugang zum Internet verfügen werden. 18 Mio Haushalte (45 %) werden dabei Kabelmodemangebote und 20 Mio (50 %) werden DSL-Anschlüsse nutzen. Zwischen diesen beiden Technologien und Anschlussnetzen wird daher auch der intensivste Wettbewerb erwartet.

Abbildung 23: BIKOM-Prognose breitbandiger Internetanschlüsse in Deutschland bis 2006

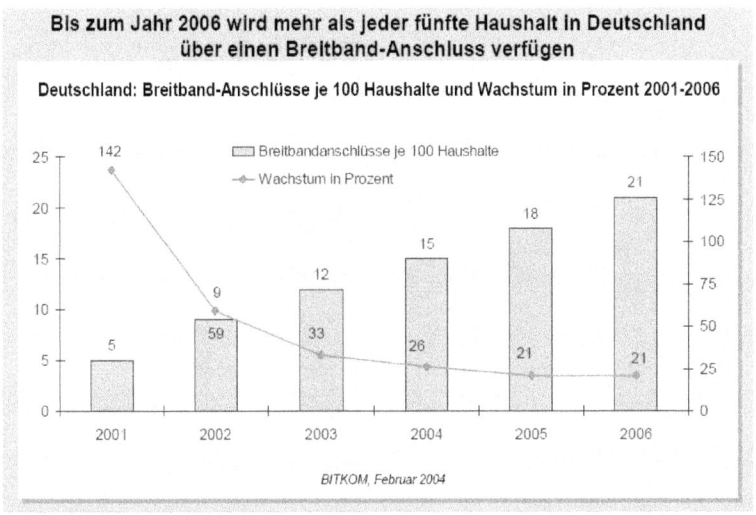

Quellen: BITKOM 2004 und TNS infratest 2004, S. 91

Abbildung 24: Prognose über die Verbreitung von Kabelmodemanschlüssen in Deutschland bis 2010

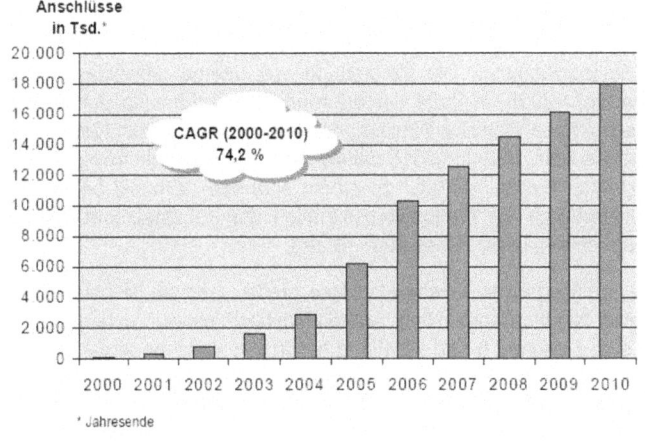

Quelle: Büllingen, Stamm 2001, S. 58

Abbildung 25: Prognose über die Entwicklung der Anschlusstechnologien in Deutschland bis 2010

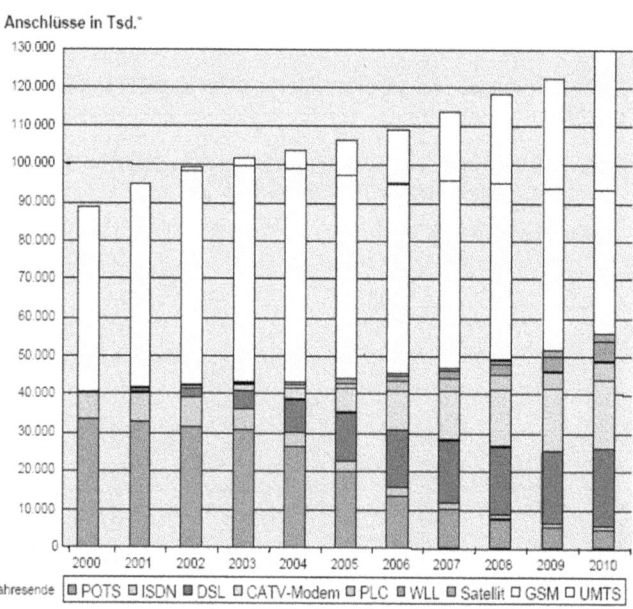

Quelle: Büllingen, Stamm 2001, S. 78

Zu einer deutlich pessimistischeren Einschätzung kommt eine andere WIK-Studie, die im April 2003 veröffentlicht wurde (Gries 2003). Die Autorin geht bei der Entwicklung eines Trendszenarios für die Nachfrage nach breitbandigen Internet-Anschlüssen davon aus, dass im Jahr 2010 nur 16 % aller deutschen Haushalte Kabelmodemangebote nutzen. Insgesamt nutzen 2010 nach dieser Einschätzung 50 % aller Haushalte breitbandige Zugangstechnologien zum Internet. Die Marktanteile zwischen DSL und Kabelmodem verteilt die Autorin dabei auf 70 zu 30 und gibt dafür folgende Begründung: „Die Verbreitung von Internet über das Kabel steigt erst ab dem Jahr 2005 im Zuge der erforderlichen Aufrüstung der Kabelnetze. Die durchschnittliche jährliche Wachstumsrate für Internet über Kabel liegt im Trendszenario zwischen 2002 und 2015 bei etwa 48 %. Sollten die Investitionen in die Kabelinfrastruktur ausbleiben oder zu einem späteren Zeitpunkt begonnen werden, verschlechtert sich die Wettbewerbssituation der Kabelnetzbetreiber im Internet-Bereich jedoch erheblich" (Gries 2003, S. 95).

Die unterschiedlichen Prognosen weisen also eine große Spannbreite hinsichtlich des zu erwartenden Nachfragepotenzials auf. Tatsächlich bewegt sich die Zielmarkte bis 2010 sich zwischen 6 und 18 Mio zusätzlichen Kabelmodemanschlüssen (bzw. zwischen 14 % und 45 % aller Haushalte in Deutschland).

Grundsätzlich stimmen aber alle Prognosen darin überein, dass es künftig eine sehr große Nachfrage nach Highspeed-Internet-Anschlüssen geben wird, dass dieser Markt heute noch weit von einer Sättigung entfernt ist und dass das Kabel einen großen Teil dieses Marktes bedienen wird, sobald die entsprechenden netzseitigen Voraussetzungen erfüllt sind. Obwohl es vereinzelt Warnungen gibt, dass sich das *Window of Opportunity* für das Kabel schnell schließen könnte, weil sich DSL immer stärker zum Standard für Breitbandanschlüsse entwickelt (z. B. Goldhammer 2004), erscheinen die Zukunftsaussichten für das Kabel als Internetanschlusstechnologie generell positiv. Dies insbesondere durch die im Kabel mögliche Kombination mit Unterhaltungsangeboten aus der TV-Welt, die über DSL technisch und inhaltlich nicht in gleichem Maße realisierbar sind.

Der Umstieg vom Schmalband-Internet auf breitbandige, schnelle und ständig verfügbare Internet-Anschlüsse hat nach Ansicht verschiedener Autoren zur Folge, dass sich die genutzten Online-Inhalte immer stärker in Richtung Unterhaltung, Spiele und „Ablenkung" (im Gegensatz zu „Information") entwickeln werden (z. B. DIW 2004, @facts 2003). Die private Internet-Nutzung wird danach im Zeitalter breitbandiger Anschlüsse immer weniger von gezielter Informationssuche oder konzentrierter Service-Nutzung geprägt sein. Vielmehr wird die Nutzung von TV-ähnlichen Unterhaltungsangeboten und interaktiven Spielen sowie multimedialen Einkaufsmöglichkeiten im Vordergrund stehen. Die Verteilung der heutigen Internet-Nutzer auf die verschiedenen Nutzertypen wird sich in Zukunft also stärker in Richtung „Entertainer", „Surfer" und „Shopper" entwickeln (Abb. 26).

Abbildung 26: Typologie heutiger Onlinenutzer

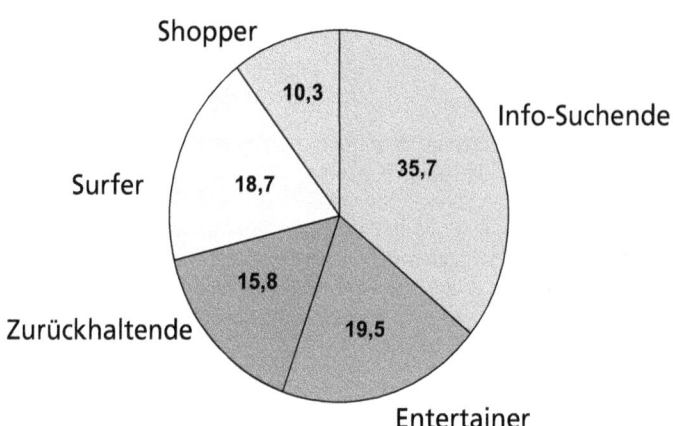

Quelle: 71i@Facts 2003, S. 15

Da die breitbandige Internet-Nutzung ein relativ neues Phänomen ist, gibt es für diese These jedoch bislang keine gesicherte empirische Grundlage. Die Nutzerstatistiken unterscheiden nur auf einer rudimentären Stufe, nämlich beim technischen Zugang, zwischen Schmalband- und Breitband-Haushalten. Inwiefern sich das Nutzerverhalten in Schmalband- und Breitband-Haushalten unterscheiden, wurde bisher noch nicht systematisch erhoben.

Deshalb wurde für diese Studie beim Statistischen Bundesamt eine Sonderauswertung der IKT-Piloterhebung 2003 in Auftrag gegeben. Bei der Pilotstudie zu Informations- und Kommunikationstechnologien (IKT) handelt es sich um eine repräsentative Erhebung des Statistischen Bundesamtes, in der die Ausstattung deutscher Haushalte mit Computern und Internetanschlüssen sowie die individuelle Nutzung dieser Medien ermittelt wurden (Statistisches Bundesamt 2004). Die Erhebung wurde im zweiten Quartal 2003 durchgeführt und umfasste 9.720 Personen in 4.606 Haushalten, die sich auf 12 Bundesländer verteilten. Die Haushaltsbögen ermittelten der Art des Internet-Anschlusses (Telefonmodem, ISDN, DSL oder anderen Breitbandtechnologien) und die Personenfragebögen die Art der Internet-Nutzung. Durch die Kombination von Haushalts- und Personenfragebögen konnte in der Sonderauswertung herausgefunden werden, wie sich die Schmalband- und Breitbandnutzer in ihren Internet-Aktivitäten unterscheiden.

Die Sonderauswertung der Daten des Statistischen Bundesamtes zeigt, dass Haushalte mit breitbandigem Internet-Anschluss sehr viel häufiger Internet-Anwendungen wie „Chatten/Foren besuchen", „(Ab-)Spielen von Musik/Herunterladen von Spielen oder Musik" und „Radiohören/Fernsehen (Webradio/-TV)" nutzen. Dies ist zunächst nicht verwunderlich, weil es sich bei zwei dieser drei Anwendungen um ausgesprochen bandbreitenintensive Dienste handelt. Mit einem gewöhnlichen Schmalbandanschluss wäre z. B. der *Download* von Filmtrailern oder gar ganzen Filmen schwerlich möglich. Und auch die Anwendung „Chatten" wird attraktiver durch den Breitbandanschluss. Denn dieser ist wie eine Netzwerkverbindung „always on", solange der PC eingeschaltet ist. Ein Einwählvorgang wie beim herkömmlichen Internetanschluss ist nicht notwendig. Darüber hinaus sind Breitband-Zugänge meist pauschal tarifiert, d. h. die Nutzungszeit wird nicht in Minuteneinheiten abgerechnet, sondern ist durch eine Flatrate abgegolten oder wird volumenabhängig abgerechnet.

Ein aussagekräftigeres Ergebnis erhält man dagegen, wenn man statt der jeweiligen Internet-Aktivität die jeweilige Nutzerschaft zur Grundlage macht: Nicht alle Nutzer, die beispielsweise „Lesen von Internet-Zeitungen" als Internet-Aktivität im zweiten Quartal 2003 angegeben haben, bilden 100 %, sondern im einen Fall alle Schmalband-Nutzer und im anderen Fall alle Breitband-Nutzer. Unabhängig davon, ob sich eine bestimmte Internet-Aktivität besonders gut für den Breitband-Anschluss geeignet ist, bekommt man so Aussagen darüber, zu welchen Anwendungen Breitband-Nutzer generell neigen (Abb. 27).

Es zeigt sich deutlich, dass unterhaltungsorientierte Anwendungen wie z. B. Chatten, die Nutzung von Streaming-Angeboten (Radio/TV) oder das Spielen von Online-Games in Breitband-Haushalten intensiv genutzt werden. Aber auch die intensive Nutzung von Online-Zeitungen ist kennzeichnend für Breitband-Haushalte.

Die Ergebnisse der Sonderauswertung zeigen zum ersten Mal auf statistisch gesicherter Basis, dass sich die Internet-Nutzung im Zeitalter von Breitband verändert. Unterhaltungsorientierte Inhalte und Formate werden wichtiger, es findet eine gewisse Angleichung an TV- und Film-orientierte Inhalte statt und es wird eine neue Zielgruppe erschlossen. Für die Strategien von Breitband-Anbietern bedeutet dies, dass neben der Vermarktung der reinen Anschlusstechnik, künftig verstärkt TVbezogene Medieninhalte nachgefragt werden (siehe auch Abschnitt 7.2.6 Konzentration auf Technik statt auf Inhalte im Bereich Highspeed-Internet).

Abbildung 27: Internetaktivitäten von Schmalband- und Breitband-Internet-Nutzern

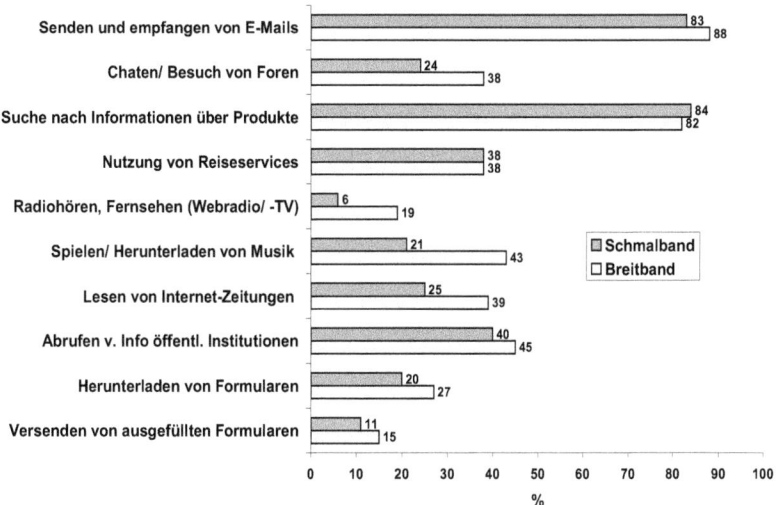

Quelle: Sonderauswertung der IKT-Pilotstudie des Statistischen Bundesamtes 2004. Basis: Befragte Personen, die im ersten Quartal 2003 das Internet nutzten

6 Regulierung: Rechtliche Aspekte und Politikoptionen*

Ziel dieses Abschnitts ist es, die normativen Spielräume bei der Digitalisierung der Breitbandkabelnetze zu bestimmen. Der Schwerpunkt soll dabei nicht auf einer umfassenden Darstellung der rechtlichen Rahmenbedingungen liegen. Vielmehr werden aktuelle Probleme perspektivisch betrachtet und wesentliche Orientierungsmarken für die Positionen der Akteure und die derzeitige Entwicklung aufgezeigt. Eine gutachterliche Klärung von Rechtsfragen ist ausdrücklich nicht Bestandteil der Darstellung.

6.1 Europa- und verfassungsrechtliche Vorgaben

Zunächst sind europa- und verfassungsrechtliche Zielvorgaben zu beachten. Diese binden als höherrangiges Recht nicht nur den Gesetzgeber beim Erlass von Normen, sondern auch Gerichte und Behörden bei der Anwendung und Auslegung einfachen Rechts.

6.1.1 Europarechtliche Vorgaben

Im Europarecht, das dem nationalen Recht als eigene Rechtsordnung vorgeht[12], ist das allgemeine Wettbewerbsrecht[13] zu beachten, auf dessen Grundlage die Kommission bedeutsame Fusionskontrollentscheidungen getroffen hat. So ist z. B. der Zusammenschluss von BSkyB und Kirch Pay-TV nur unter der Bedingung zusätzlicher Öffnungsklauseln für digitale Zusatzdienste erlaubt worden[14] – eine Verbindung von Fusionskontrolle und Zugangsregulierung, die sich als sehr effektiv erwiesen hat. Seit dem 1.5.2004 gilt in Wettbewerbsangelegenheiten die neue Durchführungsverordnung für die in den Art. 81, 82 EGV niedergelegten Wettbewerbsregeln[15], die Verfahren und Kompetenzverteilung zwischen der europäischen Wettbewerbsaufsicht der Kommission und den nationalen Wettbewerbs- und Kartellbehörden regelt. Von einschneidender Bedeutung ist der Anfang 2000 in Kraft getretene „Rechtsrahmen für elektronische Kommunikationsnetze und -dienste".[16]

---

* Erstellt unter Mitarbeit von Malte Ziewitz.

12 Grundlegend Rs. 6/64, Costa/E.N.E.L., Slg. 1964, 1251, 1270; Rs. 11/70, Internationale Handelsgesellschaft, Slg. 1970, 1125 Rn. 3; Rs. 106/77, Simmenthal II, Slg. 1978, 629 Rn. 17, 18; EU-Kommentar-*Hatje*, Art. 10 EG Rn. 20 f.; Herdegen, Europarecht, Rn. 228 ff.

13 Vgl. insbesondere die Art. 81, 82 EG, unter denen der EuGH seine Rechtsprechung zur *essential facilities*-Doktrin entwickelt hat, die auf Telekommunikations- und Medienangebote gleichermaßen Anwendung findet, allerdings nur punktuelle Interventionen erlaubt.

14 Vgl. *Europäische Kommission*, COMP/JV.37-BSkyB/Kirch Pay-TV, 21.3.2000, S. 20-25.

15 Verordnung EG Nr. 1/2003 des Rates vom 16. Dezember 2002 zur Durchführung der in den Art. 81 und 82 des Vertrags niedergelegten Wettbewerbsregeln, Abl. EG Nr. L 1 v. 4.1.2003, S. 1 ff.

16 Neben der Rahmenrichtlinie (2002/21/EG, Abl. EG Nr. L 108 v. 24.4.2002, S. 33 ff.) gehören dazu vor allem die Zugangsrichtlinie (2002/19/EG, Abl. EG Nr. L 108 v. 24.4.2002, S. 7 ff.), die Universaldienstrichtlinie (2002/22/EG, Abl. EG Nr. L 107 v. 24.4.2002, S. 51 ff.), die Genehmigungsrichtlinie (2002/20/EG, Abl. EG Nr. L 108 v. 24.4.2002,

Ausgangspunkt des Richtlinienpakets ist das Prinzip der technologieneutralen Regulierung, d. h. es wird grundsätzlich nicht zwischen den einzelnen Übertragungswegen Kabel, Satellit und Terrestrik differenziert.[17] Weiterhin gelten die Märkte nunmehr als geöffnet, so dass die Regulierung in vielen Bereichen gelockert wird. Insbesondere in den hier relevanten Fragen der Einspeiseverpflichtungen, Entgeltregulierung und Marktabgrenzung ergeben sich für Netzbetreiber, Diensteanbieter und Endkunden unmittelbar Konsequenzen. Die Richtlinien wurden in Deutschland nunmehr vor allem im novellierten TKG umgesetzt.[18]

6.1.2 Verfassungsrechtliche Vorgaben

Von zentraler Bedeutung für den **Rundfunkbereich** ist gem. Art. 5 I 2 GG der Prozess freier Meinungsbildung.[19] Ausgehend von der besonderen Rolle der Rundfunkveranstaltung hat das Bundesverfassungsgericht ein Konzept entwickelt, das gewährleisten soll, dass die individuelle und öffentliche Meinungsbildung „frei" erfolgt. „Freiheit" in diesem Sinne bedeutet – zumindest auch – Chancengleichheit im Kommunikationsprozess, d. h. kommunikative und nicht etwa wirtschaftliche oder politische Kriterien sollen das Gewicht einer Äußerung für die Meinungsbildung bestimmen.[20] An den Gesetzgeber richtet sich nun der verfassungsrechtliche Auftrag, die Rechtsordnung zur Sicherung dieser Ziele gesetzlich auszugestalten und dadurch die Voraussetzungen zu schaffen, unter denen sich kommunikative Chancengleichheit entfalten kann. Dies kann z. B. für Kabelnetzbetreiber eine Einschränkung seiner Gestaltungsspielräume bei der Kanalbelegung bedeuten, wenn etwa im Interesse der Vielfaltssicherung Einspeisepflichten für bestimmte Programme festgelegt werden.[21]

Die Vorgaben für den **Telekommunikationsbereich** unterscheiden sich grundlegend von den eben genannten. Dazu gehört primär der Auftrag, den Telekommunikationssektor in eine privatwirtschaftliche Struktur zu überführen, in der privatrechtlich organisierte Akteure als Anbieter von Telekommunikationsdienstleistungen auftreten (Art. 87f Abs. 2 GG).[22] Daneben trifft den Gesetzgeber eine in Art. 87f Abs. 1 GG niedergelegte Auffangverantwortung, die die Gewährleistung einer bestimmten quantitativen und qualitativen Versorgung mit Telekommunikationsdienstleistungen vorsieht und gesetzlich vor allem durch das Konzept der „Universaldienstleistungen" realisiert ist. Vor diesem Hintergrund geht es im Telekommunikationsrecht also primär um ökonomische Chancengleichheit. Diskriminierungen

---

S. 21 ff.), die Datenschutzrichtlinie (2002/58/EG, Abl. EG Nr. L 201 v. 31.7.2002, S. 37 ff.) und die Wettbewerbsrichtlinie (2002/77/EG, Abl. EG Nr. L 249 v. 17.9.2002, S. 21 ff.).

17 Vgl. Erwägungsgrund 18 der Rahmenrichtlinie.
18 BGBl. 2004, Teil I, Nr. 29 v. 25.6.2004, S. 1190 ff.
19 Vgl. *BVerfGE* 57, S. 295, 319 f.; 74, 297, 323.
20 Vgl. *Hoffmann-Riem*, Kommunikationsfreiheit und Chancengleichheit, S. 27 ff.; *Schulz*, Gewährleistung, S. 176 ff.
21 Siehe unten.
22 *Sachs*, Grundgesetz-*Windthorst*, Art. 87f Rn. 23 f.; vgl. auch *Eifert*, Grundversorgung, S. 206 ff.

etwa bei der Gestaltung von Zugangschancen sind somit daran zu messen, ob sie der ökonomischen Rationalität entsprechen oder nicht.[23] Abweichungen von dieser ökonomischen Betrachtungsweise sind nur im Rahmen der „Ausfallbürgschaft" des Staates für Universaldienstleistungen denkbar.

Grundsätzlich problematisch und prägend für die deutsche Kommunikationsordnung ist schließlich die Zweiteilung der **Gesetzgebungskompetenzen**. Während im Bereich der Telekommunikation der Bund die ausschließliche Gesetzgebungskompetenz innehat (Art. 73 Nr. 7 GG), sind Kultur und damit alle kommunikationsbezogenen Fragen Ländersache (Art. 70 I GG). Dies hat Folgen nicht nur für die Gesetzgebung, sondern auch die Aufsichtsstruktur, die mitunter als „zersplittert" bezeichnet wird.[24]

6.2 Einfachgesetzlicher Regelungsrahmen

Die einfachgesetzlichen Regelungen sind vor dem Hintergrund der europa- und verfassungsrechtlichen Zielvorgaben zu sehen. Dabei ist eine Reihe grundsätzlich eigenständiger Rechtsgebiete mit eigenständigen Aufsichtsinstanzen betroffen. Während im Rundfunkbereich die Landesmedienanstalten (LMA) – unterstützt durch die Kommission zur Ermittlung der Konzentration im Medienbereich (KEK) - die Aufsicht über den privaten Rundfunk führen, ist im Telekommunikationsrecht die Regulierungsbehörde für Post und Telekommunikation (RegTP) zuständig. Hinzu kommt für das Kartellrecht das Bundeskartellamt (BKartA) sowie im Jugendmedienschutz die Kommission für den Jugendmedienschutz (KJM) neben zertifizierten Selbstregulierungseinrichtungen. Da diese Rechtsgebiete aber im Zuge von Digitalisierung und Konvergenz vielfältig miteinander verwoben sind, sollen Anwendungsbereich und Zielrichtung der jeweils relevanten Vorschriften unter thematischen Oberpunkten erläutert werden. So können die wichtigsten Regelungen kurz in Erinnerung gerufen und gleichzeitig problemorientiert dargestellt werden.

6.2.1 Einspeiseverpflichtungen

Von zentraler Bedeutung für die Gestaltung jedes Umstiegsszenarios sind Zugangsfragen. Außer dem Kapazitätsengpass, der voraussichtlich auch im Zuge der Digitalisierung bestehen bleibt, sind auf verschiedenen Stufen der Wertschöpfungskette zusätzlich Flaschenhälse entstanden, die je nach Regulierungsziel und tatsächlichen Rahmenbedingungen überwunden werden müssen. Bei den Einspeiseverpflichtungen geht es regelmäßig um die Frage, ob und inwieweit ein Kabelbetreiber Programmveranstaltern oder Diensteanbietern Zugang zu seinen Netzen gewähren muss.[25]

---

23 *Schulz/Seufert/Holznagel*, Digitales Fernsehen, S. 98.

24 Ausführlich zur Gesetzgebungskompetenz bezüglich einzelner Dienstleistungen im digitalen Fernsehen *Schulz/Seufert/Holznagel*, Digitales Fernsehen, S. 100 ff.; *Gersdorf*, Chancengleicher Zugang, S. 46 ff.; *Thierfelder*, Zugangsfragen, S. 122 ff.

25 Zu Fragen der sich eventuell anschließenden Entgeltregulierung s. unten.

1. Rundfunkrechtliche Vorschriften

Zunächst sind die Zugangsansprüche zu beachten, die sich auf Grund rundfunkrechtlicher Vorschriften im Lichte von Art. 5 Abs. 1 S. 2 GG ergeben. Für digitalisierte Kabelanlagen bestimmt **§ 52 Abs. 2–6 RStV** ein abgestuftes Regime für die Weiterverbreitung.[26] Ziel dieser Vorschriften ist es, die Gestaltungsspielräume der Netzbetreiber im Gegensatz zur analogen Übertragung zu erhöhen und so einen Ausbau der Netze zu forcieren, was letztlich auch dem Rundfunk zugute käme.[27] Soweit ein Betreiber danach Fernsehprogramme oder Mediendienste verbreitet, hat dieser zunächst sicherzustellen, dass für bestimmte Programme – insbesondere öffentlich-rechtliche und lokale Anbieter – die erforderlichen Kapazitäten zur Verfügung stehen (*must carry*, § 52 Abs. 3 RStV). Innerhalb eines weiteren Bereichs von einem Drittel der für die digitale Verbreitung zur Verfügung stehenden Gesamtkapazität ist der Betreiber selbst berechtigt, unter Vielfaltgesichtspunkten Rundfunkprogramme und Mediendienste zusammenzustellen (*can carry*, § 52 Abs. 4 Nr. 1 RStV). Darüber hinaus ist der Betreiber in seiner Belegungsentscheidung frei (*free carry*, § 52 Abs. 4 Nr. 2 RStV).[28] Erfüllt der Kabelanlagenbetreiber die gesetzlichen Anforderungen nicht, geht das Belegungsrecht auf die LMA über. Da die Vorschrift – wie viele Normen in technologiegeprägten Politikfeldern[29] – nur zeitverzögert auf einen bestimmten Stand der Technik reagiert, weist sie verschiedene Probleme auf.

Analoge Kabelanlagen unterliegen einem – in der Ländern unterschiedlich geregelten – grundsätzlich strengeren Belegungsregime.[30] Dadurch haben Kabelbetreiber wenig Spielraum, Rundfunkveranstalter durch „Verdrängung" aus dem analogen Kabel zur Digitalisierung zu motivieren.

a) Zum Teil wird vertreten, dass das in den Landesmediengesetzen vorgesehene Belegungsregime an die Anforderungen der Universaldienstrichtlinie angepasst werden müsse mit der Folge, dass den Kabelnetzbetreibern in Zukunft erheblich weitere Belegungsspielräume – auch im analogen Bereich - eingeräumt würden.[31] Diese Forderung stützt sich auf **Art. 31 Abs. 1 UniversaldienstRL**, wonach die Mitgliedstaaten Unternehmen, die für die öffentliche Verbreitung von Hör- und Fernsehrundfunkdiensten genutzte elektronische Kommunikationsnetze betreiben, zumutbare Übertragungspflichten auferlegen können, wenn eine erhebliche Zahl von Endnutzern diese Netze als Hauptmittel zum Empfang von Hörfunk- und Fernsehsendungen nutzen und diese Verpflichtungen zur Erreichung klar umrissener Ziele von allgemeinem Interesse erforderlich sowie verhältnismäßig und transpa-

---

26 Diese Regelung wurde durch den 4. Rundfunkänderungsstaatsvertrag in Abgrenzung zur Weiterverbreitung in analoge Netze (§ 52 Abs. 1 RStV) eingeführt und von den Landesgesetzgebern zum Teil wortgleich übernommen.
27 *Hesse*, Rundfunkrecht, Kap. 6 Rn. 25.
28 Ausführlich zum Belegungsregime *Schumacher*, Kabelregulierung, S. 20 ff.
29 Vgl. *Schulz*, K&R 2000, S. 9 ff.
30 Überblick bei Beck-RStV-*Wille/Schulz/Fach-Petersen*, § 52 Rn. 1.
31 So etwa der *Deutsche Kabelverband*, Positionspapier zur Digitalisierung des Kabels, Dezember 2003, S. 4.

rent sind. Allerdings ist derzeit unklar, ob und inwieweit sich aus dieser Vorschrift eine Einschränkung der *must carry*-Verpflichtungen in § 52 RStV und eine Veränderung der Regulierung analoger Kabelanlagen ergibt. Eine Umsetzung ist für den 8. Rundfunkänderungsstaatsvertrag (voraussichtliches Inkrafttreten April 2005) geplant. Umgekehrt ist es möglich, die Vorschrift gerade als ausdrückliche Legitimation von Einspeisverpflichtungen zu deuten, die im Übrigen auch für Programmveranstalter eine Anreiz sein können, sich aktiv an der Digitalisierung zu beteiligen, so dass die Vorgaben bereits umgesetzt sind beziehungsweise es überhaupt keiner Umsetzung in Landesrecht bedarf.[32]

b) Nicht gesetzlich geregelt ist auch der Fall, dass ein Kabelnetzbetreiber etwa zu Gunsten lukrativerer Angebote völlig auf Rundfunkprogramme verzichten oder nur einen sehr begrenzten Teil der **Bandbreite für Rundfunk** zur Verfügung stellen will. Die Frage dabei ist, ob sich der Begriff „soweit" in § 52 Abs. 2 RStV auf den *gesamten digitalisierten* Teil der Kabelanlage oder nur den Bereich der Übertragung von Rundfunkprogrammen und/oder Mediendiensten bezieht.

Nach der herrschenden Meinung in der Literatur kann nur der gesamte digitalisierte Teil der Kabelanlage gemeint sein. Dafür spricht zunächst der Begriff „überhaupt" in § 52 Abs. 2 RStV. Außerdem würde die Zulassung von Telediensten in Abs. 4 Nr. 2 bei Beschränkung auf Rundfunk- bzw. Mediendienste keinen Sinn machen. Ferner macht Abs. 4 Nr. 1 Vorgaben für ein Drittel der für die digitale Verbreitung zur Verfügung stehenden Gesamtkapazität. Schließlich würde andernfalls der Zweck der Regelung, gerade den für die freie individuelle und öffentliche Meinungsbildung bedeutenden Rundfunkprogrammen einen Platz in digitalisierten Kabelanlagen einzuräumen (Art. 5 I 2 GG) vereitelt.[33]

c) Angesichts der jüngsten Pläne von Microsoft, mit IPTV in den Fernsehmarkt einzusteigen[34], könnte die Frage nach der Anwendbarkeit der Vorschrift auf **IP-protokollbasierte Netze** schnell an Bedeutung gewinnen. Problematisch ist, dass der Gesetzgeber die Norm des § 52 RStV offensichtlich auf breitbandige Verteilnetze als Hauptanwendungsfall hin konzipiert hat, wohingegen IP-protokollbasierte Netze technisch gesehen nicht „verteilen". Vor dem Hintergrund des verfassungsrechtlichen Gewährleistungsauftrages für die freie Kommunikation wird man aber jedenfalls dann vom „Betrieb einer Kabelanlage" i. S. d. § 52 Abs. 3 RStV ausgehen können, wenn das Kabel technisch so ausgestaltet ist, dass über bestimmte Kanäle nur bestimmte Angebote übertragen werden. Ob es sich dabei um einen Verteil- oder Abrufdienst handelt, kann insoweit keinen Unterschied machen.[35] Jedoch greifen die § 52 Abs. 2–5 RStV nur dann ein, wenn zu den derart verbreiteten Pro-

---

[32] Vgl. *DLM*, Stellungnahme zu dem Arbeitspapier der Kommissionsdienststellen über „Hemmnisse für den breiten Zugang zu neuen Diensten und Anwendungen der Informationsgesellschaft durch offene Plattformen beim digitalen Fernsehen und beim Mobilfunk der dritten Generation" v. 14.2.2003, S. 9.

[33] Beck-RStV-*Wille/Schulz/Fach-Petersen*, § 52 Rn. 74.

[34] Siehe *heise-news*, Milia: Microsoft will den Fernsehmarkt mit IPTV erobern, 31.03.2004, abrufbar unter http://www.heise.de/newsticker/meldung/46177.

[35] Beck-RStV-*Schulz*, § 52 Rn. 70.

grammen Rundfunk- und/oder Mediendienste gehören. Von einer „Belegung" kann man nämlich dann nicht mehr sprechen, wenn der Kabelnetzbetreiber keinen Einfluss darauf nimmt, welche Angebote über die Kanäle verbreitet werden. Dies wäre etwa der Fall, wenn der Kunde über einen bestimmten Kanal das Internet nutzt und in diesem Rahmen lediglich *auch* Rundfunkprogramme oder Mediendienste übertragen werden.[36]

2. Telekommunikationsrechtliche Vorschriften

Auch im Telekommunikationsrecht finden sich Vorschriften, die einen Zugangsanspruch gegenüber Netzbetreibern begründen können.

In den **§§ 16 - 26 TKG** ist die Zugangsregulierung nach Maßgabe des EU-Richtlinienpakets neu gefasst. Abgesehen von dem neuen Vorverfahren zur Marktregulierung[37] ist vor allem der Begriff des Zugangs in § 3 Nr. 32 TKG geändert worden und umfasst nunmehr „die Bereitstellung von Einrichtungen oder Diensten für ein anderes Unternehmen unter bestimmten Bedingungen zum Zwecke der Erbringung von Telekommunikationsdiensten". Im Vergleich zum bisherigen „Netzzugang" gem. § 3 Nr. 9 TKG-alt ist diese Definition zwar einerseits weiter, da nunmehr jegliche Bereitstellung von Einrichtungen oder Diensten genügt anstelle einer bloß „physischen und logischen Verbindung von Einrichtungen". Indes begrenzt die neue Zweckbestimmung den Zugang auf Unternehmen, die bestimmte Leistungen nachfragen, um selbst Telekommunikationsdienste erbringen zu können. Damit fallen Programmanbieter, die von Kabelnetzbetreibern Transportdienstleistungen nachfragen, selbst aber nicht beabsichtigen, mithilfe dieser Leistungen Endkunden Telekommunikationsdienste anzubieten, nicht unter das Zugangsregime.[38] Inhalteanbieter können insoweit also auch aus den §§ 16 ff. TKG keinen Zugangsanspruch ableiten. Zu prüfen wäre allerdings, ob sich nicht neuerdings aus der in ihrem Anwendungsbereich deutlich weiter gefassten Generalklausel des § 42 Abs. 1 S. 1 TKG im Rahmen der besonderen Missbrauchsaufsicht eine Einspeiseverpflichtung ergeben kann.

3. Wettbewerbsrechtliche Vorschriften

Schließlich sind Zugangsansprüche zu Netzen aus dem allgemeinen Wettbewerbsrecht denkbar.[39]

a) Gemäß **§ 19 Abs. 4 Nr. 4 GWB** kann ein Missbrauch einer marktbeherrschenden Stellung vorliegen, wenn ein Unternehmen, das über ein Netz oder eine Infrastruktureinrichtung verfügt, sich weigert, einem anderen Unternehmen zu einem angemessenen Entgelt Zugang zu gewähren, obwohl es sonst nicht möglich ist, auf einem vor- oder nachgelagerten Markt als Wettbewerber dieses Unternehmens tätig

---

36 Beck-RStV-*Schulz*, § 52 Rn. 70.
37 Diese wird im Zusammenhang mit der Entgeltkontrolle erläutert, siehe unten.
38 Vgl. die Begründung der Bundesregierung, BT-Drs. 15/2316 v. 9.1.2004, S. 64.
39 Die Normen des GWB bleiben nach § 2 Abs. 3 TKG bzw. § 2 Abs. 3 S. 1 TKG-E von telekommunikationsrechtlichen Vorschriften unberührt.

zu werden; es sei denn, eine Mitbenutzung ist aus betriebsbedingten oder sonstigen Gründen nicht möglich.[40] Unabhängig von der Frage nach einer marktbeherrschenden Stellung des Netzbetreibers müsste der Anspruchsteller Zugang zu einer Einrichtung begehren, um gegen den Anspruchsgegner auf einem anderen Markt, auf dem der Netzbetreiber auch über eine marktbeherrschende Stellung verfügt, in Wettbewerb zu treten.[41] Der Inhaber eines Kabelnetzes, der Datentransport-Dienstleistungen anbietet, ist aber nicht auf dem gleichen Markt tätig wie der Programmanbieter, der Inhalte vermarktet.[42] Ein Einspeiseanspruch aus § 19 Abs. 4 Nr. 4 GWB besteht also regelmäßig nicht.

b) Ferner könnte die Verweigerung einer Einspeisung gegen das Diskriminierungsverbot aus **§ 20 GWB** verstoßen. Diese Vorschrift verbietet bestimmten marktmächtigen Unternehmen die unbillige Behinderung und ungerechtfertigt unterschiedliche Behandlung anderer Unternehmen in einem Geschäftsverkehr, der gleichartigen Unternehmen üblicherweise zugänglich ist[43], dies allerdings nur, wenn der Behinderung ausschließlich durch Gewährung von Zugang abgeholfen werden kann.[44] Die Norm findet ausnahmsweise auch auf vor- und nachgelagerte Wirtschaftsstufen – wie z. B. bei Netzbetreiber und Inhalteanbieter – Anwendung.[45]

Eine diskriminierende Handlung läge dann vor, wenn der Kabelnetzbetreiber bei der Einspeisung verschiedene Anbieter ungleich behandeln würde, indem einige aufgenommen würden und andere nicht. Allerdings müsste überhaupt eine Einspeiseverpflichtung bestehen. Gerichtlich wurde dies bislang nicht entschieden. In seiner Pay-TV-Entscheidung[46] hat der BGH lediglich die Frage geklärt, ob eine unentgeltliche Einspeisung eine Diskriminierung darstellt und dass Free-TV und Pay-TV-Programme gleichartige Unternehmen i. S. d. § 20 GWB sind.[47]

Letztlich ist das Vorliegen einer Diskriminierung oder die Frage nach der sachlichen Rechtfertigung einer solchen anhand einer einzelfallbezogenen Interessenabwägung festzustellen.[48] Dabei ist neben einer Reihe kartellrechtlicher Prinzipien[49]

---

40 GWB-*Möschel*, § 19 Rn. 190 ff.; vgl. *von Wallenberg*, K&R 1999, S. 152 ff.
41 *Zimmer/Büchner*, CR 2001, S. 164, 169.
42 Anders zu beurteilen wäre der Fall nur, wenn der Netzbetreiber eigene Programme in sein Kabelnetz einspeist und dabei eine marktbeherrschende Stellung auch im inhaltlichen Bereich erlangt, vgl. Beck-RStV-*Wille/Schulz/Fach-Petersen*, § 52 Rn. 48.
43 GWB-*Markert*, § 20 Rn. 21 ff.
44 *Irion/Schirmbacher*, CR 2002, S. 61, 67.
45 *Zimmer/Büchner*, CR 2001, S. 164, 169; *Schütz*, MMR 1998, S. 11, 17; GWB-*Markert*, § 20 Rn. 102.
46 BGH ZUM 1996, S. 674 ff.
47 GWB-*Markert*, § 20 Rn. 108 unter Verweis auf BGH ZUM 1996, S. 674 ff.
48 GWB-*Markert*, § 20 Rn. 129 ff.
49 Z. B. Branchengewohnheiten oder der Grundsatz, Newcomern stets eine Chance auf Marktzutritt einzuräumen, vgl. GWB-*Markert*, § 20 Rn. 129 ff.

einerseits die unternehmerische Freiheit des Netzbetreibers, andererseits die Beschränkung der Absatzmöglichkeiten des Inhalteanbieters zu berücksichtigen.[50]

6.2.2 Einspeisebedingungen

Neben der Frage, ob ein Programm überhaupt ins Kabel eingespeist wird, spielen beim digitalen Fernsehen die Bedingungen der Einspeisung eine entscheidende Rolle. Die technische Möglichkeit, Veränderungen an Datenströmen vorzunehmen, eröffnet Netzbetreibern neue Geschäftsmodelle im Rahmen der Wertschöpfungskette digitalen Fernsehens. Dazu gehört nicht mehr nur die bloße technische Übertragung des Programmsignals (sog. Transportmodell), sondern zunehmend auch die eigene Vermarktung von Programmen gegenüber dem Endkunden (sog. Vermarktungsmodell).[51]

a) Denkbar ist zunächst die **Entbündelung** der in einem Bouquet zusammengefassten Programme durch den Netzbetreiber. So kann es für einen Netzbetreiber lukrativer sein, einzelne Programme interessierten Kunden nur gegen besonderes Entgelt zugänglich zu machen oder neu zu einem Basisangebot und verschiedenen Zusatzangeboten zu kombinieren. Eine solche Änderung des Datenstroms könnte zwar die Vermarktungschancen des Betreibers verbessern, stellt aber aus Sicht des Programmveranstalters einen Eingriff in sein Angebot dar.

Überwiegend wird eine Entbündelung von Programmbouquets durch Kabelnetzbetreiber ohne Zustimmung des Programmveranstalters für unzulässig gehalten.[52] Insbesondere haben die Gerichte eine eigenmächtige Entbündelung bislang aus urheberrechtlichen Gründen abgelehnt.[53] Danach hat der Urheber an seinen Programmen im Rahmen seiner Verwertungsrechte ein Recht zur Kabelweitersendung aus §§ 20, 20b UrhG.[54] Gleichzeitig haben Sendeunternehmen ein originäres, eigenständiges Leistungsschutzrecht gem. § 87 Abs. 1 Nr. 1 UrhG, worunter insbesondere das ausschließliche Recht fällt, ihre Funksendungen weiterzusenden. Der Weitersendende bedarf dieser Auffassung zufolge der Einräumung des Weitersenderechts, wobei der Inhaber des Senderechts auch die technische Form der Weitersendung beeinflussen kann.[55] Auch kann nach Ansicht der Gerichte aus der Duldung der analogen Weiterverbreitung nicht auf eine Duldung der Verbreitung

---

50 *Weisser/Meinking*, WuW 1998, S. 841, 844; die sachliche Rechtfertigung der Nichteinspeisung muss allerdings der Kabelnetzbetreiber beweisen, vgl. *Zimmer/Büchner*, CR 2001, S. 164, 169.

51 Einführung der Begrifflichkeiten durch eine Entscheidung der *RegTP* v. 24.3.1999, MMR 1999, S. 299 ff. im Zusammenhang mit Entgelten für die analoge Kabeleinspeisung; vgl. auch *Wagner*, MMR-Beilage 2/2001, S. 28 ff.; *Hein/Schmidt*, K&R 2002, S. 409 ff.

52 Vgl. *Hesse*, Rundfunkrecht, Kap 6 Rn. 27

53 *LG Leipzig*, ZUM 2001, S. 719; *LG Leipzig*, ZUM-RD 2001, S. 143.

54 Dieses Recht bezieht sich auf jede als Sendung anzusehende öffentliche Wiedergabe eines geschützten Werkes im Wege der Kabelübertragung – unabhängig davon, ob durch diese Weitersendung ein neuer Empfängerkreis erschlossen wird, vgl. *BGH*, ZUM 2000, S. 749; dazu *Hillig*, AfP 2001, S. 31 ff.

55 *LG Leipzig*, ZUM 2001, S. 719, 722

mit digitaler Technik geschlossen werde.[56] In Umsetzung der Satelliten- und Kabelrichtlinie statuiert das Gesetz in § 87 Abs. 4 UrhG zudem einen Kontrahierungszwang: Sendeunternehmen und Kabelunternehmen sind gegenseitig verpflichtet, einen Vertrag über die Kabelweitersendung i. S. d. § 20b Abs. 1 S. 1 UrhG abzuschließen.[57] Schließlich ist zu beachten, dass in einigen Landesmediengesetzen explizite Entbündelungs- und Vermarktungsverbote vorgesehen sind.[58] Dieser Bereich ist ebenso relevant wie umstritten, so dass wenig Rechtspositionen als konsentiert gelten können.

b) Ein anderer Streitpunkt ist die sog. **Grundverschlüsselung**.[59] Damit wollen Netzbetreiber sicherstellen, dass sie von den Kabelkunden, die digitale Programme in Anspruch nehmen, auch tatsächlich ein zusätzliches Entgelt erhalten.[60] Durch die Auswahl des Verschlüsselungssystems übt der Kabelnetzbetreiber einen erheblichen Einfluss aus, vor allem wenn er sich für dasselbe CA-System entscheidet wie der einzige Pay-TV-Veranstalter. Dies könnte für dritte Programmveranstalter zu problematischen Anschlusseffekten führen, da diese ihre Technik auf den vorherrschenden Standard abstimmen müssen.[61]

Allerdings enthält das Rundfunkrecht keine explizite Regelung, die eine Grundverschlüsselung z. B. auch öffentlich-rechtlicher Programme verbietet.[62] Insbesondere ist § 52 RStV bislang nur als kapazitätsbegründende Anspruchsnorm gegenüber Netzbetreibern konzipiert. Zumindest dem Wortlaut nach enthält sie keine inhaltliche Ausdehnung auf das Verbot, Programmsignale zu verschlüsseln. Weiterhin sieht § 53 Abs. 1 RStV i. V. m. § 13 Abs. 2 Nr. 1 der gemeinsamen Satzung der Landesmedienanstalten über die Zugangsfreiheit zu digitalen Diensten gem. § 53 VII RStV (SdD) vor, dass Decoder so ausgestattet sein müssen, dass die angelieferten Datenströme in einer Weise empfangen und verarbeitet werden, die Anwendungen von Berechtigten ermöglicht. Ob hieraus eine Verpflichtung zur Sicherstellung der unverschlüsselten Empfangbarkeit durch den Diensteanbieter, hier also den Kabelnetzbetreiber, abgeleitet werden kann, ist zumindest fraglich.

---

56 *LG Leipzig*, ZUM 2001, S. 719, 721.

57 Zweck der Vorschrift ist es, den Abschluss von Verträgen über die Gestattung der Kabelweitersendung zu fördern, vgl. *Hein/Schmidt*, K&R 2002, S. 409, 412. Der Urheber behält gleichwohl einen direkten, unverzichtbaren Anspruch auf angemessene Vergütung gegen das Kabelunternehmen (§ 20b Abs. 2 S. 1 UrhG). Der Anspruch kann nur im Voraus an eine Verwertungsgesellschaft abgetreten werden und muss von dieser geltend gemacht werden (§ 20b Abs. 2 S. 3 UrhG).

58 Vgl. etwa § 38a Abs. 7 TRG, § 30 Abs. 3 HmbMedienG.

59 Allerdings geht aus der jüngsten Einigung von ARD/ZDF und Kabel Deutschland hervor, dass hier auf eine Grundverschlüsselung verzichtet werden soll, vgl. die Pressemitteilung des ZDF v. 2.4.2004, Digital-Bouquets von ZDF und ARD weiter unverschlüsselt, abrufbar unter http://www.zdf.de/ZDFde/inhalt/6/0,1872,2116806,00.html.

60 Diese auch „Transportverschlüsselung" genannte Einrichtung ist grundsätzlich von der veranstalterseitigen Programmverschlüsselung bei Pay-TV zu unterscheiden, auch sie letztlich demselben Zweck dient, vgl. auch *Wille*, ZUM 2002, S. 261 ff.

61 *Hesse*, Rundfunkrecht, Kap.6 Rn. 28.

62 Vgl. auch *Wille*, ZUM 2002, S. 261, 265.

Zu beachten ist weiterhin das sog. Entbündelungsgebot aus § 3 Abs. 1 TKV-alt[63], das eine Pflicht marktbeherrschender Unternehmen vorsieht, von ihnen angebotene Telekommunikationsdienstleistungen separat anzubieten. Ebenso bestimmt § 48 Abs. 3 Nr. 2 TKG, dass alle Geräte der Unterhaltungselektronik, die verwürfelte digitale Fernsehsignale dekodieren können, in der Lage sein muss, Signale, die unverschlüsselt übertragen worden sind, wiederzugeben. Ob sich aus diesen Normen ein Einwand gegen eine Grundverschlüsselung ergeben kann, wäre zu prüfen.

Schließlich ist zu überlegen, ob der Programmveranstalter aus den genannten urheberrechtlichen Normen eine Verschlüsselung als besondere technische Form der Weitersendung von seiner Zustimmung abhängig machen kann.[64]

6.2.3 Zugang zu digitalen Zusatzdiensten

Ein weiterer Fragenkomplex rankt sich um den Zugang zu digitalen Zusatzdiensten. Dazu gehören vor allem die technischen Einrichtungen und Dienste, die herkömmlich in die Set-Top-Box integriert sind, wie z. B. Zugangsberechtigungssysteme (CA-Systeme), die offene Anwendungs-Programmierschnittstelle (API) und elektronische Programmführer (EPGs). Aber auch andere technische und vermarktungsbezogene Dienstleistungen, wie etwa das Bündeln von Programmen, können erfasst sein. Wegen ihres hohen Diskriminierungspotentials sind diese Einrichtungen besonders regulierungsbedürftig.

1. Rundfunkrechtliche Vorschriften

Aus rundfunkrechtlicher Sicht ist vor allem § 53 RStV von Bedeutung, der in den Abs. 1 bis 2 vor allem die Anforderungen an CA-Systeme und EPGs bestimmt. Die Vorschrift wird ergänzt durch die gemeinsame Satzung der Landesmedienanstalten über die Zugangsfreiheit zu digitalen Diensten gem. § 53 Abs. 7 RStV. Verfahrenstechnisch haben Anbieter von CA-Systemen und EPGs bei Aufnahme oder Änderung solcher Angebote eine umfassende Anzeigepflicht (§ 53 Abs. 4 RStV). Die LMA prüft dann, ob der Dienst oder das System den Anforderungen entspricht und stellt dies durch einen Bescheid fest, den sie notfalls mit Auflagen verbinden kann, um den Dienst oder das System nicht untersagen zu müssen (§ 53 Abs. 5 RStV). Auch kann ein Veranstalter selbst Beschwerde bei der zuständigen LMA einlegen (§ 53 Abs. 6 RStV).

a) **CA-Systeme** nehmen eine zentrale Rolle ein. Nach § 53 Abs. 1 S. 1 RStV müssen „Anbieter von Diensten mit Zugangsberechtigung, die Zugangsdienste zu Fernsehdiensten herstellen oder vermarkten, [...] allen Veranstaltern zu chancengleichen, angemessenen und nicht diskriminierenden Bedingungen technische

---

[63] Gem. § 152 Abs. 2 TKG gilt die Telekommunikationskundenschutzverordnung (TKV) vom 11.12.1997 ausgenommen des § 4 TKG fort. Der Entwurf einer TKV des BMWA vom 30.7.2004 enthält das Entbündelungsgebot nicht mehr. Es sei auf die §§ 19 und 26 TKG verwiesen.

[64] So *Wille*, ZUM 2002, S. 261, 265.

Dienste anbieten, die es gestatten, dass deren Fernsehdienste von zugangsberechtigten Zuschauern mit Hilfe von Dekodern, die von den Anbietern von Diensten verwaltet werden, empfangen werden können". Ungeachtet des unglücklichen Wortlauts der Norm sind Anbieter von Diensten mit Zugangsberechtigung auch dann verpflichtet, wenn sie nicht selbst Fernsehdienste anbieten.[65] Was die Begriffe der Herstellung und Vermarktung angeht, geht die Norm davon aus, dass die technische Herstellung des Decoders, das Angebot des Conditional Access und sowie die Verwaltung des Conditional Access-Systems in einer Hand liegen. Weil dies aber weder technisch noch ökonomisch zwingend ist, sind vor dem Hintergrund der verfassungsrechtlich gebotenen effektiven Durchsetzung von Zugangsrechten alle Dienstleister verpflichtet, soweit ihr gesetzlicher Einfluss reicht.[66] Zugangsberechtigt sind umgekehrt alle Veranstalter von Fernsehdiensten, unabhängig davon, ob diese nun verschlüsselt oder unverschlüsselt, digital oder analog verbreitet werden.[67] Nicht dagegen können sich Anbieter von Mediendiensten auf die Vorschrift berufen.[68]

b) Weiterhin ist Diskriminierungsfreiheit nur dann gewährleistet, wenn die Decoder über **zugangsoffenen Schnittstellen** verfügen, die Dritten die Herstellung und den Betrieb eigener Anwendungen erlauben, und dem Stand der Technik – insbesondere einheitlichen europäischen Standards – entsprechen (§ 53 Abs. 1 S. 2, 3 RStV). Der Begriff der Schnittstelle wird vom Gesetzgeber nicht definiert oder auf bestimmte Anwendungen begrenzt. Bei funktionaler Interpretation wird man die Verpflichtung allerdings nicht auf bestimmte Hard- oder Softwarekomponenten festlegen können.[69] In Bezug auf Standards gibt es derzeit noch keine rechtsverbindliche Festlegung, auch wenn § 13 Abs. 2 SdD beispielhaft MHP erwähnt.[70] Angesichts der enormen Bedeutung, die der Standardisierung für die Entwicklung digitalen Fernsehens zukommt, erscheint die Regelung an dieser Stelle unausgereift. Kritisiert wird vor allem die mangelnde Innovationsoffenheit, die entstehen kann, wenn Anbieter dazu gezwungen werden, ihre Systeme so auszugestalten, dass möglicherweise veraltete Standards eingehalten werden.[71] Zu beachten ist auch, dass sich jüngst eine Reihe von Programmveranstaltern, Geräteherstellern und die Direktorenkonferenz der Landesmedienanstalten auf einen Maßnahmenka-

---

65 *Schulz/Kühlers*, Zugangsregulierung, S. 56; ausführlich zur Auslegung *Thierfelder*, Zugangsfragen, S. 124.
66 Der Hersteller also z. B. nur soweit er von den Inhabern der Schutzrechte Lizenzen erhält, vgl. *Hartstein/Ring/Kreile/Dörr/Stettner*, RStV, § 53 Rn. 15 f.
67 Vgl. auch die Begründung zum 3. Rundfunkänderungsstaatsvertrag, abgedruckt in Beck-RStV-*Schulz*, § 53 Rn. 7. Der Begriff der „Fernsehdienste" ist im Übrigen entwicklungsoffen auszulegen, so dass alle Darbietungen i.S.v. § 2 Abs. 1 RStV erfasst sind, die auch Bilder enthalten, vgl. *Thierfelder*, Zugangsfragen, S. 124.
68 Vgl. § 3 SdD.
69 Beck-RStV-*Schulz*, § 53 Rn. 51.
70 Vgl. auch *Hartstein/Ring/Kreile/Dörr/Stettner*, RStV, § 53 Rn. 14.
71 Vgl. dazu *Ladeur*, CR 1999, S. 396, 402 ff.; ferner *BMWA*, Dokumentation, S. 6 f.

talog zur Einführung von MHP in Deutschland geeinigt haben.[72]

c) Auch Anbieter von **elektronischen Programmführern** müssen Vorgaben beachten. Die Verpflichtung, allen Veranstaltern zu chancengleichen, angemessenen und nicht diskriminierenden Bedingungen Zugang zu gewähren, gilt gem. § 53 Abs. 2 S. 1 RStV allerdings nur für Anbieter sog. „Basisnavigatoren". Die Norm spricht insoweit von Systemen, „die auch die Auswahl von Fernsehprogrammen steuern und die als übergeordnete Benutzeroberfläche für alle über das System angebotenen Dienste verwendet werden".[73] Nicht erfasst sind somit spezielle Navigatoren für einzelne Diensteangebote oder Bouquets, die ihrerseits über den Basisnavigator anwählbar sind. Entscheidend für die Einordnung ist die Funktion des Navigators, nicht etwa technische Eigenschaften, etwa als Betriebssystem der Set-Top-Box.[74] Wegen dieser funktionalen Definition ist es auch ohne Bedeutung, ob der Navigator als Bestandteil der Decoderinstallation, über die Programmplattformen oder durch unabhängige Dritte in die Box gelangt.[75]

In jedem Fall müssen solche Basisnavigatoren nach dem Stand der Technik ermöglichen, dass im ersten Nutzungsschritt gleichgewichtig auf das öffentlich-rechtliche und private Programmangebot hingewiesen wird und der Nutzer die einzelnen Programme unmittelbar einschalten kann, § 53 Abs. 2 S. 2 RStV.[76] Anforderungen an EPGs hat die Gemeinsame Stelle Digitaler Zugang der LMA im Mai 2004 formuliert und deutlich gemacht, dass nach ihrer Auffassung nicht nur Herstellung und Anbieter von EPGs, sondern auch Vermarkter gebunden sein können.[77] Zusätzliche Risiken für die Offenheit von EPGs könnten allerdings durch Patente des amerikanischen EPG-Anbieters GEMSTAR entstehen. Zudem können Pay-TV-Anbieter und auch Kabelnetzbetreiber die Notwendigkeit der Zertifizierung der Set-Top-Box nutzen, um ihren EPG als Basisnavigator durchzusetzen.

d) Bei der Regulierung von Angeboten, die die **Bündelung und Vermarktung von Programmen** beinhalten, knüpft der Gesetzgeber an die marktbeherrschende Stellung an und formuliert in § 53 Abs. 3 RStV eine rundfunkspezifische Ausformung des Diskriminierungsverbots aus § 20 GWB. Danach darf ein Anbieter, der bei der Bündelung und Vermarktung von Programmen eine marktbeherrschende Stellung innehat, andere Anbieter, die einen solchen Dienst nachfragen, weder

---

72 Beteiligt an diesem Maßnahmepaket in Fortführung der „Mainzer Erklärung" von 2001 sind ARD, ZDF, RTL Television, die ProSiebenSat.1 Media AG, Vertreter der Geräteindustrie und die DLM, vgl. *docuwatch* 1/2004, S. 20 f.

73 Die Bezeichnung „Basisnavigator" beruht auf einem Papier der EBU, Comments on the 1999 Communications Review, 15.2.2000, Abschn. 5; vgl. auch *Leopoldt*, Navigatoren, S. 29.

74 *Schulz/Kühlers*, Zugangsregulierung, S. 63; *Leopoldt*, Navigatoren, S. 32 f.

75 Vgl. Beck-RStV-*Schulz*, § 53 Rn. 58.

76 Zu den Problemen zukünftiger „intelligenter" EPGs *Schulz*, K&R 2000, S. 9, 13; vgl. auch *Schulz/Ziewitz*, Access Obligations, S. 57.

77 *Gemeinsame Stelle Digitaler Zugang*, Anforderungen an Navigatoren – Diskussionspapier der GSDZ; Version 1.0; Stand: 4. Mai 2004, abrufbar unter http://www.digitaler-zugang.de/d/aktuell/04-05-05 %20Anforderungen %20an %20Navigatoren %20V1.pdf.

unmittelbar noch mittelbar unbillig oder gegenüber gleichartigen Anbietern ohne sachlich gerechtfertigten Grund unmittelbar oder mittelbar unterschiedlich behandeln.

Während Bündelung voraussetzt, dass aus mehreren eigenen oder fremden Programmen ein Gesamtangebot zusammengestellt wird[78], bedeutet Vermarktung, dass dieses Gesamtangebot als solches Konsumenten offeriert wird[79]. Zwar ist die Bündelung daher zunächst als ökonomischer und nicht als technischer Vorgang zu sehen. Bedenkt man allerdings die verfassungsrechtlichen Vorgaben kommunikativer Chancengleichheit, muss auch das Multiplexing den Vorgaben des § 53 Abs. 3 RStV unterworfen werden.[80]

2. Telekommunikationsrechtliche Vorschriften

Besonders schwierig ist im Bereich der digitalen Zusatzdienste die Abgrenzung zum Telekommunikationsrecht, für das die RegTP zuständig ist.

Die Vorschriften des Fernsehsignalübertragungsgesetzes (FÜG) sind nunmehr in den **§§ 48 - 51 TKG** (Teil 4: Rundfunkübertragung) aufgegangen. Einschneidend sind hier insbesondere die Änderungen im Abstimmungs- und Anzeigeverfahren bei digitalen Zusatzdiensten.

a) Während **§ 48 TKG** sich mit der Interoperabilität von Fernsehgeräten beschäftigt, regelt **§ 49 TKG** die Interoperabilität der Übertragung digitaler Fernsehsignale. Insbesondere nach Abs. 2 sind Rechteinhaber von APIs verpflichtet, Herstellern von digitalen Fernsehempfangsgeräten und Dritten mit berechtigtem Interesse auf angemessene, chancengleiche und nicht diskriminierende Weise und gegen angemessene Vergütung alle Informationen zur Verfügung zu stellen, um die auf der Schnittstelle arbeitenden Dienste funktionstüchtig anbieten zu können.

Es gilt auch ein neues Aufsichtsverfahren: Die Beteiligten können im Streitfall die RegTP anrufen (§ 49 Abs. 3 TKG), die innerhalb von zwei Monaten eine Entscheidung fällt. Im Rahmen dieses Verfahrens gibt die RegTP der zuständigen Landesbehörde Gelegenheit zur Stellungnahme.[81] Sofern die LMA medienrechtliche Einwendungen – etwa auf Grundlage von § 53 Abs. 1 RStV – erhebt, trifft sie innerhalb des vorgegebenen Zeitrahmens eine entsprechende Entscheidung (vgl. § 49 Abs. 3 S. 4 TKG). Obwohl es sich dabei um zwei streng getrennte Entscheidungsfindungsprozesse handelt, können die telekommunikations- und medienrechtliche Entscheidung in einem zusammengefassten Verfahren ergehen (§ 49 Abs. 3 S. 5

---

78 *Hartstein/Ring/Kreile/Dörr/Stettner*, RStV, § 53 Rn. 23.
79 Beck-RStV-*Schulz*, § 53 Rn. 73.
80 *Hartstein/Ring/Kreile/Dörr/Stettner*, RStV, § 53 Rn. 23; Beck-RStV-*Schulz*, § 53 Rn. 74; Gersdorf, Zugang, S. 137 f., 163; *Schulz/Kühlers*, Zugangsregulierung, S. 67 ff.; a.A. *Beucher/Leyendecker/v. Rosenberg*, RStV, § 53 Rn. 8, die davon ausgehen, dass Multiplexing in jedem Fall nicht von § 53 erfasst ist.
81 Dies gilt nach Ansicht der Bundesregierung auch, wenn die zu behandelnde Angelegenheit keine medienrechtliche Komponente enthalten sollte, vgl. Begründung zum TKG-E, BT-Drs. 15/2316 v. 9.1.2004, S. 74.

TKG). Eventuelle Einwendungen sollen sich dann direkt an die Behörde richten, welche die jeweilige Entscheidung getroffen hat.[82]

Ziel des Verfahren ist offensichtlich, der zunehmenden Verzahnung von Aufgaben der RegTP und der zuständigen Landesbehörden Rechnung zu tragen, indem durch ein sog. „One-stop-shopping-Konzept" die RegTP zum einheitlichen Ansprechpartner bestimmt wird – egal, ob es sich um ein telekommunikations- oder medienrechtlich motiviertes Problem handelt.[83]

Trotz einiger Vorteile aus Sicht der Anbieter wirft die Norm in ihrer derzeitigen Ausgestaltung erhebliche Probleme auf. So betont die Bundesregierung selbst, dass eine erfolgreiche Umsetzung des Konzepts eine vertrauensvolle Zusammenarbeit zwischen RegTP und zuständiger Landesbehörde voraussetzt. Nach Vorstellung des Gesetzgebers soll die RegTP insbesondere medienrechtliche Einwendungen nicht dahingehend überprüfen, ob die Zuständigkeit der Landesbehörde im Einzelfall auch tatsächlich gegeben ist und umgekehrt. Sollte z. B. im Grenzbereich zwischen Bundes- und Landesrecht Klärungsbedarf entstehen, würden sich Bund und Länder diesbezüglich auf eine praktikable Lösung verständigen.[84]

Jedoch ist zweifelhaft, ob dieses Vertrauen des Gesetzgebers in eine „vertrauensvolle Zusammenarbeit" in der Praxis genügt. Auch ist wegen der zuweilen divergierenden Regulierungsziele Konfliktpotential vorprogrammiert. Angesichts der Erfahrungen mit ähnlich ungeregelten Abstimmungsverfahren im Frequenzvergaberecht nach den §§ 45 ff. TKG-alt[85], sind die Vorschriften somit ein Unsicherheitsfaktor.

b) § 50 TKG regelt Zugangsberechtigungssysteme. Die Vorschrift richtet sich an Betreiber öffentlicher Telekommunikationsnetze (z. B. Kabelnetzbetreiber), die selbst Zugangsberechtigungssysteme einsetzen, wie auch an Anbieter solcher Systeme, die zwar die Programmangebote bündeln und als Abonnement-Pakete vermarkten, selbst aber keine Betreiber öffentlicher Telekommunikationsnetze sind.[86] Es wird sichergestellt, dass Anbieter und Verwender von Zugangsberechtigungssystemen u. a. allen Rundfunkveranstaltern die Nutzung der Systeme und die dafür erforderlichen Auskünfte zu chancengleichen, angemessenen und nicht diskriminierenden Bedingungen ermöglichen und so den Endverbrauchern Wahlmöglichkeiten sichern.

Ähnlich wie in § 53 RStV ist auch in § 50 Abs. 3 Nr. 4 TKG eine Anzeigepflicht (gegenüber der RegTP) bei Aufnahme oder Änderung eines der genannten Angebote vorgesehen. Geht bei der Behörde eine solche Anzeige ein, so hat diese nach § 50

---

[82] Nach der Begründung der Bundesregierung zum TKG-E soll dieses Verfahren auch umgekehrt funktionieren: Falls die zuständige Landesbehörde eine Beschwerde erhält, unterrichtet sie die RegTP entsprechend; BT-Drs. 15/2316 v. 9.1.2004, S. 74.
[83] Vgl. Begründung zum TKG-E, BT-Drs. 15/2316 v. 9.1.2004, S. 73 und 75 f.; *BMWA*, Dokumentation, S. 8.
[84] Begründung zum TKG-E, BT-Drs. 15/2316 v. 9.1.2004, S. 75.
[85] Vgl. dazu *Schulz/Vesting*, Frequenzmanagement, S. 31 ff.
[86] Vgl. die Begründung zum TKG-E, BT-Drs. 15/2316 v. 9.1.2004, S. 75.

Abs. 4 S. 1 TKG unverzüglich die zuständige Landesbehörde zu unterrichten. Kommen dann die RegTP und/oder die LMA jeweils für ihren Zuständigkeitsbereich innerhalb einer Frist von zwei Monaten zu einem negativen Ergebnis, verlange sie eine Änderung des Angebots (§ 50 Abs. 4 S. 2 TKG). Das Verfahren der Zusammenarbeit zwischen RegTP und zuständiger Landesbehörde soll ebenso wie bei § 49 Abs. 3 TKG ablaufen, also ausschließlich auf Kooperation und Selbstkoordinierung der Behörden setzend. Zwar betont die Bundesregierung, dass sich die Prüfungen der RegTP ausschließlich auf die telekommunikationsrechtlichen Aspekte und den Grenzbereich zwischen Bundes- und Landesrecht dieses Bereichs beziehen sollen.[87] Jedoch stellt hier ebenso wie bei § 47 TKG die Frage nach der Effektivität einer solchen Zusammenarbeit in der Praxis.

3. Kartellrechtliche Vorschriften

Im Hinblick auf die in **§ 19 Abs. 4 Nr. 4 GWB** als Missbrauchstatbestand enthaltene Verweigerung des Zugangs zu einer wesentlichen Einrichtung kann es zu Überschneidungen kommen. Grundsätzlich ist das Kartellrecht neben dem Rundfunkrecht und Telekommunikationsrecht anwendbar, wobei der Grundsatz des bundes- bzw. länderfreundlichen Verhaltens die Anwendung steuert.[88] Die Notwendigkeit eines Vorrangs rundfunkrechtlicher Zugangsregulierung ergibt sich schon daraus, dass eine kartellrechtliche Missbrauchsaufsicht eine die technische und ökonomische Entwicklung begleitende Regulierung nicht ersetzen kann.[89] Soweit allerdings § 53 RStV keine Regelung trifft – etwa mit Blick auf rein kundenbezogene Fragen des Subscriber-Managements –, kommt eine Kontrolle des „Marktmachttransfers" gemäß § 19 Abs. 4 Nr. 4 GWB in Betracht.[90]

6.2.4 Entgeltregulierung

Die Entgeltkontrolle kann unmittelbar an Zugangsansprüche anknüpfen, aber auch allgemein gegenüber marktbeherrschenden bzw. marktmächtigen Unternehmen eingreifen.

1. Rundfunkrechtliche Vorschriften

Im Zusammenhang mit den Einspeisepflichten nimmt zunächst § 52 Abs. 3 Nr. 4 RStV Bezug auf Entgelte. Danach sind die Entgelte und Tarife für einspeisepflichtige Programme der zuständigen Landesmedienanstalt gegenüber offen zu legen.[91] Dies dient jedoch nur der Überprüfung, ob die Programme tatsächlich zu

---

[87] Begründung zum TKG-E, BT-Drs. 15/2316 v. 9.1.2004, S. 76.
[88] Vgl. *Hoffmann-Riem*, Regulierung, S. 171 ff. m.w.N.
[89] Vgl. *Schulz/Seufert/Holznagel*, Digitales Fernsehen, S. 123.
[90] Dazu allgemein *Bunte*, WuW 1997, S. 302 ff.
[91] Vgl. *Hartstein/Ring/Kreile/Dörr/Stettner*, RStV, § 52 Rn. 60; Beck-RStV-*Wille/Schulz/Fach-Petersen*, § 52 Rn. 80; für eine Offenlegung im Sinne einer allgemeinen Veröffentlichung zumindest während der Entwicklungsphase digitalen Fernsehens *Thierfelder*, Zugangsfragen, S. 90.

angemessenen und chancengleichen Bedingungen verbreitet werden.[92] Soweit in § 52 RStV Entgelte erwähnt werden, bedeutet dies also keine zusätzliche Kompetenz der LMA zur rundfunkrechtlichen Entgeltregulierung, die neben eine telekommunikationsrechtliche treten könnte.[93] Vielmehr hat die RegTP bei der Gestaltung der Entgelte und Tarife auch die medienrechtlichen Vorgaben zu beachten, da der Verfassungsgrundsatz bundesfreundlichen Verhaltens eine Kooperation des Bundes in Fragen gebietet, die die Funktionsfähigkeit der Rundfunkordnung betreffen.[94] Diese Kompetenzabgrenzung kann im Einzelfall problematisch sein.[95] Der Entwurf für den 8. RÄStV sieht eine Einbeziehung der LMA in die Entgeltregulierung vor, die im Einzelnen in der Verfahrensordnung geregelt werden soll, die die Anwendung der § 48 ff. TKG in Kooperation zwischen REgTP und LMA regelt.

2. Telekommunikationsrechtliche Vorschriften

Die mit Abstand größte Bedeutung für die Entgeltregulierung hat das Telekommunikationsrecht. Hier wurde in den letzten Jahren eine Vielzahl von Problemen diskutiert, die auch die Digitalisierung beeinflussen.

Im neuen TKG ergeben gegenüber der alten Rechtslage einige einschneidende Veränderungen. Dies gilt insbesondere für die Entgeltregulierung, die nunmehr als Unterfall der Marktregulierung in den **§§ 27 ff. TKG** verankert ist.

a) Wichtig ist zunächst, dass jeder regulatorischen Maßnahme der RegTP nach den §§ 10, 11 TKG ein **Marktregulierungsverfahren** vorgeschaltet ist. Dieses reduziert die Regulierungsintensität, indem es sicherstellt, dass insbesondere die *ex ante*-Regulierung von Unternehmen in Zukunft nur noch ausnahmsweise zulässig ist. In diesem Verfahren müssen zunächst die Märkte voneinander abgegrenzt werden (Marktdefinition, § 10 TKG), damit dann in einer Marktanalyse festgestellt werden kann, ob wirksamer Wettbewerb besteht. Das ist nach § 11 Abs. 1 S. 2 TKG nicht der Fall, wenn ein oder mehrere Unternehmen auf diesem Markt über beträchtliche Markmacht verfügen. Ein Unternehmen gilt als Unternehmen mit beträchtlicher Markmacht, wenn es entweder allein oder gemeinsam mit anderen eine der Beherrschung gleichkommende Stellung einnimmt, das heißt eine wirtschaftlich starke Stellung, die es ihm gestattet, sich in beträchtlichem Umfang unabhängig von Wettbewerbern oder Endnutzern zu verhalten (§ 11 Abs. 1 S. 3 TKG). Dabei muss die RegTP neuerdings Vorgaben der EU-Kommission beachten (§ 11 Abs. 1 S. 3 TKG) – die Kommission hat in ihrer Empfehlung einen Großkundenmarkt für

---

92 Nach der Begründung zu § 52 RStV hat die LMA lediglich zu prüfen, „ob die dem Netzbetreiber durch das TKG eröffneten Gestaltungsspielräume auf diesem Gebiet im Sinne der Vorschrift ausgefüllt wurden"; vgl. auch *Gersdorf*, Zugang, S. 126 f.; *Schulz/Kühlers*, Zugangsregulierung, S. 100.
93 Beck-RStV-*Wille/Schulz/Fach-Petersen*, § 52 Rn. 44.
94 Beck-RStV-*Wille/Schulz/Fach-Petersen*, § 52 Rn. 82.
95 Beck-RStV-*Wille/Schulz/Fach-Petersen*, § 52 Rn. 82 ff. und insbesondere für die Verbreitung regionaler und lokaler Angebote Rn. 86 ff.

Rundfunk-Übertragungsdienste zur Bereitstellung von Sendeinhalten bestimmt[96] – sowie ein Konsultations- und Konsolidierungsverfahren durchführen (§ 12 TKG). Nur bei Fehlen wirksamen Wettbewerbs darf schließlich ein Unternehmen mit beträchtlicher Markmacht *ex ante* mit einer Regulierungsverfügung belastet werden (vgl. § 13 TKG). Damit stellen sich hinsichtlich der Digitalisierung der Kabelnetze prinzipiell dieselben Fragen wie bisher.

Die sachliche Abgrenzung folgte bislang dem sog. Bedarfsmarktprinzip, d. h. es wird auf die funktionelle Austauschbarkeit aus Sicht der Nachfrageseite abgestellt.[97] Das BKartA differenzierte bisher unter Hinweis auf das Urteil des BGH zur Pay-TV-Durchleitung[98] zwischen drei sehr eng definierten Märkten: Der regionale Markt für die Einspeisung und Durchleitung von Programmsignalen auf der Netzebene 3 (Einspeisemarkt), der regionale Markt für die Lieferung von Programmsignalen von der Netzebene 3 an die Netzebene 4 (Signallieferungsmarkt) und der regionale Markt für die Belieferung von Endkunden mit Programmsignalen (Endkundenmarkt).[99] Regional meint dabei jeweils das Gebiet, in dem ein Kabelnetzbetreiber – sei es NE3 oder NE4 – seine Infrastruktur betreibt.[100] An dieser Praxis wurde auch beim so genannten Mahnschreiben gegenüber KDG im August 2004 festgehalten.

In Bezug auf die NE4-Anbieter und den Signallieferungsmarkt hatte der BGH eine marktbeherrschende Stellung angenommen, weil sie „jede für sich im Bereich der von ihnen betriebenen Gemeinschaftsantennenanlagen hinsichtlich der nachgefragten Durchleitungen ohne Wettbewerber sind".[101] Auszugehen ist bei der Frage der Marktbeherrschung also nicht davon, ob überhaupt in einem Gebiet (etwa bundes- oder landesweit) andere Kabelanbieter existieren. sondern davon, ob sich der Programmanbieter anderer Kabelanbieter bedienen kann, um zum Endkunden zu gelangen.[102] Auch wurde bisher angenommen, dass NE3-Betreiber auf dem Einspeisemarkt marktbeherrschend sind. Verwiesen wurde insbesondere auf die geringe Zahl terrestrisch verbreiteter Programme und die Tatsache, dass nur in seltenen Fällen Haushalte über einen Kabel- und einen Satellitenanschluss verfügen. Die Verbreitung über andere Übertragungswege sei für die Programmanbieter

---

96 Empfehlung der *Kommission* vom 11. Februar 2003 über relevante Produkt- und Dienstmärkte des elektronischen Kommunikationssektors, die auf Grund der Richtlinie 2002/21/EG des Europäischen Parlaments und des Rates über einen gemeinsamen Rechtsrahmen für elektronische Kommunikationsnetze und -dienste für eine Vorabregulierung in Betracht kommen (Bekannt gegeben unter Aktenzeichen K(2003) 497), abgedruckt in Abl. EG Nr. L 114 v. 8.5.2003 S. 45 ff.

97 *BGH*, WuW/E 1995, S. 3026, 3028.

98 *BGH*, ZUM 1996, S. 674, 676.

99 *BKartA*, WuW 2001, S. 601 ff. – Callahan/Net-Cologne; *BKartA*, Beschluss v. 22.2.2002 – Liberty/KDG, abrufbar unter http://www.bundeskartellamt.de/B7-168-01.pdf, S. 14 ff.; *RegTP*, MMR 1999, S. 299; zustimmend *Zimmer/Büchner*, CR 2001, S. 164, 168.

100 Vgl. zu den Marktabgrenzungen auch Beck-TKG-*Wendland*, vor § 33 Rn. 43 ff., 79 ff.

101 *BGH*, ZUM 1996, 674, 676; vgl. auch *OLG Hamburg*, WuW 2000, 57; *Zimmer/Büchner*, CR 2001, S. 164, 168.

102 *Wagner*, K&R 1998, S. 234, 240.

als Marktgegenseite daher keine angemessene Alternative zur Kabelnutzung.[103] Auch die EG-Kommission hat in einer Entscheidung aus dem Jahre 1994 die Übertragung über TV-Kabelnetze als eigenen sachlichen Markt betrachtet.[104]

Allerdings wird angesichts der wachsenden Verbreitung von DVB-T und sinkender Preise für Satelliten-Receiver zunehmend die Frage aufgeworfen, ob sich an dieser Einschätzung zumindest in den Ballungsgebieten etwas ändern wird.[105] Insbesondere ist zu überlegen, inwieweit die Signalübertragung im Kabel mittlerweile durch Satelliten- oder Antennentechnik substituierbar ist.

b) Was die **Entgeltregulierung** selbst angeht, stellt § 30 TKG zunächst den Grundsatz auf, dass die *ex ante*-Regulierung nur für solche Leistungen erfolgen soll, für die einem Unternehmen mit beträchtlicher Marktmacht durch *ex ante*-Verfügung Zugangsverpflichtungen auferlegt wurden (Genehmigungsvorbehalt, § 30 Abs. 1 TKG). Der *ex post*-Regulierung dagegen unterliegen Entgelte für sonstige Zugangsleistungen marktmächtiger Unternehmen (§ 30 Abs. 2 TKG), Entgelte für nicht nach § 21 TKG auferlegte Zugangsleistungen von marktmächtigen Unternehmen (§ 30 Abs. 3 TKG) sowie Endkundenentgelte (§ 39 TKG). Für die nachträgliche Regulierung gilt das Verfahren nach § 38 Abs. 2–4 TKG. Damit wird auch hier der dynamische Ansatz des Gesetzgebers deutlich, der *ex ante* nur Entgelte marktmächtiger Unternehmen im Vorleistungsbereich reguliert, und dies auch nur für solche Leistungen, für die bereits *ex ante*-Regulierungsverfügungen erlassen wurden.

Ein zusätzlicher Schutz vor der eingriffsintensiven *ex ante*-Regulierung könnte sich für Kabelnetzbetreiber aus § 30 Abs. 4 TKG ergeben. Danach unterliegen Entgelte, die ein Betreiber eines öffentlichen Telekommunikationsnetzes, der den Zugang zu Endkunden kontrolliert und über beträchtliche Markmacht verfügt, im Rahmen seiner Verpflichtung nach § 18 TKG verlangt, in der Regel einer nachträglichen Regulierung – es sei denn, der Betreiber verfügt sowohl auf dem Zugangsmarkt als auch auf dem Markt für Endkundenleistungen über beträchtliche Marktmacht. Mit dieser Regelung will der Gesetzgeber bestimmte Akteure, wie z. B. Mobilfunkbetreiber, City-Carrier oder eben Kabelnetzbetreiber, begünstigen.[106]

c) Keine Bestimmungen finden sich auch in den neuen Regelungen über eine **Abstimmung der Regulierungskompetenzen** zwischen RegTP und LMA.[107] Zwar ist allgemein mit weniger schweren Eingriffen in die Freiheiten der Netzbetreiber und Diensteanbieter zu rechnen. Die Chance zu einer effektiveren und systemati-

---

[103] *Bartosch*, CR 1997, 517, 523; *Wagner*, K&R 1998, 234, 239 f.; *Gersdorf*, Regulierung, S. 335; Beck-RStV-*Wille/Schulz/Fach-Petersen*, § 52 Rn. 39; a.A. *Engel*, ZUM-Sonderheft 1997, S. 309, 311 ff.
[104] *Europäische Kommission*, Entscheidung v. 9.11.1994, Abl. EG Nr. L 364, Rn. 39 ff.
[105] Vgl. *Hein/Schmidt*, K&R 2002, S. 409, 415; *Lauff*, epd-medien v. 11.2.2004, S. 3 f.; *Stamm/Büllingen*, Kabelfernsehen, S. 37 ff.; vgl. auch *Lampert*, WuW 1998, S. 27 ff.
[106] Vgl. Begründung zum TKG-E, BT-Drs. 15/2316 v. 9.1.2004, S. 68.
[107] Siehe oben.

schen Verzahnung insbesondere bei der Festlegung der Entgelte wurde aber nicht wahrgenommen.[108]

3. Kartellrechtliche Vorschriften

Aus dem Kartellrecht ergeben sich keine Rahmenbedingungen, die über das oben zu §§ 19, 20 GWB Gesagte hinausgehen. Im Übrigen stellt sich natürlich auch in diesem Zusammenhang das Problem der Marktabgrenzung.

6.2.5 Missbrauchsaufsicht

Weiterhin sind Maßnahmen zu beachten, die die zuständigen Behörden im Rahmen einer Missbrauchsaufsicht erlassen können. Vereinzelt ist auf solche Eingriffsbefugnisse bereits hingewiesen worden, hier sollen die verschiedenen Normen noch einmal übergreifend zusammengestellt werden. Letztlich handelt es sich um eine Form der Wettbewerbskontrolle, wobei entsprechend den verfassungsrechtlichen Vorgaben zwischen publizistischem und ökonomischem Wettbewerb zu unterscheiden ist.

1. Rundfunkrechtliche Vorschriften

Im Mittelpunkt des Rundfunkrechts steht naturgemäß der publizistische Wettbewerb. Hier besteht zunächst die Möglichkeit, Programmanbietern gemäß den **§§ 26 ff. RStV** bei vorherrschender Meinungsmacht zu vielfaltsichernden Maßnahmen zu verpflichten, wie z. B. die Einrichtung eines Programmbeirats oder die Einräumung von Sendezeit für unabhängige Dritte.[109] Maßstab für Meinungsmacht ist nach § 26 RStV der Zuschaueranteil, den ein Unternehmen mit seinen Programmen erreicht. Dies ist in diesem Zusammenhang insofern von Bedeutung, als ein Kabelnetzbetreiber, der Programme unter inhaltlichen Gesichtspunkten bündelt und unter einer eigenen Marke anbietet, durchaus auch Veranstalter i. S. d. Rundfunkrechts sein kann.[110]

Ferner findet sich in **§ 15 Abs. 3 SdD** ein erster Ansatz zu einer Cross-Ownership-Regelung für Kabelbetreiber. Danach prüft die LMA bei Verpflichteten, die selbst oder durch ein ihnen nach § 4 Abs. 4 SdD zuzurechnendes Unternehmen eine marktbeherrschende Stellung nicht nur bei der Bündelung und Vermarktung von Programmen, sondern auch beim Betrieb einer Kabelanlage haben, ob sich aus dieser Tatsache zusätzliche Anforderungen ergeben.

Auch dürfen nach **§ 15 Abs. 4 SdD** Verpflichtete, die selbst oder durch ein ihnen nach § 4 Abs. 4 SdD zuzurechnendes Unternehmen eine technische Plattform betreiben, die Verbreitung ihrer Programmpakete über andere technische Plattformen nicht behindern, sofern diese Plattformen die Anforderungen der SdD erfüllen.

---

[108] Vgl. dazu bereits Beck-RStV-*Wille/Schulz/Fach-Petersen*, § 52 Rn. 86 ff.
[109] Vgl. *Hesse*, Rundfunkrecht, Kap.5 Rn. 71 ff.
[110] Grundsätzliche Kritik an der Leistungsfähigkeit des Veranstalterbegriffs unter den gegenwärtigen Bedingungen übt etwa *Vesting*, M&K 2001, S. 287, 290 f.

2. Telekommunikationsrechtliche Vorschriften

Die neue telekommunikationsrechtliche Missbrauchsregelung findet sich in § 42 TKG. Im Vergleich zur alten Vorschrift § 33 TKG-alt wurde der Tatbestand der „unbilligen Behinderung" nunmehr aufgenommen. Bislang wurde dieses nach der Rechtsprechung zur Missbrauchskontrolle als nicht ausreichend angesehen.[111] Hinsichtlich der Entgeltregulierung gilt zusätzlich § 28 TKG, welcher spezielle Tatbestände des missbräuchlichen Verhaltens eines Unternehmens mit beträchtlicher Marktmacht bei der Forderung und Vereinbarung von Entgelten aufstellt.

3. Kartellrechtliche Vorschriften

Im Kartellrecht ist neben den bereits erwähnten Missbrauchstatbeständen der §§ 19 ff. GWB vor allem die Zusammenschlusskontrolle nach den §§ 35 ff. GWB zu beachten. Nach diesen Vorschriften untersagte das BKartA im Jahre 2001 den Verkauf großer Teile des deutschen Breitbandkabelnetzes der Deutschen Telekom AG an Liberty Media.[112] Grundlinie der Argumentation war damals, dass eine marktbeherrschende Stellung auf dem Einspeise-, Signallieferungs- und Endkundenmarkt zu Lasten des Verbrauchers verstärkt werde, ohne dass gleichzeitig eine Verbesserung auf anderen Märkten zu erwarten sei. Angesichts des Kaufs der regionalen Kabelbetreiber Ish, Iesy und Kabel Baden-Württemberg durch die KDG und die anstehende Prüfung der Übernahme durch das BKartA wird in der Literatur vereinzelt die Frage aufgeworfen, inwieweit die die **Liberty-Entscheidung** tragenden Gründe auch in der gegenwärtigen Situation noch Bestand haben.[113]

Dass möglicherweise die Marktabgrenzung wegen neuer Substitutionspotenziale zu revidieren ist, wurde bereits erwähnt.[114] Was die Verstärkung einer marktbeherrschenden Stellung angeht, so basierte diese im Einspeisemarkt vor allem auf der Tatsache, dass Liberty selbst als Programmveranstalter auftreten wollte.[115] Auf dem Signallieferungsmarkt lag das Problem in der vertikalen Integration, die Liberty durch den Zukauf von NE4-Betreibern anstrebte.[116] Weiterhin wurde auf dem Endkundenmarkt argumentiert, dass nicht nur der Restwettbewerb geschwächt werde, sondern Liberty durch großflächiges Verteilen proprietärer Decoder den Kabelzugang kontrolliere könne.[117] In Bezug auf den gem. § 36 Abs. 1, 2. Hs. GWB möglichen Ausgleich negativer Effekte durch eine Verbesserung der Wettbewerbssituation auf anderen Märkten hatte das BKartA zwar beim Internetzugang ein solches

---

111 *OVG Münster*, CR 2003, S. 428.

112 *BKartA*, Beschluss v. 22.2.2002 – Liberty; vgl. auch *Schulz/Jürgens*, Stellungnahme zur Anhörung „Der Verkauf der Kabelnetze der Telekom und die Auswirkungen auf die Medienlandschaft und den Verbraucher in Deutschland" v. 24.4.2002, abrufbar unter http://www.rrz.uni-hamburg.de/hans-bredow-institut/ws-lehr/jmstv.pdf.

113 Vgl. *Lauff*, epd-medien v. 11.2.2004, S. 3 ff.

114 Siehe oben.

115 *BKartA*, Beschluss v. 22.2.2002 – Liberty, S. 39 ff.

116 *BKartA*, Beschluss v. 22.2.2002 – Liberty, S. 42 ff.

117 *BKartA*, Beschluss v. 22.2.2002 – Liberty, S. 28 ff.

Wettbewerbs-Plus durch den Ausbau des Netzes auf 510 MHz bejaht. Jedoch wurden nach Ansicht des BKartA die Verbesserungen im Bereich der Sprachtelefonie nicht hinreichend nachgewiesen, so dass mangels überwiegender Wettbewerbsverbesserung die Abwägungsklausel nicht angewandt wurde.[118] Insgesamt wird es letztlich auf die konkreten Pläne von KDG ankommen.

6.2.6 Sonstige Vorgaben für einzelne Angebote

Schließlich sind für einige Angebote noch spezielle Vorgaben zu beachten, die für die beteiligten Akteure im Einzelfall erheblich Konsequenzen haben können.

a) Die **Jugendschutzbestimmungen** des neuen JMStV gelten auch für digitale Angebote, weil das Ziel des Jugendschutzes unabhängig von der Übertragungsform ebenso beeinträchtigt werden kann.[119] Sollen etwa im digitalen Pay-TV entwicklungsbeeinträchtigende Erotikfilme verbreitet werden, so muss durch ein Verschlüsselungssystem sichergestellt sein, dass Jugendliche diese nicht wahrnehmen können (vgl. § 5 Abs. 1 JMStV). Dabei ist die allgemeine Pay-TV-Verschlüsselung nicht ausreichend, da sie lediglich den Zweck hat, nicht zahlende Zuschauer vom Programm auszuschließen; hat aber ein Haushalt für das entsprechende Programm bezahlt, ist es für alle Haushaltsmitglieder regelmäßig ohne weiteres zugänglich.[120] Daher räumt § 9 Abs. 2 JMStV i. V. m. Satzung zur Gewährleistung des Jugendschutzes in digital verbreiteten Fernsehprogrammen des privaten Fernsehens (JSS) dem Veranstalter die Möglichkeit ein, jugendgefährdende Sendungen zusätzlich zu verschlüsseln.[121]

Eine Besonderheit ergibt sich für Pay-per-view-Angebote, die Filme in Wiederholungsschleifen verfügbar machen. So hat die Direktorenkonferenz der Landesmedienanstalten die über die Premiere-Plattform verbreiteten Kanäle „Erotic Media" and „Blue Movie" als Mediendienste und nicht als Rundfunk eingestuft.[122] Damit dürfen pornografische Inhalte angeboten werden, wenn sichergestellt ist, dass in einer geschlossenen Benutzergruppe ausschließlich Erwachsene Zugang haben (vgl. § 4 Abs. 2 S. 2 JMStV). Eckwerte für die Anforderungen an Altersverifikationssysteme sind nach einem Beschluss der KJM die Volljährigkeitsprüfung durch persönlichen Kontakt sowie die Authentifizierung bei jedem Nutzungsvorgang.[123] Bereits als gesetzeskonform anerkannt hat die KJM das sog. Post-ident-Verfahren,

---

[118] *BKartA*, Beschluss v. 22.2.2002 – Liberty, S. 43 ff.

[119] Vgl. den Staatsvertrag über den Schutz der Menschenwürde und den Jugendschutz in Rundfunk und Telemedien (Jugendmedienschutz-Staatsvertrag - JMStV) v. 10.–27.9.2002, abrufbar unter http://www.ham-online.de/pdf/jmstv.pdf.

[120] *BVerwG*, ZUM 2002, S. 567.

[121] Die Satzung zur Gewährleistung des Jugendschutzes in digital verbreiteten Fernsehprogrammen des privaten Fernsehens (JSS) v. 10.12.2003 ist abrufbar unter http://www.ham-online.de/pdf/satzung_jugendschutz.pdf.

[122] Vgl. *Direktorenkonferenz der Landesmedienanstalten*, Pressemitteilung 16/2003 v. 18.12.2003 abrufbar unter http://www.alm.de.

[123] Vgl. Kommission für Jugendschutz, Pressemitteilung v. 22.12.2003, abrufbar unter http://www.alm.de.

bei dem Volljährige unter Vorlage ihrer Ausweispapiere eine zusätzliche Smart-Card erhalten, mit der sich in Verbindung mit einer Jugendschutz-ID die Verschlüsselung freischalten lässt.[124]

b) Die im Gesetzgebungsverfahren zum TKG noch sehr umstrittenen **Überwachungspflichten** haben für Kabelnetzbetreiber praktisch keine Bedeutung, wenn diese nur Verteildienste, also Rundfunk anbieten. Wenn allerdings auch Dienste der Individualkommunikation (z. B. Telefondienste, schneller Internetzugang) vermarktet werden, könnten sich vor allem Vorhalteverpflichtungen ergeben, die allerdings nach der Zahl der angeschlossenen Teilnehmer differenziert sind.[125]

---

[124] Vgl. Kommission für Jugendschutz, Pressemitteilung v. 22.12.2003, abrufbar unter http://www.alm.de.

[125] Vgl. *BMWA*, Dokumentation, S. 7.

7 Markttreiber und Markthemmnisse der Digitalisierung der Breitbandkabelnetze

Auf der Basis der Ergebnisse der vorangegangenen Arbeitsschritte werden in diesem Kapitel die zentralen Markttreiber und Markthemmnisse identifiziert und überblicksartig dargestellt. Die komprimierte Zusammenstellung der Ergebnisse der Kapitel zur Entwicklung der Digitalisierung, zur Marktentwicklung, zur Technik und zu den Nutzern zeigt, aus welchen Bereichen und von welchen Akteuren die momentan stärksten Impulse ausgehen und welche Faktoren die beginnende Dynamik bremsen.

Abbildung 28 zeigt die Markttreiber und Markthemmnisse im Hinblick auf die Digitalisierung der deutschen Kabel-TV-Netze im Überblick.

Abbildung 28: Markttreiber und Markthemmnisse im Überblick

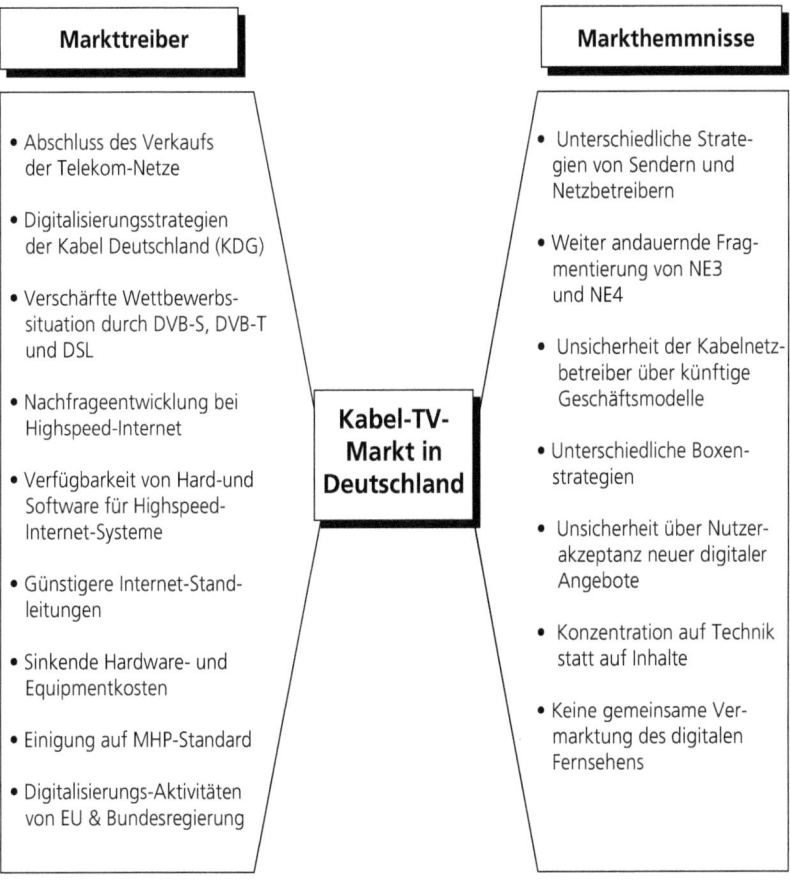

7.1 Markttreiber

Als wichtigste Markttreiber für die Digitalisierung des deutschen Kabels können die folgenden neun Faktoren genannt werden:

7.1.1 Abschluss des Verkaufs der NE-3-Netze der Deutschen Telekom an Investoren

Mit dem Abschluss des Verkaufs der verbliebenen Kabel-Regionalgesellschaften der Deutschen Telekom an eine ausländische Investorengruppe wurde ein Schlusspunkt unter die langjährigen Verkaufsverhandlungen und den damit verbundenen Stillstand beim Kabel gesetzt.

Die neu formierte Kabel Deutschland GmbH (KDG) versorgt direkt (über eigene NE-4-Netze) und indirekt (über andere NE-4-Betreiber) fast 10 Mio Wohneinheiten mit Kabelfernsehen. Eine weitere, sog. horizontale Konsolidierung des Kabelmarktes ist mit der Übernahme von Ish in Nordrhein-Westfalen, Kabel BW in Baden-Württemberg und Iesy in Hessen geplant. Sie wird als horizontal bezeichnet, weil sie ebenfalls die ehemaligen Telekom-Regionalgesellschaften betrifft, die hauptsächlich über NE-3-Netze verfügen. Die Übernahme steht unter dem Vorbehalt der kartellrechtlichen Genehmigung. Eine Entscheidung des Kartellamts wird im Oktober 2004 erwartet. Sollte die Genehmigung erteilt werden, würde Kabel Deutschland - wie ehemals die Deutsche Telekom - ca. 17 Mio Haushalte direkt oder indirekt mit Kabelfernsehen versorgen. Die Aktivitäten eines Unternehmens mit dieser Marktmacht werden naturgemäß sehr aufmerksam und kritisch von anderen Akteuren der Branche, insbesondere von NE-4-Betreibern, Programmanbietern und Verbraucherverbänden beobachtet.

Auch wenn eine Genehmigung durch das Kartellamt nicht erfolgen sollte, bleibt die KDG der größte Kabelnetzbetreiber in Deutschland. Eine grundlegende Änderung der Digitalisierungsstrategie auf Grund der Kartellamtsentscheidung ist nicht zu erwarten.

7.1.2 Digitalisierungsstrategien der Kabel Deutschland GmbH

Ein wichtiger Treiber der Digitalisierung ist die Kabel Deutschland selbst. Denn mit der Digitalisierung verbinden die Investoren und das neue Management die Hoffnung, neue Geschäftsmodelle einführen zu können, die das Unternehmen langfristig umsatzstärker und profitabler machen sollen. Da das Unternehmen die Kosten der Übernahme refinanzieren muss, ist außerdem ein baldiger Börsengang geplant. Voraussetzung für die Einführung neuer Geschäftsmodelle und die Vermarktung neuer Angebote an NE-4-Betreiber und Endkunden ist die möglichst rasche Durchsetzung des digitalen Standards bei der Programmübertragung sowie der Aufbau einer geeigneten Bezahlinfrastruktur für Mehrwertdienste.

Obwohl einzelne Aspekte der Digitalisierungsstrategie der KDG von verschiedenen Marktpartnern immer wieder unter Beschuss kommen, hat sich z. B. bei der Einigung mit ARD und ZDF über die Einspeisung öffentlich-rechtlicher Digitalbouquets gezeigt, dass die Firma zu Zugeständnissen bereit ist, wenn sie einer raschen Digitalisierung den Weg ebnen.

7.1.3 Verschärfter Wettbewerb auf Grund der Entwicklungen beim digitalen Satellitendirektempfang, bei DVB-T und DSL

Das deutsche Kabel sieht sich seit einiger Zeit einem verschärften Wettbewerb ausgesetzt, der von alternativen technischen Infrastrukturen ausgeht. Insbesondere die digitale Programmvielfalt beim Satellitendirektempfang lässt eine rasche Digitalisierung des Kabels als notwendig erscheinen, um nicht weiter Marktanteile zu verlieren. Die bessere digitale Bild- und Tonqualität, zusätzliche Spartenprogramme sowie gesunkene Kosten für digitale Satelliten-Empfangsanlagen werden als Gründe für die relativ schnelle Verbreitung von digitalem Satellitenfernsehen in Deutschland angegeben.

Auch DVB-T stellt mit über 20 frei empfangbaren digitalen TV-Programmen dort, wo es verfügbar ist, aus Kundensicht eine attraktive Alternative zum Kabel dar. Die ersten Ergebnisse aus der Pilotregion Berlin-Brandenburg, die darauf hindeuteten, dass sich insgesamt mehr Haushalte nach der Digitalumstellung des Antennenfernsehens dem Kabel oder Satellit zuwandten als umgekehrt, sollten nicht überinterpretiert werden. Obwohl unklar ist, welchen Anteil Primär- und Sekundär-TV-Geräte bei der DVB-T-Nutzung haben, ist mittelfristig eine Bewegung weg vom Kabel und hin zum terrestrischen digitalen Fernsehen denkbar.

Die rasante Verbreitung von Highspeed-Internet über DSL, insbesondere über die DSL-Variante „T-DSL" der Deutschen Telekom macht deutlich, dass der Wunsch nach individualisierbaren Medieninhalten in Deutschland vorhanden ist. Das Breitbandportal von T-Online, „T-Online Vision" vermarktet zunehmend Video- und Audiostreams und bedient so den Markt für Video-on-Demand bzw. Audio-on-Demand über das Telefonfestnetz. In anderen Ländern gilt dieser Markt wegen seiner Mediennähe als ureigene Domäne der Kabelnetzbetreiber.

7.1.4 Nachfrageentwicklung bei Highspeed-Internet

Nicht nur bei Video-on-Demand hat DSL momentan einen großen Vorsprung vor entsprechenden kabelnetzbasierten Angeboten. Auch bei den bloßen Internet-Anschlüssen liegt DSL deutlich vorn. Dabei wurde die Deutsche Telekom von der Nachfrage nach ungetakteten Internet-Verbindungen mit hohem Datendurchsatz und *Always-on*-Merkmalen regelrecht überrannt. Die meisten Prognosen gehen davon aus, dass eine Sättigung im Breitband-Internet-Markt noch nicht erreicht ist und sehen langfristig ein Breitband-Internet-Potenzial von mehr als 60 % aller Haushalte. Die Aussicht auf entsprechende Nachfrage im Internet-Bereich stellt einen starken Treiber für die Kabelnetzbetreiber dar, ihre Netze entsprechend aufzurüsten und Kabelmodemsysteme zu installieren.

7.1.5 Verfügbarkeit von Hard- und Software für Highspeed-Internet-Systeme für kleinere und mittelgroße Netze

In den letzten Jahren konnten viele kleine und mittelständische Kabelnetzbetreiber schnelle Internet-Zugänge über ihre Netze deshalb nicht anbieten, weil die entsprechenden Hardware- und Software-Komponenten (Switches, Router, Cable Modem Termination Stations sowie Software für Bandbreiten-Management, Billing und Customer-Care) zum Aufbau eines Kabelmodemsystems nicht verfügbar waren. Die am Markt verfügbaren Komponenten waren zu groß dimensioniert, da sie meist von US-amerikanischen Hersteller für die sehr viel größeren amerikanischen Kabel-Cluster entwickelt wurden.

Inzwischen bieten die großen Hersteller wie Cisco oder Motorola, aber auch kleinere Nischenhersteller entsprechende Komponenten auch für kleinere Netze an. Speziell auf kleine und mittelgroße Netzbetreiber ausgelegte Software wurde von innovativen deutschen Netzbetreibern, die sich bereits früh mit der neuen Technologie beschäftigten, teilweise selbst programmiert, weil auch hier über lange Zeit keine entsprechenden Produkte am Markt verfügbar waren. Diese Software und das gewonnene Know-how wird nun z. T. kommerziell vermarktet. Software- und Beratungsleistungen zum Aufbau und Betrieb von Kabelmodemsystemen haben sich für manche dieser innovativen Firmen inzwischen zu einem Zusatzgeschäft entwickelt.

7.1.6 Günstigere Internet-Standleitungen durch TK-Liberalisierung

Die Liberalisierung der Telekommunikation hat dafür gesorgt, dass auch im *Backbone*-Bereich Wettbewerb möglich wurde und verschiedene neue Anbieter auf den Plan getreten sind. Für kleinere und mittelgroße Netzbetreiber war es in der Vergangenheit schwierig, günstige, volumenbasierte Standleitungen für die Internet-Anbindung ihrer Kabelmodemsysteme zu bekommen. Rabatte, wie sie die Deutsche Telekom größeren Unternehmen für ihre Internet-Verbindungen gewährte, blieben den kleineren Kabelnetzbetreibern meist verwehrt. So konnten sie keine rentablen Kabelmodemsysteme aufbauen und zögerten lange mit den entsprechenden Hardware-Investitionen. Inzwischen gibt es alternative Telekommunikationsanbieter, City Carrier und Stadtwerke mit eigenen Glasfasernetzen, die den Kabelnetzbetreibern Internet-Standleitungen für die Anbindung ihrer jeweiligen Cable Modem Termination Station (CMTS) an das Internet zu attraktiven Preisen anbieten. Auch die Telekom selbst hat ihre Gebührenmodelle überarbeitet und stellt mittlerweile attraktive Preismodelle zur Verfügung.

7.1.7 Sinkende Hardware- und Equipmentkosten

Die Preise für Hardware und spezielles Equipment zum Aufbau einer digitalen Kabelkopfstation sind in den letzten Jahren dramatisch gesunken. Ähnlich wie bei PCs und anderen Elektronikgeräten gab es hier einen starken Preisverfall, der es nun möglich macht, auch in kleineren und mittelgroßen Kabelnetzen rentable neue digitale Angebote aufzusetzen. Die Entwicklung bei den Technikkosten ermöglicht es immer mehr NE-4-Betreibern, sich von der Signallieferung der KDG unabhängig zu machen und neue Angebote in Eigenregie oder in Kooperation mit anderen Marktpartnern zu entwickeln und zu vermarkten. Dabei betrifft der Preisverfall nicht nur das *Headend*-Equipment (Digitalkonverter für TV, CMTS usw.), sondern auch die Kunden-Endgeräte, d. h. die Decoderboxen und Kabelmodems.

Da digitale TV-Decoder im Wesentlichen aus den gleichen Komponenten wie PCs bestehen (Prozessor, SDRAM- und Flash-Memory, Konverter usw.), ist auch die Herstellung der Set-top-Boxen billiger geworden. Durch die erwartete Erhöhung der produzierten Stückzahlen können weitere Preiseffekte realisiert werden, so dass hochwertig ausgestattete Set-top-Boxen bereits mittelfristig unter 100 € im Handel angeboten werden können.

7.1.8 Einigung von Programmveranstaltern, Geräteindustrie und Netzbetreibern auf den MHP-Standard

In der „Mainzer Erklärung" verständigten sich die großen privaten und öffentlich-rechtlichen Fernsehsender, die Geräteindustrie und weitere Branchenbeteiligte bereits 2001 auf die Multimedia Home Platform (MHP) als verbindlichen Standard für interaktive digitale TV-Anwendungen. Diese Einigung wurde im Jahr 2004 durch die Vereinbarung eines Maßnahmenpakets zur Verbreitung und gemeinsamen Vermarktung dieses Standards ergänzt.

Von den Netzbetreibern liegen Erklärungen vor, MHP zu unterstützen. Die aktive Vermarktung von MHP-Boxen kann aber erst für den Fall erwartet werden, dass die Hardwarekosten für MHP-fähige Boxen sich denen einfacher Zapping-Boxen noch weiter angenähert haben. Die KDG hat sich in der Einigung mit ARD und ZDF vom März 2004 bereit erklärt, MHP-fähige Boxen in ihren Netzen zuzulassen und den Standard künftig aktiv zu unterstützen. Auch der Pay-TV-Anbieter Premiere wird sich mittelfristig MHP nicht verschließen können, obwohl der Sender momentan nicht zu den aktiven Unterstützern von MHP zählt. Insgesamt hat die MHP-Debatte der letzten Jahre zu einem breiten Konsens über einen offenen, diskriminierungsfreien Markt für interaktive Dienste auf der digitalen TV-Plattform geführt. Damit wurde proprietären Systemen, die lange Zeit eine dynamische Entwicklung eines Marktes für interaktive Dienste verhindert haben, letztlich eine Absage erteilt.

7.1.9 Digitalisierungs-Aktivitäten von EU-Kommission, Bundesregierung und Ländern

Die Aktivitäten der Bundesregierung und der Länder für die Digitalisierung der Rundfunkübertragung haben im Rahmen der „Initiative Digitaler Rundfunk" (IDR) und anderer Initiativen eine Dynamik in den Markt gebracht und können als weitere Treiber der Entwicklung genannt werden. Insbesondere bei der inselweisen Umstellung der Terrestrik hat die IDR in Kooperation mit den jeweiligen Landesmedienanstalten einen entscheidenden Impuls für die die Digitalisierung gesetzt. Hierbei haben sich feste Abschalttermine als erfolgreich erwiesen.

Die Aktivitäten der Bundesregierung und der Länder finden vor dem Hintergrund der Umsetzung von Vorgaben der EU-Kommission statt. Die IDR wird sich nun verstärkt der Digitalisierung des Kabels widmen und versuchen, mit ähnlichen „Fahrplänen der Digitalisierung" Einigkeit und Unterstützung in der Branche über Wege zur Digitalisierung zu erzielen. Obwohl offen ist, ob der anvisierte Termin 2010 für eine Analog-Abschaltung auch im Kabel angestrebt werden sollte, haben verschiedene Marktpartner diesen Zeithorizont bereits verinnerlicht und ihre Pläne bereits teilweise darauf ausgerichtet. Im Satellitenbereich streben z. B. ARD und ZDF an, die analoge Verbreitung ihrer Programme über Astra im Jahr 2010 auslaufen zu lassen und ab dann nur noch digital zu senden. Von dieser Entscheidung werden entsprechende Effekte auch auf den Kabelbereich erwartet.

7.2 Markthemmnisse

Auf der anderen Seite stehen die Markthemmnisse der Digitalisierung des deutschen Kabels, die sich in den folgenden sieben Punkten zusammenfassen lassen:

7.2.1 Unterschiedliche Digitalstrategien bei den großen Privatsendern und den Netzbetreibern

Die großen privaten Fernsehsender ProSiebenSat1 Media AG und die RTL Group haben sich bisher mit den Kabelnetzbetreibern noch nicht über die digitale Einspeisung ihrer Programme ins Kabel einigen können. Dies bedeutet, dass Haushalte mit entsprechenden Set-top-Boxen bislang zwar die digitalen Bouquets von ARD und ZDF, das Angebot von Premiere sowie einige zusätzliche Programme (z. B. Fremdsprachenpakete) empfangen können, nicht jedoch die Programme von RTL, Pro7, Sat1, RTL2, VOX etc. Für die Entwicklung eines digitalen Fernsehmarkts und die entsprechende Akzeptanz in den Haushalten ist das Fehlen der großen Privatsender im digitalen Kabel ein entscheidendes Hemmnis. Die Hintergründe für die unterschiedlichen Strategien werden im folgenden Kapitel näher beleuchtet.

7.2.2 Weiter andauernde Fragmentierung von NE-3 und NE-4

Trotz der geplanten Konsolidierung der Netze der ehemaligen Telekom-Regionalgesellschaften und der verstärkten Abkopplungsaktivitäten von NE-4-Betreibern bleibt die grundsätzliche Trennung von Netzebene 3 und 4 weiter erhalten. Vergleicht man die Situation im deutschen Kabelmarkt mit der in anderen Ländern, so zeigt sich, dass die Digitalisierung der deutschen Kabelnetze einen ungleich höheren Koordinationsaufwand erfordert und generell größere Konfliktpotenziale vorhanden sind als anderswo.

Für die NE-4-Betreiber bedeutet die Netzebenentrennung „erwünschter Wettbewerb" zum Nutzen der Kunden, d. h. der Wohnungswirtschaft und des Endkunden. Sie führen an, dass die Kabelgebühren dort, wo sich mehrere NE-4-Betreiber um Neuanschlüsse oder um die Übernahme von Gestattungsverträgen bewerben, die Gebühren für Kabelfernsehen niedriger sind als in Gebieten, wo es nur einen Netzbetreiber gibt.

Ein weniger überzeugendes Ergebnis der Netzebenentrennung ist dagegen die Tatsache, dass sich in diesem Umfeld eine Vielzahl kleinerer Netzbetreiber etabliert hat, die sich als reine technische Infrastrukturanbieter sehen und denen Kapazitäten fehlen, um neue Angebote wie z. B. Breitband-Internet-Zugänge oder neue Pay-TV-Angebote zu entwickeln bzw. auf ihrer Plattform zu vermarkten. Und auch den mittelgroßen Netzbetreibern fehlt es heute noch vielfach an finanzieller und personeller Kapazität, um eigene Medienaktivitäten zu entwickeln. Zwar gibt es eine Reihe von Ausnahmen und auch Beispiele für innovative und perspektivisch operierende NE-4-Betreiber. Auch die Erstellung von digitalen Fremdsprachenprogrammen kann hier als Ausnahme gesehen werden. Allerdings haben die meisten NE-4-Betreiber nicht die kritische Größe, die es ihnen erlauben würde, mit national agierenden Programm- und Inhalteanbietern sowie Geräteherstellern auf Augenhöhe zu verhandeln. Eine Möglichkeit bestünde in Zusammenschlüssen oder Arbeitsgemeinschaften innovativer Netzbetreiber. Dies hat sich jedoch in der Vergangenheit als schwierig erwiesen.

Eine andere prinzipielle Möglichkeit, die Netzebenentrennung zu überwinden, besteht im Aufkauf von NE-4-Netzen durch die KDG (vertikale Konsolidierung). Dies ist jedoch aus kartellrechtlichen Gründen problematisch und wurde dort, wo es bereits versucht wurde, von den Verbänden der NE-4-Betreiber heftig kritisiert. Die Verbände haben angekündigt, dass sie jede Aktivität der KDG in diese Richtung beim Kartellamt prüfen lassen werden und berufen sich auf das Liberty-Urteil, das die Trennung der Netzebenen festgeschrieben habe.

Zur Überwindung der Netzebenentrennung bleibt deshalb neben der verstärkten Kooperation der NE-4-Betreiber untereinander nur die Kooperation zwischen NE-3 und NE-4. Die NE-3-Betreiber und insbesondere die KDG haben inzwischen verschiedene Kooperationsmodelle für NE-4-Betreiber und die Wohnungswirtschaft zur Vermarktung neuer Angebote vorgelegt. Inwieweit diese Modelle von den NE-4-Betreibern akzeptiert werden und zu welchen Veränderungen des Marktes dies langfristig führen wird, kann derzeit noch nicht abschließend beurteilt werden.

7.2.3 Unsicherheit der Kabelnetzbetreiber über künftige Geschäftsmodelle

Der Versuch der großen NE-3-Betreiber und insbesondere der KDG, im digitalen Kabel ein neues Geschäftsmodell einzuführen, das über das bekannte Transportmodell hinausgeht, hat bei vielen NE-4-Betreibern große Unsicherheit ausgelöst. Die Absicht der KDG, die digitale Kabelplattform zu einem „Medien Kiosk" auszubauen, in dem der Netzbetreiber Programme und Inhalte selbst zusammenstellt und individuell an die Endkunden vermarktet, lässt die Frage aufkommen, welche Zukunft das bisherige Transportmodell noch hat und wie die Erlösströme der NE-4-Betreiber in Zukunft aussehen können. Auch hier wird es darauf ankommen, wie die von der KDG vorgeschlagenen Kooperationsmodelle von den NE-4-Betreibern aufgenommen und adaptiert werden.

7.2.4 Unterschiedliche Boxenstrategien

Die Unsicherheiten hinsichtlich eines künftigen Decodermarktes stellen ein weiteres Hindernis für eine rasche Digitalisierung dar. Insbesondere ist die Frage offen, ob es künftig eine einheitliche Pay-Infrastruktur mit CA-fähigen Boxen geben wird, oder ob die Digitalwelt eine Free-TV-Welt sein wird, in der sich Pay-Angebote weiterhin nur in Nischen entwickeln können. Diese Frage ist in Deutschland eng mit der Frage der Verschlüsselung der großen Privatsender verknüpft. Kabel Deutschland hat angekündigt, alle digitalen Programme mit Ausnahme der öffentlich-rechtlichen mit einer Verschlüsselung zu belegen und die Ausgabe von Smart-Cards an die Haushalte zur Voraussetzung des Empfangs digitaler Fernsehprogramme zu machen.

Da die SmartCards von der KDG oder ihren Vermarktungspartnern ausgegeben werden, würde dies bedeuten, dass die KDG Endkundenbeziehungen mit fast allen Haushalten aufbauen würde. Zunächst nur für das Pay-Angebot der KDG, später evtl. - so die Befürchtung vieler NE-4-Betreiber - auch für den Bezug aller Signale.

Die NE-4-Betreiber lehnen deshalb die Grundverschlüsselung in der aktuellen Planung ab und fordern eine 1:1-Übertragung der analogen Programmwelt ins digitale Zeitalter und verweisen auf die Situation beim unverschlüsselten Satellitendirektempfang. Für die KDG eröffnet die Verschlüsselung und die damit mögliche direkte Adressierung - sowohl in technischer Hinsicht als auch im Sinne einer direkten Ansprache per Post oder Telefon für Marketingmaßnahmen und Abrechnungen - die Möglichkeit, über neue Angebote und Mehrwertdienste zusätzliche Umsätze zu generieren.

7.2.5 Unsicherheit über Nutzerakzeptanz neuer digitaler TV-Angebote und interaktiver TV-Dienste

Für alle Marktakteure ist im Moment unklar, ob und in welchem Umfang digitale TV-Angebote sowie neue, interaktive TV-Dienste am Markt letztlich nachgefragt werden. Während die Nachfrage der Kunden bei Highspeed-Internet-Angeboten über das Kabel als sicher angesehen werden kann, ist dies bei neuen und evtl. bezahlpflichtigen TV-Angeboten eher ungewiss. Insbesondere vor dem Hintergrund eines bestehenden vielfältigen analogen Programmumfelds dürfte die Argumentation für einen (kostenpflichtigen) Digitalumstieg schwer fallen. Attraktive, qualitativ hochwertige Inhalte, die es nur im digitalen Kabel gibt, könnten hier einen Ausweg darstellen. Auch die Möglichkeit, sich spontan für den Abruf einer Sendung oder eines Films zu entscheiden, könnte dem Abo-Fernsehen neue Impulse verleihen.

Inwiefern sich weitere zielgruppenspezifische Programme erfolgreich vermarkten lassen, bleibt abzuwarten. Bei digitalen Spartensender ist zu beachten, dass sie schon mit einer relativ geringen Abonnentenzahl profitabel sein können und dass sie über die reine Werbung hinaus weitere Finanzierungsmöglichkeiten in größerem Umfang nutzen können, als dies z. B. die großen Privatsender können.

Bei der Abschätzung der Erfolgschancen für interaktive Zusatzdienste kommt als Schwierigkeit hinzu, dass es sich um relativ wenig bekannte Erfahrungsgüter handelt: Die Nutzer können den möglichen Mehrwert des jeweiligen Angebots für sich nur dann einschätzen, wenn sie erste eigene Erfahrungen damit gemacht haben. Die grundsätzliche Bereitschaft der Fernsehzuschauer, interaktive Dienste am TV-Bildschirm zu nutzen, sollte jedoch nicht grundsätzlich negiert werden. Einige Studien kommen in diesem Zusammenhang stets zu sehr pessimistischen Prognosen, weil sie die Passivität der Fernsehzuschauer als unveränderliche Konstante der Mediennutzung unterstellen. Der große Erfolg des interaktiven Mediums „Internet" sollte hier Anlass zu mehr Optimismus geben. Allerdings ist die Einführung und Vermarktung interaktiver TV-Dienste aufwändiger und längerfristig zu betrachten. Sie erfordert darüber hinaus spezifische Marketingmaßnahmen und besondere Kreativität bei der Inhalteerstellung.

7.2.6 Konzentration auf Technik statt auf Inhalte im Bereich Highspeed-Internet über Kabel

Ein Hindernis für die schnelle Verbreitung von Highspeed-Internet (HSI) über Kabel ist das bisher eher unterentwickelte Inhalteumfeld. Betrachtet man die Internet-Portale der bestehenden Kabelmodemangebote, so fällt auf, dass kaum eigene redaktionelle Inhalte eingestellt werden. Meist handelt es sich um Linksammlungen zu regionalen Anbietern oder um statische Informationsseiten, die das Potenzial breitbandiger Internetverbindungen jedoch nicht ausschöpfen. Auch Inhaltepartnerschaften mit Drittanbietern sind im bestehenden Breitband-Umfeld in Deutschland selten. Entsprechend konzentriert sich die Vermarktung auf technische Merkmale der Highspeed-Anbindung über Kabel (kein Einwahlvorgang, *always-on*, volumenabhängige Tarifierung usw.).

Die Unterprofessionalisierung bei den Inhalten im Kabel-HSI-Bereich wird besonders deutlich, wenn man die Portale der Kabelnetzbetreiber mit denen der DSL-Anbieter vergleicht. Die DSL-Anbieter waren in den letzten Jahren sehr aktiv bei der Entwicklung neuer Medienangebote über die HSI-Plattform. Sie sind heute in der Lage, immer mehr konvergente Medienangebote wie z. B. Video-on-demand über *Streaming* und andere Technologien anzubieten.

Im Kabelmodem-Bereich wird durch die momentane Vernachlässigung des Inhalte-Bereichs das Marktpotenzial auf die Zielgruppe der technisch versierten *Early Adopters* begrenzt. Dies schließt die an E-Commerce und Unterhaltung bzw. an stärker vorstrukturierten Inhalten Interessierten weitgehend aus (vgl. Beckert, Kubicek 2000).

7.2.7 Keine gemeinsame Vermarktungsplattform für das digitale Fernsehen

Die Informations- und Vermarktungsaktivitäten für das digitale Fernsehen im Kabel beschränken sich momentan auf einzelne Programmanbieter (z. B. ARD/ZDF und Premiere). Kabel Deutschland hat angekündigt, dass sie für das Basic-Angebot, in dem alle frei empfangbaren digitalen Fernsehprogramme gebündelt werden, keine separaten Vermarktungsaktivitäten vorsehen wird. Stattdessen will sich die KDG ganz auf die Vermarktung der neuen gebührenpflichtigen Abo-Kanäle konzentrieren. Auch die NE-4-Betreiber haben bisher wenig Kommunikationsmaßnahmen für die bereits verfügbaren Digitalprogramme vorgesehen.

Für interaktive Zusatzanwendungen auf MHP-Basis haben die Gerätehersteller und verschiedene Programmanbieter im März 2004 eine Entwicklungs- und Vermarktungskampagne angekündigt. Mit unterschiedlichen Aktionen sollen MHP-Boxen und MHP-Anwendungen unterstützt werden. Obwohl dies ein erster Schritt ist, fehlt insgesamt eine umfassende Marketing- und Kommunikationsstrategie für das digitale Fernsehen in Deutschland. Da es sich hierbei um ein erklärungsbedürftiges Produkt handelt und in der Bevölkerung Digitalfernsehen noch immer weitgehend mit Pay-TV gleichgesetzt wird, stellt das Fehlen einer gemeinsamen Marketingstrategie ein zentrales Hindernis dar.

Der Überblick über die generellen Markttreiber und Markthemmnisse diente der Einführung in die spezifischen Problemfelder, die im Folgenden als „Meilensteine" detaillierter dargestellt werden. Erwartungsgemäß überschneiden sich die identifizierten Markthemmnisse mit den „Meilensteinen", die von den Marktpartnern gemeinsam angegangen werden müssen, um eine Digitalisierung der Kabelnetze zu erreichen. Sie sind allerdings nicht komplett deckungsgleich, weil einige Markthemmnisse eher langfristigen Charakter haben, wohingegen die „Meilensteine" durchweg kurz- und mittelfristige gemeinsame Lösungen erfordern.

8 Meilensteine der Digitalisierung in Deutschland

Der analytische Blick auf Markttreiber und Markthemmnisse hat gezeigt, dass es eine Vielzahl von Problemfeldern gibt, die sich aus der Geschichte des deutschen Kabel-TV-Netzes ergeben. Besondere Brisanz erhalten einige dieser Problemfelder im Zuge der von den meisten Akteuren beabsichtigten *raschen* Digitalisierung. Dies bedeutet, dass einige der generellen Markthemmnisse bereits kurz- bis mittelfristig über konkrete und von allen Marktbeteiligten getragenen Lösungen ausgeräumt werden müssen, um bei der Digitalisierung gemeinsam voranzukommen. Allerdings ist es prinzipiell auch denkbar, dass sich ein starker Akteur oder eine Gruppe von Akteuren durchsetzen kann und dennoch - oder gerade deshalb - eine rasche Digitalisierung erreicht wird.

Um zu zeigen, für welche Bereiche Lösungen gefunden werden müssen und welche Teil-Etappen absolviert werden müssen, um schließlich bei einer vollständigen Digitalisierung anzukommen, wurden zunächst sieben Meilensteine festgelegt. Die Festlegung erfolgte auf der Basis der in Kapitel 2 bis 5 beschriebenen Entwicklungen.

Auf einem Expertenworkshop im April 2004 sowie im Rahmen von anschließenden Interviews mit Marktakteuren wurde die Strukturierung entlang der vorgeschlagenen Meilensteine ausführlich diskutiert. Die Kommentare und Ergänzungen wurden entsprechend in die Beschreibung der Meilensteine eingearbeitet. Außerdem wurden aktuelle Entwicklungen im deutschen Kabelmarkt bis August 2004 aufgenommen. Bei den sieben Meilensteinen der Digitalisierung, wie sie in dieser ersten Runde entwickelt wurden, handelt es sich im Einzelnen um:

1 Neue Inhalte und neue Anbieter auf der digitalen Kabel-TV-Plattform

2 Boxenfrage und MHP-Standard

3 Adressierbarkeit und Einspeisung der großen Privatsender

4 Netzausbau

5 Kooperationen zwischen NE-3- und NE-4-Betreibern

6 Kundennachfrage und Dauer der Simulcast-Phase

7 Gemeinsames Kommunikationskonzept

Im Folgenden werden diese zentralen Problemfelder kurz erläutert, der aktuelle Entwicklungsstand dargestellt und die Positionen der jeweils betroffenen Akteure referiert.

Die Darstellung der Positionen der Akteure basiert auf offiziellen Stellungnahmen, Pressemeldungen, Statements bei Veranstaltungen und persönlichen Interviews. Die Beschreibung der Akteurspositionen beginnt häufig mit der Position der Kabel Deutschland GmbH, da wesentliche Marktveränderungen momentan von diesem Akteur ausgehen. Die Positionen anderer Akteure werden oft erst durch die Reaktion auf die Marktstrategien der KDG deutlich.

Die Reihenfolge der Darstellung der Meilensteine ist in diesem Kapitel ohne Bedeutung. Denn es geht hier zunächst um die bloße Beschreibung der Problemfelder und die Darstellung der Positionen und Strategien der Akteure (vgl. Abb. 29).

Abbildung 29: Identifizierung der Meilensteine für die Digitalisierung (ohne inhaltliche oder zeitliche Zuordnungen)

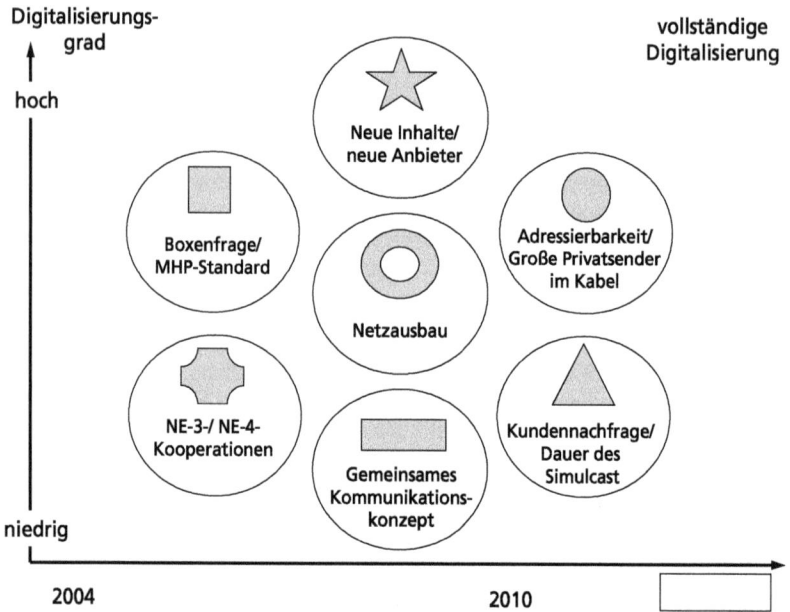

Wie die Meilensteine miteinander zusammenhängen, welche Reihenfolge der Lösung sinnvoll erscheint und welche Zeiträume zugrunde gelegt werden sollten, wird dann in einem zweiten Schritt beantwortet werden. Die inhaltliche Gruppierung der Meilensteine und ihre Anordnung auf der Zeitachse ist Gegenstand des anschließenden Kapitels, in dem das Umstiegsszenario entwickelt wird.

8.1 Neue Inhalte und neue Anbieter auf der digitalen Kabel-TV-Plattform

Bereits heute zeigt sich, dass mit der Digitalisierung der deutschen Kabelnetze in den nächsten Jahren neue Anbieter und neue Inhalte Einzug im deutschen Kabel halten werden. Dies betrifft zum einen zusätzliche TV-Programme, meist in Form von *Special-Interest*-Programmen, Themenkanälen oder Spartenprogrammen, die entweder als Pakete (Nachrichten-, Spielfilm- oder Sportpaket) oder im Einzelabo bzw. im Pay-per-View-Verfahren vermarktet werden. Auch als zusätzliche Free-TV-Angebote im Rahmen des digitalen Grundangebots des Kabelbetreibers sind solche neuen *Special-Interest*-Programme denkbar.

Zum anderen betrifft die neue Angebotsvielfalt interaktive Zusatzdienste wie personalisierbare EPGs, multimedial aufbereitete Zusatzangebote zur laufenden Sendung oder T-Commerce-Angebote, die Bestellungen aus einer Sendung oder einem Werbeblock heraus ermöglichen. Auch E-Mail-Dienste über das Fernsehgerät oder vernetzte Videospiele sind hier denkbar. Insbesondere im Bereich der interaktiven Dienste wird eine Vielzahl neuer Anbieter und Anwendungen erwartet. Voraussetzung ist die weitgehende Aufrüstung der Kabelnetze, mit der entsprechende Rückkanäle für echte Interaktivität zur Verfügung gestellt werden.

Rückkanalfähigkeit ist auch eine Voraussetzung für das Entstehen einer Anbieter- und Angebotsdynamik im dritten Bereich, dem Bereich Highspeed-Internet über Kabel. Hier könnte ähnlich wie bei DSL die Entwicklung stärker in Richtung Online-Unterhaltung und konvergente Medienangebote gehen, so dass sich hier neue Marktakteure im Schnittfeld von Online und Fernsehen etablieren können.

Die entscheidende Herausforderung für die Regulierung besteht darin, den offenen und diskriminierungsfreien Zugang für alle Inhalte- und Diensteanbieter auf der digitalen TV-Plattform zu gewährleisten. Denn die Netzbetreiber können den Zugang unabhängiger Anbieter zur digitalen Kabelplattform durch technische oder organisatorische Hürden verhindern. Oder sie können den Zugang mit prohibitiv hohen Kosten belegen, so dass ein Markteintritt praktisch unmöglich wird.

Eine neue Angebotsvielfalt, die das technische Potenzial des Kabel-TV-Netzes nutzt, kann nur dann entstehen, wenn über die etablierten Akteure hinaus neue Anbieter auch aus anderen Bereichen (Internet Service Provider, TK-Unternehmen, Software-Firmen, unabhängige Medienfirmen, regionale Rundfunksender usw.) die Chance bekommen, die neue Plattform zu fairen Bedingungen zu nutzen.

Neue TV-Programme

Betrachtet man die Situation im Inhaltebereich, so zeigt sich, dass die größte Dynamik momentan im Bereich der neuen Sparten-TV-Programme besteht. Alle großen Kabelnetzbetreiber suchen neue, möglichst attraktive und exklusive Inhalte für ihre digitale Plattform.

Bislang speisen die Netzbetreiber digital die öffentlich-rechtlichen Bouquets, das Angebot von Premiere und eine Reihe ausländischer Programme ein. Jenseits der *must carry*-Bereiche können die Netzbetreiber eigene Digitalpakete zusammenstellen, die gegen eine Sondergebühr angeboten werden oder im Rahmen des digitalen Grundangebots zur Verfügung gestellt werden. Die Medienanstalten sorgten 2004 für eine rasche medienrechtliche Zulassung einer Vielzahl neuer digitaler Programme.

Während die Netzbetreiber durch die Einspeisung zusätzlicher *Special-Interest*-Programme den Kabelanschluss insgesamt attraktiver machen wollen, suchen Filmhändler, Rechteinhaber und kommerzielle Sender neue Vermarktungsmöglichkeiten und Abspielkanäle für ihre Programme. Handelt es sich dabei um Premium-Inhalte, erfordert die Vermarktung eine Pay-Infrastruktur, d. h. der Netzbetreiber muss die technische Infrastruktur für die individuelle Freischaltung und Abrechnung der Programme vorhalten.

Die KDG und andere Netzbetreiber sind in laufenden Verhandlungen mit verschiedenen nationalen und internationalen Inhalteanbietern über die digitale Einspeisung ihrer Programme. Dabei kommt es in einzelnen Fällen bei als besonders attraktiv eingeschätzten Programmen zu einer Umkehrung der bisherigen Geschäftsmodelle. Denn für hochwertige und exklusive Inhalte sind die Netzbetreiber offenbar bereit, die Sender zu bezahlen, damit sie solche Programme ihren Kabelkunden anbieten können. Dies bedeutet eine partielle Umkehrung der Erlösströme. Traditionell bezahlen in Deutschland die Sender die Netzbetreiber für den Transport ihrer Inhalte. Auf neue Geschäftsmodelle bei Netzbetreibern und Sendern wird im Meilenstein „Adressierbarkeit/Große Privatsender im Kabel" näher eingegangen.

Neue interaktive Dienste

Aktuell ist der Bereich der interaktiven Dienste über die digitale Kabel-Plattform noch nicht sehr weit entwickelt. Dies betrifft zum einen die programmbegleitenden interaktiven Dienste (z. B. multimedial aufbereitete Zusatzinformationen zum laufenden Programm, Ratespiele mit Bezug zur laufenden Sendung usw.) und in noch stärkerem Maße die programmunabhängigen Dienste (Wetten, Shopping, E-Mail usw.).

Aber wie ein Blick auf reifere Digital-TV-Märkte wie Großbritannien oder USA zeigt, könnte auch in Deutschland eine Reihe innovativer Firmen entstehen, die neue interaktive Formate entwickeln und an die Programmanbieter vermarkten oder sie selbständig über eine Kabelplattform anbieten. Die Einigung der Branche auf MHP als technischen Standard für interaktive Anwendungen erleichtert prinzipiell das Entstehen eines vielfältigen Anbietermarktes für interaktive TV-Dienste in Deutschland. Viele mögliche Anwendungen bedürfen allerdings einer rückkanalfähigen Kabelinfrastruktur, die zum großen Teil erst aufgebaut werden muss.

Internet-Dienste über das TV-Kabel

Der Bereich der Internet-basierten Dienste über das TV-Kabel (Highspeed-Internet-Zugang, Streaming Video, IP-Telefonie usw.) ist in Deutschland im Vergleich zu anderen Ländern bekanntermaßen stark unterentwickelt. Lange Zeit haben sich hier die besonderen Strukturbedingungen des deutschen Kabels und die Verkaufsstrategie der Deutschen Telekom hemmend auf die Entwicklung ausgewirkt.

Die aktuelle Situation ist dadurch gekennzeichnet, dass es nur in wenigen, meist großstädtischen Gebieten Internet-Angebote über das Breitbandkabelnetz gibt. Unter den kleinen und mittelständischen Kabelnetzbetreibern gibt es eine Reihe innovativer Unternehmen, die über ihre integrierten Netze Highspeed-Internet-Anschlüsse anbieten. Sie können aber meist nicht die Größenvorteile realisieren, die notwendig wären, um erfolgreich gegen DSL anzutreten. Bei den größeren überregionalen Netzbetreibern werden Kabelmodemsysteme bereits seit einigen Jahren im Rahmen von Pilotprojekten getestet. Eine Ausdehnung der Pilotregionen auf größere Gebiete ist lange Zeit u. a. an der fehlenden Aufrüstung der NE-3 gescheitert.

Auf der anderen Seite haben Ish, Iesy und Kabel BW in den letzten Jahren die Aufrüstung ihrer NE-3-Netze oft ohne Absprache mit der NE-4 betrieben, so dass Kabelmodemangebote nicht wie geplant bei den Endkunden vermarktet werden konnten. Hier ist in den letzten Monaten zu beobachten, dass verstärkt zu Kooperationen kommt. Die Kabelmodemprodukte werden dann z. B. unter der Bezeichnung „InfoCity powered by Ish" angeboten (siehe Technikkapitel).

Kabel Deutschland bietet seit Anfang 2004 in einigen Städten schnelle Internetzugänge über Kabel an und geht ebenfalls Kooperationen mit NE-4-Betreibern ein, wo der direkte Kundenkontakt fehlt. Eine flächendeckende Netzaufrüstung ist nicht geplant, stattdessen sollen Netzcluster bedarfsorientiert aufgerüstet werden.

Prinzipiell könnte ein forcierter technischer Ausbau der Kabelnetze dazu führen, dass sich im Bereich der Internet-basierten Dienste über das Kabel eine große Dienste- und Anbieterdynamik entwickelt. Denn neben der Vermarktung des schnellen Zugangs zum Internet können über Kabelmodemsysteme - genauso wie über DSL - neue Medieninhalte und Mehrwertdienste angeboten werden. Zur Entwicklung solcher Angebote fehlt den Kabelnetzbetreibern aber meist das entsprechende Know-how. Dieses könnte durch Kooperationen mit Medienfirmen und Inhalteanbietern, wie z. B. mit bestehenden Breitband-Portalanbietern, ausgeglichen werden. Der Blick über die nationalen Grenzen oder auch auf die Entwicklung im DSL-Umfeld zeigt, dass das Potenzial der Breitband-Internet-Entwicklung im deutschen Kabel noch lange nicht ausgeschöpft ist. Eine kreative Nutzung der vorhandenen technischen Plattform könnte auch bedeuten, dass sich bisher „kabelfremde" Player in diesem Bereich engagieren. So sieht sich z. B. T-Online nicht als Konkurrent, „sondern als Partner der Kabelnetzbetreiber" (Wagner 2004, S. 112). Offenbar kann man sich bei T-Online vorstellen, das Breitband-Portal T-Online-Vision (www.t-vision) auch den Kabel-Internet-Nutzern anzubieten.

Sobald die Kabelnetzbetreiber IP-Infrastrukturen aufgebaut haben, sind auch Telefondienste als Voice over IP (VoIP) über das Kabel möglich. Inzwischen sind technische Komponenten verfügbar, die sich entsprechend der jeweiligen Netzgröße skalieren lassen und mit denen die für VoIP notwendige „Quality of Service" kostengünstig realisiert werden kann. Kabeltelefonie wird bisher nur von wenigen innovativen NE-4-Betreibern angeboten. Die großen Netzbetreiber sind von ihren ursprünglichen Plänen für das sog. Triple Play (Digital-TV, Breitband-Internet, Kabeltelefonie) in den Jahren 2000 bis 2002 weitgehend abgerückt. Eine Ausnahme bildet hier Kabel BW: Das Unternehmen bietet VoIP in allen aufgerüsteten Gebieten an.

Auf die Chancen, die die Digitalisierung des Fernsehens und insbesondere des Kabelnetzes für die Entfaltung einer neuen Dynamik im IuK-Umfeld, d. h. in den Branchen Consumer Electronics, Netzausrüstung und Internetwirtschaft haben, haben sowohl die Wissenschaft (z. B. Welfens et al. 2004) als auch die Politik (z. B. BMWA 2004) hingewiesen. Von den an der Digitalisierung des Kabels unmittelbar beteiligten Akteure wird diese übergeordnete Dimension des Umstiegs oft nicht gesehen. Deshalb können hier auch keine Positionen der Akteure zu diesem Meilenstein referiert werden. Es besteht jedoch weitgehende Einigkeit bei den Kabelnetzbetreibern, dass neue, attraktive Inhalte notwendig sind, um die Kunden zum Umstieg in die digitale Welt zu bewegen. Inwiefern sie dann tatsächlich offen sind für die Beteiligung unabhängiger und möglicherweise „kabelfremder" Anbieter, muss sich erst erweisen.

8.2 Boxenfrage und Standard für interaktive Anwendungen

Boxenfrage

Entgeltpflichtige Angebote auf der digitalen TV-Plattform werden in der Regel verschlüsselt ausgestrahlt und können nur von jenen Nutzern entschlüsselt werden, die diese abonniert und bezahlt haben. Für alle anderen Zuschauer bleibt der Bildschirm schwarz. Verschlüsselungssysteme, sog. Conditional Access (CA)-Systeme sind elektronische Komponenten in der Set-top-Box, die für die Entschlüsselung der codierten TV-Signale sorgen. Das Entschlüsselungsmodul besteht aus zwei Komponenten, dem CA-Entschlüsselungsmodul und der Smart-Card zur Freischaltung der Dienste. Das CA-System im Decoder muss dabei dem System entsprechen, das der Betreiber des Pay-Programms benutzt (z. B. Nagravision). Es stellt gewissermaßen das Gegenstück zum Schlüssel des Betreibers dar. CA-Systeme werden von verschiedenen Herstellern wie z. B. Cryptoworks, Irdeto-Access oder Viaccess angeboten. Sowohl im Hinblick auf eine einfache und damit kostengünstige Ausstattung der Boxen als auch hinsichtlich der Verschlüsselungskosten für die Sender und Inhalteanbieter wäre es wünschenswert, wenn sich die Branche auf ein einziges Verschlüsselungssystem einigen würde, das standardmäßig in alle Boxen integriert werden könnte (embedded CA). Dann müssten nur noch die Karten ausgetauscht werden, wenn sich der Nutzer für den Wechsel zu einem anderen Programmanbieter entscheidet.

Wegen der teilweise lang laufenden Serviceverträge und der historisch gewachsenen engen Kooperationsbeziehungen zwischen den verschiedenen Programmanbietern und den Verschlüsselungsherstellern ist eine kurzfristige Einigung der Branche auf ein einziges Verschlüsselungssystem sehr unwahrscheinlich. Dass der DVB-Standard keine einheitliche Verschlüsselungstechnik vorschreibt, kann als „Geburtsfehler" von DVB angesehen werden. Dieser hat dazu geführt, dass es heute hinsichtlich der Verschlüsselung zwei Klassen von digitalen Empfangsgeräten gibt: Free-TV-Boxen, die verschlüsselte Programme nicht entschlüsseln können und CA-Boxen, die dies zwar können, aber meist auf ein einziges Verschlüsselungssystem festgelegt sind (siehe auch Technikkapitel 4.5). Beide Techniken sind gleichermaßen als integrierte Techniken in TV-Geräten denkbar als auch als separate Set-top-Boxen.

Damit unterschiedlich verschlüsselte Programme mit ein und derselben Box genutzt werden können, gibt es die Möglichkeit, die Box mit entsprechenden Entschlüsselungsmodulen nachzurüsten. Über ein fest in der Box verankertes Verschlüsselungssystem hinaus kann ein zweites oder drittes Verschlüsselungssystem genutzt werden, sofern spezielle Steckkarten (Common Interface-Module) von den

Nutzern in die Box eingeschoben werden. Dazu muss die Box über mindestens einen sog. CI-Slot verfügen. Die CI-Variante ist im Vergleich zur Embedded-CA-Variante technisch aufwändiger und kostenintensiver.[126]

Trotzdem wird die CI-Variante von einigen Akteuren als notwendig erachtet, um unterschiedlichen Anbietern die Chance zu eröffnen, in Eigenregie neue Angebote in den Markt zu bringen. Für die Vertreter dieser Position stellt letztlich nur eine Box mit CI-Schacht eine offene und diskriminierungsfreie Plattform dar, da jedem Plattformbetreiber zunächst unterstellt wird, die eigenen Angebote zu bevorzugen und gegen die Konkurrenz zu schützen.

Derzeit sind in Deutschland drei verschiedene CA-Systeme im digitalen Kabel im Einsatz: Premiere, KDG und Ish verschlüsseln ihre Pay-Programme mit der sog. Aladin-Version von Nagravision, PrimaCom und das neue digitale Paket „Kabel!Vision" verschlüsseln mit Cryptoworks und das Fremdsprachenpaket der Serviceplattform VisaVision (Eutelsat), das ebenfalls zu einem Premium-Angebot ausgebaut werden soll, benutzt Conax.

Eine interessante Entwicklung bahnt sich im Bereich der Fremdsprachenprogramme an: Damit Abonnenten des VisaVison-Pakets mit der selben Box in Zukunft auch die Pay-Programme von Premiere und anderer Anbieter nutzen können, sind Boxen in Planung, die neben embedded Conax auch einen CI-Schacht enthalten sollen, mit dem Programme abonniert werden können, die andere Verschlüsselungssysteme benutzen.

Aber auch die KDG hat angekündigt, Boxen mit CI-Slot zu zertifizieren und auf ihren Netzen zuzulassen. Bis Ende 2004 sollen die entsprechenden CI-Spezifikationen erarbeitet werden, die es den Boxenherstellern ermöglichen werden, Boxen auf den Markt zu bringen, die sich für Pay-Angebote verschiedner Plattformbetreiber eignen. Momentan sind die KDG-Boxen mit embedded Nagra ausgestattet. Als erste Box einer geplanten vielfältigen „Boxenfamilie" wurde im Juli 2004 die Pace Box DC220KKD auf den Markt gebracht. Die KDG hatte 100.000 dieser Boxen beim Hersteller Pace geordert. Die Pace-Box wurde anfangs für 129 € vom Vertriebspartner Electronic Partner (EP) angeboten, inzwischen liegen die Kosten für die Box bei 99 € und darunter.

---

[126] Über die dargestellten Verschlüsselungs-Methoden hinaus gibt es prinzipiell die Möglichkeit, mehrere CA-Systeme mit einer einzigen Smart-Card zu entschlüsseln, das sog. Simulcrypt. Simulcrypt-Verfahren werden heute von den Pay-TV-Sendern benutzt, die von einem Verschlüsselungssystem auf ein anderes wechseln wollen und die in der Übergangszeit weiterhin Boxen ansprechen wollen, die nur für das alte System ausgelegt sind. Prinzipiell wäre es mit Hilfe des Simulcrypt-Verfahrens möglich, auf der Kabelplattform unterschiedliche Pay-Sender mit unterschiedlichen CA-Systemen einzuspeisen und die Kunden müssten zum Empfang beider Pakete trotzdem nur eine Smart-Card besitzen. Allerdings wären durch den Einsatz dieses technischen Verfahrens die grundsätzlichen Fragen der Diskriminierungsfreiheit und Zugangsoffenheit nicht gelöst, d. h. es müsste trotzdem darüber verhandelt werden, wer die Karte ausgibt (Sender oder Netzbetreiber), wer über die Kundendaten verfügt, wer die Freischaltung übernimmt und wer das Entgelt bei den Kunden einzieht.

Es bleibt abzuwarten, wann und inwieweit CI-Lösungen realisiert werden können und in welchem Umfang sie von den Kunden nachgefragt werden. Eine wichtige Rolle spielen hier die Preise für die Boxen und die Frage, welche Strategien die Netzbetreiber verfolgen, um die Boxen in die Haushalte zu bekommen.

Hierfür gibt es verschiedene Ansätze, die von der Etablierung eines reinen Kaufmarktes über die (Teil-)Subventionierung der Box bei Abschluss eines Abonnements, verschiedener Miet- und Leasingmodelle bis hin zur kostenlosen Überlassung der Box durch den Plattformbetreiber reichen.

Deutscher Kabelverband

Der Deutsche Kabelverband hat bereits im Dezember 2003 angekündigt, dass alle Mitglieder des Kabelverbandes (KDG, Ish, KabelBW, Iesy) in Zukunft Nagravision als einheitliches Verschlüsselungssystem einsetzen werden: „Damit ist sichergestellt, dass alle verkaufen Decoder für alle neuen und bestehenden Angebote geeignet sind. Die Mitglieder des Kabelverbandes werden sich diesbezüglich mit um eine Einbindung der Betreiber der NE-4-Netze bemühen" (Deutscher Kabelverband e.V. 2003). In den Ish-Netzen in Nordrhein-Westfalen wurde die Umstellung von Powerkey auf Nagravision im Juli 2004 durch einen Boxentausch vollzogen. Seither wird in allen Netzen der Mitgliedsunternehmen das gleiche Verschlüsselungssystem verwendet.

Auch bei der Boxenfrage verfolgen die ehemaligen Telekom-Regionalgesellschaften Ish, Kabel BW und Iesy die selbe Strategie: Sie setzen Boxen mit embedded Nagra und ohne CI-Slot ein. Dabei werden die Boxen in unterschiedlicher Höhe subventioniert und können vom jeweiligen Netzbetreiber gekauft werden. Die Kabel-Box von KabelBW (Humax PR-Fox C) wird für 138 € angeboten, die gleiche Box wird bei Ish eingesetzt und kann dort momentan für 29 € bestellt werden. Die Boxen sind Premiere-tauglich und können ohne Wechsel der SmartCard alle Premiere-Programme empfangen.

Kabel Deutschland

Am Aufmerksamsten wird die Boxenstrategie des größten deutschen Netzbetreibers, der Kabel Deutschland GmbH, verfolgt. Erklärtes Ziel der KDG ist es, einen offenen Kaufmarkt für digitale Empfangsgeräte zu schaffen und eine breite Palette von Boxen mit unterschiedlichen Ausstattungen zu ermöglichen. So sollen neben Boxen mit embedded CA auch CI-Boxen und MHP-fähige Boxen möglich werden. Absicht der KDG ist es, eine ganze „Boxenfamilie" zu schaffen, bei der die Kunden je nach geplanten Einsatz entsprechende Boxen mit unterschiedlichen technischen Eigenschaften erwerben können.

Die momentan verfügbare Boxenspezifikation mit embedded Nagra wurde allen interessierten Geräteherstellern über eine Webseite zugänglich gemacht. Die Gerätehersteller müssen einen mehrstufigen Zertifizierungsprozess durchlaufen, um das Gütesiegel „Kabel Digital" der KDG zu erhalten. Um den Zertifizierungsprozess transparenter zu machen, beabsichtigt die KDG, in Zukunft eine neutrale Stelle mit der Vergabe des Gütesiegels zu beauftragen.

In der Praxis kann man davon ausgehen, dass die meistverkauften Boxen für die Kabelnetze der KDG und ihrer Kooperationspartner auf der Netzebene 4 diejenigen sein werden, die über embedded Nagra verfügen und sowohl das „Kabel Digital"- als auch das „Geeignet für Premiere"-Gütesiegel besitzen. Denn die alternativen CI-Boxen, für die die KDG momentan die Spezifikationen erarbeitet, werden auf Grund von Kopierschutzvereinbarungen mit den Hollywood-Studios zunächst keine Pay-per-view-Filme von Premiere darstellen können.[127] Damit ist die Einsatzfähigkeit der CI-Boxen der KDG aus Kundensicht stark eingeschränkt.

Die digitale Pay-Plattform, die die KDG mit Hilfe der beschriebenen Boxenstrategie aufbauen will, soll gegenüber den Programm- und Inhalteanbietern neutral und diskriminierungsfrei sein. Die KDG versteht sich als technischer Dienstleister für Content-Anbieter, die ihre Produkte auf der digitalen Plattform vermarkten wollen und bietet dafür verschiedene Modelle an. Die KDG betont, dass ihre Plattform für alle Anbieter gleichermaßen offen sei.

Auch die programm- oder dienstebezogene individuelle Abrechnung könne über das KDG-System erfolgen, ohne dass die Endkundenbeziehungen zur KDG wechseln müssen. Als Beispiel für die neutrale Vermarktung eines Programmanbieters auf der KDG-Plattform wird Premiere angeführt. Denn die Endkundenbeziehungen und Abrechnungsformalitäten bleiben hier in der Hand des Pay-TV-Veranstalters. Aber auch die andere Variante, bei der der Programmanbieter Vermarktung, Freischaltung und Abrechnung der KDG überlässt, ist im Geschäftsmodell der KDG vorgesehen (vgl. VPRT 2004a).

Andere NE-3- und NE-4-Betreiber

NE-4-Betreiber ohne integrierte Netze, d. h. Kabelnetzbetreiber, die das Signal der KDG unverändert an ihre Kunden weiterleiten, sprechen sich z. T. explizit für CI-Boxen aus. CI-Boxen würden es den NE-4-Betreibern erlauben, bei Bedarf zusätzliche Programme vor Ort selbst einzuspeisen und auch selbst zu vermarkten. Dabei könnten diese zusätzlichen Programme auch andere Verschlüsselungssysteme nutzen. Relevant würde dies bei den schon heute nicht unüblichen digitalen Zusatzeinspeisungen in die NE-4-Netze (Stichwort: Fremdsprachenprogramme), vor allem aber im Falle der kompletten Umstellung eines *Clusters* auf eine eigene Signalversorgung. Dann müssten Boxen ohne CI-Schacht komplett ausgetauscht werden, was ab einer bestimmten Penetration kaum mehr praktikabel ist (vgl. ANGA 2004a).

Für die ANGA ist die momentane Situation bei der Boxenfrage unbefriedigend, weil die NE-4-Betreiber ihren Kunden derzeit nur Premiere-zertifizierte Boxen mit embedded Nagra anbieten können. Set-top-Boxen mit CI-Slot für das Premiere- oder KDG-Angebot gibt es bislang noch nicht. Die Spezifizierung solcher Boxen und die

---

[127] Da Funktionalitäten wie Kopierschutz und Jugendschutz nicht im CI-Modul, sondern in der Box selbst abgebildet werden müssen, muss Kabel Deutschland aus vertragsrechtlichen Gründen sicherstellen, dass diese Module nur in Endgeräten funktionieren, die Kopier- und Jugendschutzvorrichtungen aufweisen.

Produktion entsprechender CI-Module haben Premiere und KDG aber noch für das Jahr 2004 angekündigt. Sollten diese Spezifikationen jedoch nicht wie geplant oder erst später veröffentlicht und umgesetzt werden können, würde dies bedeuten, dass die NE-4-Betreiber faktisch nur die Premiere- bzw. KDG-Plattform nutzen könnten, wenn sie eigene Angebote zusammenstellen, anbieten und abrechnen wollten. Sensible und wettbewerbsrelevante Daten der NE-4-Betreiber (Kundendaten) müssten dann über die technische Plattform des Konkurrenten laufen (z. B. Bezug, Bereitstellung und Freischaltung der Smart-Cards, vgl. ANGA, 2004a).

Unabhängige NE-3- und NE-4-Betreiber, d. h. Netzbetreiber mit integrierten Netzen haben mit wenigen Ausnahmen bislang keine eigenen Digitalboxen im Einsatz. Dort wo bereits eigene Digital-Programme angeboten werden (z. B. PrimaCom), werden Boxen mit integriertem CA-System verwendet. Meist werden die Boxen an die interessierten Haushalte vermietet. Der Preis für die Miete ist oft bereits mit dem Abo für ein Pay-Paket abgegolten. Für die mittelständischen NE-3- und NE-4-Betreiber ist das Mietmodell eine realistische Option, weil es ihnen ermöglicht, die jeweils neueste Technik einzusetzen und die technische Ausstattung der Boxen je nach Kundenwunsch zu variieren. Da pro Netz geringere Stückzahlen erforderlich sind als bei der KDG, sind die Anfangsinvestitionen für die Bereitstellung der Boxen entsprechend geringer. Allerdings bedeutet das Mietmodell auch einen hohen Aufwand und damit auch Kosten für Gewährleistung und Wartung. Dieses Know-how fehlt den meisten NE-4-Betreibern bislang.

Viele kleine und mittelständische NE-3- und NE-4-Betreiber sehen sich auch weiterhin in der Rolle von Signaltransporteuren. Sie haben meist keine Ambitionen, im Zuge der Digitalisierung eigene Pay-Kanäle zusammenzustellen und zu vermarkten, zum Teil glauben sie auch nicht an den Erfolg zusätzlicher Pay-Angebote in ihren Netzen. Aber sie wollen zumindest technisch über die Möglichkeit verfügen, später selbst in den verschlüsselten Pay-Markt einzusteigen und favorisieren deshalb dort CI-Lösungen, wo sie das KDG-Signal in ihre Netze einspeisen. Obwohl es keine einheitliche Digitalisierungsstrategie der NE-3- und NE-4-Betreiber gibt, scheint ein großer Teil eine 1:1- Übertragung des analogen TV-Angebots in die digitale Welt und damit die Verbreitung von Free-TV-Boxen ohne Verschlüsselungsmodul zu befürworten. Mit Hilfe relativ günstiger Free-TV-Boxen könnte ihrer Auffassung nach ein Umstieg stattfinden, ohne dass dazu eine Pay-Plattform aufgebaut werden muss.

ARD/ZDF

Die zentrale Forderung der öffentlich-rechtlichen Sender bezieht sich auf die Schaffung eines offenen Gerätemarktes und die Möglichkeit, auch solche Boxen im Handel erwerben zu können, die ganz ohne Verschlüsselungsmodul auskommen, d. h. reine Free-TV-Boxen. Neben den Boxen für Pay-TV solle es eine weitere Boxenklasse, die der Free-TV-Boxen geben, so die Forderung der öffentlich-rechtlichen Sendeanstalten. Mit der „Öffnung des Gerätemarktes" (ZDF 2004) soll erreicht werden, dass preisgünstige digitale Kabelempfangsgeräte möglich werden, die nach und nach auch in die Fernsehgeräte integriert werden können. Die Kabelnutzer sollen künftig ohne einen separaten Digitalreceiver auf das erweiterte digitale Angebot zugreifen können. Diese Entwicklung, die in Analogie zur Einführung des Kabelfernsehens Mitte der 80er-Jahre gesehen wird, bei der es anfangs ebenfalls Kabeldecoder gab, um das Frequenzspektrum der damaligen Fernsehgeräte „kabeltauglich" zu machen, soll „selbstverständlich unabhängig vom jeweiligen Kabelbetreiber sein" (ZDF 2004).

Daneben ist für die öffentlich-rechtlichen Sender die Schaffung eines CI-Boxenmarktes seit Jahren eine grundsätzliche Forderung bei Verhandlungen mit Plattformbetreibern. Und dies, obwohl sie selbst keine eigenen gebührenpflichtigen Mehrwertdienste anbieten wollen. Begründet wird diese Forderung folgendermaßen: „Die Digitalisierung des Kabelmarktes setzt auch in Deutschland die Schaffung von Mehrwertdiensten voraus, diese erfordern häufig Verschlüsselungssysteme. Diese wiederum werden in der Regel von Inhalteanbietern vorgegeben und ausgewählt, können und sollten also unterschiedlicher Art sein. Prinzipiell müsste also diese Wahlfreiheit der Verschlüsselungssysteme bis zum Endkunden sichergestellt sein. Das wiederum fordert aber eine einheitliche Infrastruktur für Verschlüsselungssysteme, die nur durch ein Common Interface sichergestellt werden kann" (ZDF 2003).

Sowohl auf die Ermöglichung von CI-Boxen als auch auf die immer wieder geforderte Unterstützung des MHP-Standards konnten sich ARD und ZDF im März 2004 mit der KDG einigen. Danach wird es in Zukunft verschiedene Arten von kabeltauglichen Digitalreceivern zu kaufen geben: Free-TV-Boxen für den Empfang unverschlüsselter Programme (ARD und ZDF Bouquets), auf die Kabel Deutschland keinen Einfluss nehmen wird. Boxen mit embedded Nagra für die Pay-Programme der KDG und Premiere und evtl. später für verschlüsselte Privatprogramme. Diese Boxen werden mit dem Gütesiegel „Kabel Digital" (und evtl. zusätzlich „Geeignet für Premiere") ausgestattet. Darüber hinaus wird es CI-Boxen geben, für die die KDG momentan die technischen Spezifikationen erarbeitet. Kabel Deutschland wird für diese, so genannten Weltmarkt-CI-Geräte ein Nagra-Modul spezifizieren, welches lediglich in der Lage sein wird, grundverschlüsselte Free-TV-Programme zu entschlüsseln - nicht aber Pay-TV-Angebote. Grund hierfür ist, dass in einer derartigen Box nicht sichergestellt ist, dass Kopier- und Jugendschutz funktionieren.[128]

Außerdem wurde die Übereinkunft getroffen, dass MHP als einheitliche Basistechnologie für multimediale und interaktive Zusatzangebote alle zum Teil heute noch vorhandenen Vorläufersysteme in Zukunft ablösen bzw. erweitern wird.

Bei der Frage der Zertifizierung der Boxen wenden sich ARD und ZDF gegen Betreiberzertifizierungen. Diese wirke wettbewerbsbehindernd: „Eine den DVB-Statuten entsprechende Selbstzertifizierung durch die Hersteller ist ausreichend" (ARD/ZDF 2004).

---

[128] Darüber hinaus können auch die mit einem Gütesiegel von Kabel Deutschland versehenen Boxen einen CA-Schacht enthalten. Die technischen Spezifikationen der KDG sehen dies jedenfalls vor. Ob diese Möglichkeit aber zum Tragen kommt, ist von der Geschäftspolitik der Firma und der Einschätzung einer künftigen Nachfrage nach solchen Boxen abhängig.

Bei ARD und ZDF geht man davon aus, dass sich der digitale „Free-TV"-Markt schneller entwickeln wird als der Pay-Bereich. Eine 1:1-Übertragung der analogen Anbieterwelt auf die digitale Kabelplattform vorausgesetzt, d. h. unverschlüsselter Empfang auch der großen privaten Sender, wird sich nach Überzeugung von ARD und ZDF rasch ein vielfältiger Free-TV-Boxenmarkt entwickeln. Technische *Features* der Boxen wie z. B. integrierte digitale Videorecorder (PVR), Speicherung von Fotoalben und eigenen Videoaufnahmen, Videogames usw. können über solche Boxen realisiert werden. Diese Art der Produktdifferenzierung werde dazu führen, dass sich digitales Fernsehen im Kabel durchsetzt. Deshalb werde nur ein Free-TV-Boxenmarkt einen Nachfrageboom beim digitalen Fernsehen auslösen.

Weil sich der Pay-TV-Markt in Deutschland in den letzten Jahren auch mit großen Werbeanstrengungen nur einen Marktanteil von unter 10 % erarbeiten konnte, gehen die öffentlich-rechtlichen Sender davon aus, dass die Zugkraft des Abonnenten-Fernsehens auch im digitalen Zeitalter nicht groß genug ist, um viele Zuschauer zu einem Umstieg zu bewegen. Eine Konzentration auf Pay-Boxen, die nur einen kleinen Teil des Marktes abdeckten, sei deshalb nicht gerechtfertigt. ARD und ZDF gehen davon aus, dass die meistverkauften Boxen Free-TV-Boxen sein werden, mit denen das digitale TV-Angebot der heute existierenden Sender genutzt werden kann.

Große Privatsender

Die privaten Programmanbieter sprechen sich für eine Bevorzugung von Geräten mit offenen Schnittstellen für CA-Module zur Entschlüsselung von Programmen und Diensten (Common Interface) gegenüber Geräten mit integrierter Entschlüsselungstechnik aus. Nur auf Basis des Common Interface ist nach ihrer Ansicht ein Wettbewerb unterschiedlicher Bezahlangebote unabhängig von dem gewählten Verschlüsselungssystem möglich (vgl. VPRT 2003). Bei der Frage, ob ein Kauf- oder Mietmarkt etabliert werden soll, verhalten sich die großen Privatsender neutral (vgl. VPRT 2004a). Prinzipiell geht es ihnen eher darum, dass die Boxen mit entsprechenden Marketingaktivitäten seitens der Netzbetreiber im Markt beworben werden (vgl. VPRT 2003).

Ähnlich wie die öffentlich-rechtlichen Sender favorisieren die großen Privatsender eine 1:1-Übertragung der analogen Programmwelt auf die digitale Plattform. Die Etablierung einer Pay-Infrastruktur über Boxen mit Verschlüsselungssystemen sowie Vorkehrungen für Kopier- und Jugendschutz sind dafür prinzipiell nicht erforderlich. Die Befürchtung der großen Privatsender, im digitalen Vielkanalfernsehen an Sichtbarkeit und Reichweite zu verlieren, wird im Abschnitt „Adressierbarkeit und große Privatsender im Kabel" näher betrachtet. Denn die sich bereits abzeichnende und künftig weiter anwachsende Vielfalt neuer Digitalprogramme im Kabel ist zunächst unabhängig davon, ob Boxen mit oder ohne Pay-Funktionen eingesetzt werden. Beide Varianten werden dazu führen, dass sich die großen Privatsender künftig in einem stärkeren Wettbewerbsumfeld behaupten müssen.

ZVEI

Der ZVEI unterstützt einen Kaufmarkt für Boxen: Der Kunde soll frei entscheiden können, von welchem Hersteller und über welchen Vertriebsweg er seine Box bezieht. Die Industrie erwartet, dass die Endverbraucherpreise durch die Standardisierung mittelfristig deutlich günstiger sind als proprietäre Systeme (vgl. ZVEI 2002). Der ZVEI weist darauf hin, dass ein offener Markt, offene Standards und ein wettbewerbsorientiertes Angebot mit einer Vielfalt von Endgeräten momentan das digitale Satellitenfernsehen ebenso wie DVB-T den Weg zum Erfolg ebnen. Das Gleiche soll für die Digitalisierung des Kabels gelten (vgl. ZVEI 2003).

Dabei sollen die Boxen nicht Bestandteil des Netzes, sondern des Empfangsgerätemarktes sein. Nur so könnten TV-Geräte und Videorecorder mit integrierten Decodern sinnvoll realisiert und überall angeschlossen werden. Der ZVEI wendet sich gegen Zertifizierungserfordernisse seitens der Kabelnetzbetreiber und favorisiert Selbstzertifizierungen durch die Hersteller: „Regionale Einzellösungen auf der Basis proprietärer Standards verunsichern die Zuschauer und behindern die gesamte Marktentwicklung" (ZVEI 2003).

Die Hersteller haben ein großes Interesse an verbindlichen Standards für Boxen sowie an einfachen, transparenten und diskriminierungsfreien Zertifizierungsabläufen. Dabei erscheint den Boxenherstellern die Verleihung von Gütesiegeln und Zertifizierungen für Set-top-Boxen, die in KDG-Netzen eingesetzt werden sollen, als zu kompliziert und zu teuer. Momentan müssen die Boxenhersteller drei Zertifizierungsläufe (bei Nagravision, Premiere und KDG) absolvieren, bevor sie marktgängige Digital-Boxen auf den Markt bringen können.

Insgesamt ist für die nationalen und internationalen Hersteller von Consumer Electronics der deutsche Markt für Digitalreceiver ein eher unsicherer Markt, der erst entwickelt werden kann, wenn verbindliche Vorgaben bei den Standards vorliegen.

Landesmedienanstalten

Für die Landesmedienanstalten ist die Ausstattung der Boxen mit Verschlüsselungssystemen der richtige Weg, denn durch diese technische Vorkehrung eröffnen sich neue, zusätzliche Möglichkeiten der Finanzierung von Programmen, nicht nur für das klassische Pay-TV. Dabei sei es wichtig, die Offenheit der Kundenbeziehung für Anbieter wie Kunden zu gewährleisten, was durch eine neutrale Abrechnung geschehen kann (vgl. DLM-Pressemeldung vom 10. März 2004). Geräte mit Common Interface werden begrüßt, weil so der Abhängigkeit vom Anbieter eines Zugangskontrollsystems entgegengewirkt werden kann. Allerdings fordern die Landesmedienanstalten nicht ausdrücklich, dass Boxen standardmäßig oder verbindlich eine CI-Schnittstelle haben müssen. CI-Boxen werden lediglich als eine generelle Möglichkeit der Absicherung der Zugangsoffenheit betrachtet.

Bei der Frage „Kauf- oder Mietmodell" spricht sich die DLM für einen Kaufmarkt aus. Nur ein freier Endgerätemarkt stellt ihrer Ansicht nach sicher, dass verschiedene Modelle angeboten und stetig weiterentwickelt werden (vgl. DLM 2001). Dabei haben sich die Landesmedienanstalten gegen eine Geräteaufteilung in Free-TV und pay-fähige Boxen ausgesprochen, weil dies nicht den Interessen der Zuschauer entspräche.

Die Landesmedienanstalten sind davon überzeugt, dass der deutsche Kabelmarkt groß genug ist, um Platz für mindestens zwei unterschiedliche Kabelplattformen zu bieten (vgl. epd medien 2004).

Darüber hinaus fordert die DLM, die Kabel-TV-Netze regulatorisch ähnlich wie Telekommunikationsnetze zu betrachten und favorisiert deshalb eine offene technische Plattform, über die ein Wettbewerb der Dienste möglich wird: „Das Angebot von Diensten muss wie bei anderen Telekommunikationsnetzen vom Netzbetrieb getrennt werden, mit hinreichenden Vorkehrungen für den offenen Zugang" (DLM-Pressemeldung vom 10. März 2004).

Standard für interaktive Anwendungen (MHP)

MHP (Multimedia Home Platform) stellt eine offene Programmierschnittstelle für interaktive Anwendungen auf der digitalen TV-Plattform dar. Während in der Vergangenheit Programm- und Diensteanbieter proprietäre Anwenderprogrammierschnittstellen (APIs, *Application Programming Interfaces*) benutzten, die unabhängigen Diensteentwicklern meist verschlossen blieben oder nur gegen hohe Gebühren nutzbar waren, hat sich mit MHP ein Standard etabliert, der von allen Anwendungsprogrammieren gleichermaßen benutzt werden kann. Der MHP-Standard ist deshalb die Basis für einen offenen, einheitlichen und diskriminierungsfreien Markt im Bereich der interaktiven Zusatzdienste. Dabei wird MHP inzwischen als gemeinsame technische Lösung für Free- und Pay-TV gesehen. Der Vorteil von MHP ist, dass mit nur einer Box alle Anwendungen genutzt werden können und dass es sich um eine für Diensteanbieter kostengünstige Lösung handelt, die in ihrem Leistungsumfang flexibel angepasst werden kann (z. B. Zapping, Enhanced Broadcast ohne Rückkanal und Enhanced Broadcasting mit Rückkanal). Alle interaktiven Anwendungen von ARD und ZDF sowie die der privaten Programmveranstalter wurden in den letzten Jahren konsequent auf MHP umgesetzt.

Die Free-TV-Anbieter und Gerätehersteller in Deutschland versuchen durch verschiedene gemeinsame Projekte die Einführung des digitalen Fernsehstandards MHP voranzutreiben. Das Jahr 2004 sei für die Einführung des interaktiven digitalen Fernsehens in Deutschland von entscheidender Bedeutung, und mit der MHP-Plattform stehe dafür der optimale Standard zur Verfügung, so die Aussage der so genannten „Berliner Erklärung". Diese wurde im März bei einem Treffen von Vertretern von ARD/ZDF, der ProSiebenSat1 Media AG, von RTL Television, Vertretern der Deutschen Landesmedienanstalten (DLM) und die Geräteindustrie im Zentralverband Elektrotechnik und Elektronikindustrie (ZVEI) verabschiedet. Kabel Deutschland hat als erster Kabelnetzbetreiber und Vermarkter von Pay-TV am 26. Juni 2004 die Berliner Erklärung unterzeichnet. Die Teilnehmer einigten sich auf einen Maßnahmenkatalog zur Fortentwicklung der „Mainzer Erklärung", in der man sich 2001 grundsätzlich auf die Einführung von MHP in Deutschland geeinigt hatte.

Ein Streitpunkt sind momentan die Kosten für MHP-fähige Set-top-Boxen. Nach wie vor herrscht Unklarheit darüber, wie viel teuerer MHP-fähige Set-top-Boxen im Vergleich zu den technisch einfacheren, nicht MHP-fähigen Boxen sind. Von technischer Seite aus wird immer wieder vorgebracht, dass das Kostenargument inzwischen wesentlich an Bedeutung verloren hat, weil durch den Preisverfall bei den Hardwarekomponenten MHP-kompatible Boxen nur noch minimal teuerer sind als andere Boxen. Als wichtige Einflussfaktoren für die Verbreitung von MHP-fähigen Boxen kann die Unterstützung von MHP durch Netzbetreiber, Programmanbieter und Geräteindustrie sowie das strategische Interesse dieser Akteure an interaktiven Anwendungen gewertet werden.

Kabel Deutschland

Kabel Deutschland hat sich im Zuge der Einigung mit ARD und ZDF für den MHP-Standard ausgesprochen und will mittelfristig MHP-fähige Boxen am Markt ermöglichen. Im Juli 2004 hat sich die KDG explizit zu MHP bekannt und eine Förderung dieses Standards zugesagt. Die aktuelle Referenzbox von Pace besitzt jedoch noch keine MHP-Zertifizierung. Bei der MHP-Zertifizierung handelt es sich um eine Hersteller-Selbstzertifizierung, die zwar keine hohen finanziellen Kosten verursacht (die MHP-Test Suite kann bei ETSI für 10.000 € bezogen werden), die aber zeitlich und personell sehr aufwändig sein kann, weil alle Referenzanwendungen auf ihre Kompatibilität hin getestet werden müssen. Die technische Ausstattung der verwendeten Box spielt ebenso eine wichtige Rolle: Dabei geht es insbesondere um die Prozessorgeschwindigkeit (MIPS, *Million Instructions Per Second*) und den Arbeits- bzw. *Flash-ROM*-Speicher. Auf Boxen mit schwacher technischer Ausstattung bauen sich MHP-Anwendungen sehr langsam auf, deshalb sollten MHP-Boxen über möglichst schnelle Prozessoren und ausreichende Speicherkapazitäten verfügen. Der Grund für die fehlende MHP-Zertifizierung der ersten KDG-Box ist aber weniger technischer Art als vielmehr finanzieller. Zum Zeitpunkt der Entscheidung über die Boxen-Spezifikation war es offenbar nicht möglich, eine MHP-kompatible Box für unter 100 € im Verkauf zu realisieren. Mit zunehmenden Stückzahlen und weiter sinkenden Hardwarekosten ist zu erwarten, dass MHP-fähige Boxen entsprechend preisgünstiger werden. Ein weiterer Grund für das in der Vergangenheit wenig ausgeprägte MHP-Engagement der KDG dürfte gewesen sein, dass MHP-Anwendungen bislang noch keinen kommerziellen Erfolg vorweisen können und damit nicht im strategischen Fokus des Unternehmens standen.

Premiere

Ähnliches gilt für den Pay-TV-Anbieter Premiere. Die Premiere-Decoder der zweiten Generation (d-box 2) könnten von ihrer technischen Kapazitäten her MHP-Anwendungen darstellen: Wie Versuche der Fachzeitschrift „Digital Fernsehen" zeigten, liefen die MHP-Anwendungen auf der d-box 2 allesamt schneller und besser als auf einer Panasonic-Vergleichsbox (vgl. Brockmeyer 2003). Allerdings hat bei Premiere das Thema interaktive Zusatzdienste im digitalen Fernsehen keine strategische Priorität. Ziel des Unternehmens ist es vielmehr, Verluste aus der Vergangenheit auszugleichen, die Gewinnzone mit Pay-TV-Angeboten zu erreichen und nach der Sanierung des Unternehmens den Börsengang vorzubereiten. Investitionen in MHP würden sich vermutlich zunächst bei der öffentlich-rechtlichen Konkurrenz positiv auswirken, denn ARD und ZDF verfügen momentan über die meisten MHP-Anwendungen.

Darüber hinaus wird von Premiere angeführt, dass zur Aufrüstung der d-box2 die Middleware MHP per Software-Download aufgespielt werden müsste. Jeder Software-Download ist aber technisch sehr komplex und birgt erhebliche technische Risiken und Störanfälligkeiten für die Receiverpopulationen in sich. Aus diesem Grund hat Premiere sich auch beim Wechsel des Verschlüsselungssystems von Betacrypt auf Nagra gegen eine Software-Download-Lösung entschieden und stattdessen ausschließlich neue Smartcards an die Abonnenten verschickt. Neben diesem technisch unkalkulierbaren Risiko würde die MHP-Aufrüstung auch für Premiere erhebliche Kosten mit sich bringen, an denen sich kein anderer TV-Veranstalter bisher beteiligen wollte. Der technische *Download* würde ein erhebliches Call-Center-Aufkommen und somit erhebliche Zusatzkosten in zweistelliger Millionenhöhe verursachen. Nach den Erfahrungen von Premiere löst jede technische Veränderung und Receiver-Neueinstellung bei den Abonnenten einen Informationsbedarf und entsprechende Nachfragen aus.

ARD und ZDF

ARD und ZDF gelten als Vorreiter bei den interaktiven TV-Diensten auf der digitalen Plattform. Sie haben die meisten MHP-Anwendungen programmiert und senden diese seit geraumer Zeit über Satellit und Kabel. Für Kabel-Nutzer waren Angebote wie z. B. der EPG mit *Bookmark*-Funktion oder der ARD Online-Kanal bislang jedoch nicht nutzbar, weil die entsprechenden MHP-Kabelboxen lange Zeit nicht verfügbar waren. Inzwischen werden MHP-fähige Kabel-Boxen von einigen Herstellern angeboten. Mit einem Preis von derzeit ca. 200 € sind sie aber noch zu teuer für einen Massenmarkt.[129] Dabei sind die Hoffnungen der öffentlich-rechtlichen Sender auf eine positive Entwicklung des Marktes für solche Boxen und insgesamt für einen vielfältigen interaktiven Dienstemarkt groß. Beispielhaft soll hier eine Äußerung des Technischen Direktors des Bayrischen Rundfunks, Herbert Tillmann zitiert werden: „Ich gehe davon aus, dass sich die Angebotssituation dramatisch ändern wird, wenn wir die Fragen der Plattformstrukturen in Deutschland endlich geklärt bekommen, wenn die Hersteller offensiver in diesen Markt gehen und wenn sich dann weitere Services, auch aus Bereichen, die man heute nicht zu den klassischen Broadcastern zählt, dieses Mediums bedienen werden. Nur alle Marktteilnehmer gemeinsam können das interaktive Fernsehen in Deutschland etablieren" (Scheidt 2003).

Private TV-Sender

Die Privaten Sender unterstützen ebenfalls MHP und haben selbst eine Reihe von MHP-Anwendungen bereits umgesetzt. Der VPRT setzt sich dafür ein, dass neben schlichten Zapping-Boxen auch migrationsfähige Boxen entwickelt werden, „die zu

---

[129] Es wird allgemein mit einem drastischen Preisverfall bei den Boxen gerechnet.

einem späteren Zeitpunkt mit MHP aufgerüstet werden können (Parallelszenario)" (VPRT 2003).

In der Pressemeldung des VPRT vom 11. März 2004 betonen die privaten Sender, dass sie bei den Komponentenempfehlungen für Set-top-Boxen mitbestimmen wollen, „um so den Umstieg von der analogen auf die digitale Rundfunkverbreitung erfolgreich gelingen zu lassen. Der Boxenstandard muss für alle Boxen, die ab dem 1.1.2005 mit einer Anwendungsprogrammierschnittstelle in den Handel gebracht werden, einem europaweit normierten, einheitlichen API-Standard entsprechen. Einen solchen Standard bietet zurzeit nur die Multimedia-Home-Plattform (MHP)." Die Box müsse zudem ausreichende Leistungsfähigkeit und Speicherkapazität aufweisen, um auch komplexe Anwendungen auf Basis der MHP angemessen abbilden zu können.

8.3 Adressierbarkeit und Einspeisung der großen Privatsender

Eng verknüpft mit der Frage der technischen Ausstattung der Set-top-Box ist die Frage der Einspeisung der Digitalprogramme der großen deutschen Privatsender ProSiebenSat1 AG und RTL Gruppe in die Kabelnetze der KDG. Prinzipiell ist die Adressierbarkeit, d. h. die Möglichkeit der Haushalte, Programme individuell zu nutzen, ein typisches Merkmal einer Pay-Plattform. Über den Einsatz eines Verschlüsselungssystems wird sichergestellt, dass die Programme nur von Haushalten mit gültigem Abonnement gesehen werden können. Die Verschlüsselung als technische Komponente eines Pay-Systems findet ihre Entsprechung in der CA-Entschlüsselungseinheit der Set-top-Box (siehe Meilenstein Boxenfrage). Insofern sind beide Elemente untrennbar miteinander verknüpft.

Wenn die Boxenfrage und die Adressierbarkeit bzw. Verschlüsselung[130] hier separat betrachtet werden, dann deshalb, weil die Verschlüsselung der großen Privatprogramme in Deutschland zu einem Politikum geworden ist, das die Digitalisierung des Kabels möglicherweise für längere Zeit blockieren kann. Die Entscheidung über die Verschlüsselung ist von großer Tragweite für die Digitalisierung des Kabels und wird die künftige digitale Welt entscheidend prägen.[131]

---

130 Die Begriffe „Adressierbarkeit" und „Verschlüsselung" werden hier synonym verwendet. Da es sich beim Kabel-TV-Netz um ein sog. „Shared medium" handelt, bei dem alle Informationen prinzipiell an alle Teilnehmer ausgestrahlt werden, muss über Verschlüsselung und Entschlüsselung sichergestellt werden, dass nur diejenigen Haushalte den entsprechenden Dienst empfangen können, die dafür bezahlt haben. Im engeren technischen Sinne handelt es sich aber nicht um eine Adressierung (wie z. B. bei IP-basierten Diensten), sondern um individuelle Freischaltungen mit Hilfe von Conditional Access Systemen (vgl. dazu Freyer & Berger 2004).

131 Die öffentlich-rechtlichen Sender bleiben von einer verschlüsselten Einspeisung in die Netze der KDG ausgenommen. Darauf haben sich ARD/ZDF und KDG im März 2004 geeinigt. Die Verschlüsselungsfrage betrifft in Deutschland deshalb nur die werbefinanzierten Privatprogramme und Pay-TV.

Konkret heißt „adressierbar" im Zusammenhang mit der Digitalisierungsstrategie der KDG, dass die Zuschauer beim Wechsel zum digitalen Fernsehen zunächst einen Vertrag mit der KDG oder einem von der KDG autorisierten Kabelbetreiber über den Bezug von digitalen Fernsehangeboten abschließen müssen. Daraufhin bekommen sie vom Netzbetreiber eine Smart-Card zugeschickt, mit der die digitalen Programme freigeschaltet (entschlüsselt) werden. Die Verschlüsselung bezieht sich dabei nicht nur auf die Pay-Programme, sondern betrifft auch die Free-TV-Programme (außer öffentlich-rechtliche), weshalb oft von „Grundverschlüsselung" gesprochen wird. Für die Freischaltung der Box fällt nach Plänen der KDG ein einmaliges Freischaltentgelt von 14,50 € an, das erlassen wird, wenn sich der Abonnent für eines der digitalen Pay-TV-Angebote entscheidet.

Eine funktionierende Pay-Plattform, über die neue Programme und Dienste individuell freigeschaltet und genutzt werden können, eröffnet etablierten und neuen Anbietern prinzipiell die Möglichkeit, entgeltpflichtigen *Content* zu entwickeln und über die digitale Plattform zu vermarkten. Sofern es sich um eine offene und diskriminierungsfreie Plattform handelt, kann dadurch eine Dynamik im digitalen Inhaltebereich entstehen. Denn die neuen Inhalteanbieter müssen nicht mehr die enormen Anfangsinvestitionen z. B. für subventionierte Endgeräte, den Aufbau eines eigenen Verschlüsselungssystems oder einer eigenen Smart-Card-Logistik tätigen. Vielmehr könnten sie - gegen eine entsprechende Gebühr - die vorhandene Population an Digitalreceivern und die entsprechenden Smart-Cards einfach mitnutzen. Eine solche, für Drittanbieter offene Pay-Plattform im Kabel muss in Deutschland allerdings erst aufgebaut werden. Die großen Privatsender weigern sich bislang, eine solche Infrastruktur ohne entsprechende finanzielle Zugeständnisse mit aufzubauen. Ihnen fällt eine zentrale Rolle zu, weil die hierfür benötigten CA-Boxen nur dann eine weite Verbreitung finden, wenn die Zuschauer gezwungen sind, die bisher frei empfangbaren Privatsender bei der KDG freischalten zu lassen.

Kabelverband

Für den Deutschen Kabelverband ist die Adressierbarkeit der digitalen TV-Haushalte ein wesentlicher Bestandteil der Strategie seiner Mitgliedsunternehmen, beim Wechsel von analoger auf digitale Technik ein neues Geschäftsmodell einzuführen, das zu einer Wertsteigerung des Netzes beitragen soll. Das im analogen Zeitalter vorherrschende Transportmodell soll schrittweise ersetzt werden durch ein Marktmodell, bei dem der Netzbetreiber stärker über die Zusammenstellung von Programmen und Diensten bestimmt und entsprechend an den Erlösen beteiligt ist. Die KDG legt in diesem Zusammenhang Wert darauf, nicht als eigener Inhalteanbieter aufzutreten, sondern sieht sich in der Rolle eines Dienstleisters, der die Technik und die Marketingplattform für Dienste verschiedener unabhängiger Anbieter zur Verfügung stellt („Medien-Kiosk"). Dies betrifft zum einen zusätzliche Pay-TV-Angebote und zum anderen neue Dienste wie z. B. Highspeed-Internet über Kabel oder interaktive TV-Angebote. Prinzipiell sind darüber hinaus aber auch eigene Paketierungen bereits bestehender TV-Angebote denkbar, die je nach Zielgruppe entsprechend segmentiert und bepreist werden können (z. B. ein Motorsportpaket). Eine solche Paketierung soll jedoch nur im Einvernehmen mit den Sendern stattfinden (vgl. Deutscher Kabelverband 2004a) und wird sich voraussichtlich nur auf kleine Spartensender beziehen, die dann entsprechend an den Vermarktungserlösen des Netzbetreibers partizipieren sollen.

Voraussetzung für derartige Angebote ist die individuelle Freischaltung und Abrechnung der genutzten Angebote. Für die individuelle Abrechnung und das Inkasso sind direkte Kundenbeziehungen notwendig, über die die KDG und die anderen Unternehmen im deutschen Kabelverband aber auf Grund der Netzebenentrennung nur zu einem geringen Teil verfügen. Deshalb müssen zur Vermarktung der neuen Angebote Kooperationen mit anderen Netzbetreibern (NE-3 und WoWi) eingegangen werden, wofür verschiedene Modelle ausgearbeitet wurden (siehe Meilenstein „Kooperation zwischen NE-3- und NE-4-Betreibern").

Tatsächlich öffnet die Grundverschlüsselung den Netzbetreibern die Tür zu einem künftigen Pay-Markt: Sind es die Kunden einmal gewöhnt, dass sie für den digitalen Fernsehempfang eine Box mit Smart-Card besitzen müssen, so lassen sich Pay-Angebote viel leichter vermarkten (vgl. Freyer, Berner 2004). Konkret bedeutet dies für den Fernsehzuschauer, dass er spontan entscheiden kann, ob z. B. ein Spartenprogrammpaket für 4,50 € abonnieren will, da die Box bereits vorhanden ist. Ein Telefonanruf zur Freischaltung des Programms genügt, um das Angebot mit dem vorhandenen Gerät zu nutzen. Besitzt er dagegen eine Free-TV-Box, ist das Paket für 4,50 € subjektiv sehr viel teurer, weil die Anschaffungskosten für eine zweite, pay-fähige Box, hinzukommen. Die Eintrittsschwelle für Pay-TV-Programme und für entgeltpflichtige Zusatzangebote ist deutlich geringer, wenn erst einmal eine pay-fähige Box in den Haushalten vorhanden ist (vgl. Deutscher Kabelverband 2004a).

Um eine solche Pay-Plattform aufzubauen, ist die KDG jedoch auf die digitale Einspeisung auch der großen Privatsender angewiesen. Sie ist insbesondere bei der beabsichtigten kompletten Umstellung auf digitale Verbreitung von zentraler Bedeutung, da sich die Haushalte nicht für das digitale Angebot der KDG entscheiden, so lange wichtige Free-TV-Programme fehlen.

Der Deutsche Kabelverband und insbesondere die KDG wirbt bei den privaten Programmveranstaltern für die digitale Pay-Plattform, z. B. indem sie die Vorteile einer individuellen Freischaltung und Abrechnung von Programmen in den Vordergrund stellt. Für die kommerziellen Sender böte sich dadurch die Möglichkeit, neue Geschäftsmodelle einzuführen, die sich nicht (allein) auf Werbung und Sponsoring stützen: „Dies insbesondere vor dem Hintergrund der Sättigung des Werbemarktes und der Tatsache, dass in der digitalen Welt der Wettbewerb auf Grund der höhern Anzahl von Sendern zunehmen wird" (Deutscher Kabelverband 2004a). Dabei profitierten die Sender davon, dass sie zusätzliche Pay-Services in Ergänzung ihrer Angebote als begleitende Services anbieten und vermarkten könnten, „ohne zuerst eine kostenintensive Pay-Infrastruktur aufbauen zu müssen. (Deutscher Kabelverband 2004a).

Die technische Plattform selbst wird von der KDG als „neutral, diskriminierungsfrei und offen" beschrieben. Sie eröffne jedem Contentanbieter die Möglichkeit, seine Produkte gegenüber Endkunden anzubieten. Dabei habe der Programm- und Diensteanbieter die Wahl zwischen eigener Vermarktung mit direkter Kundenbeziehung (vgl. Premiere) und der Vermarktung über den Netzbetreiber; jeder Programmanbieter könne die einzelnen Service-Module entsprechend seinen Bedürfnissen abrufen oder selbst realisieren (vgl. Deutscher Kabelverband 2004a).

Auch die Schwarzseher-Problematik wird als Grund für die Einführung der Grundverschlüsselung digitaler Programme angeführt: Haushalte, die bislang unerlaubt Kabelfernsehen empfangen, würden beim Wechsel zur ausschließlichen digitalen Ausstrahlung nur noch einen schwarzen Bildschirm zu sehen bekommen.

Ein wichtiger Streitpunkt, der lange Zeit eine Einigung verhindert hatte, kann inzwischen als gelöst betrachtet werden: Die Frage der Einspeisegebühren für die digitalen Programme. Während die KDG lange Zeit Entgelte für die zur Verfügung gestellten digitalen Kapazitäten und die technischen Dienstleistungen forderte, ist sie inzwischen von dieser Forderung abgerückt. Alle privaten TV-Programme sollen nun ohne zusätzliche Kosten digital eingespeist werden (vgl. Deutscher Kabelverband 2004a).[132]

Andere NE-3- und NE-4-Betreiber

Die anderen NE-3- und NE-4-Betreiber (ANGA/FRK) lehnen die Verschlüsselungsabsichten der KDG kategorisch ab. Sie sehen in der geplanten Verschlüsselung ein Vehikel, um sie langfristig aus dem Markt zu drängen. Sie befürchten, dass in vielen Fällen die Endkundenbeziehungen von den NE-4-Betreibern zur KDG wandern könnten. Denn sobald Neuverhandlungen über Gestattungsverträge anliegen, befände sich die KDG in einer guten Position: Sie würde ihre Endkunden und ihre Nutzungsgewohnheiten genau kennen. Die Digitalisierung würde zunehmend die Existenzberechtigung des lediglich zwischengeschalteten NE-4-Betreibers in Frage stellen.

Unabhängig von der KDG verhandeln einige größere NE-3- und NE-4-Betreiber separat mit den privaten TV-Sendern über eine unverschlüsselte Digitaleinspeisung. Weil sich diese Netzbetreiber ebenso wie die Programmanbieter nicht an der Grundverschlüsselung beteiligen wollen, werden die Chancen auf eine Einigung besser eingeschätzt als bei den Verhandlungen mit der Kabel Deutschland GmbH. Dennoch hat es auch hier noch keine Einigung gegeben.

Hinsichtlich der Frage, ob zusätzliche Einspeisegebühren für die digitale Programme erhoben werden sollen oder nicht, herrscht bei den anderen NE-3- und NE-4-Betreibern keine Klarheit. Peter Strizl vom Kabelnetzbetreiber ewt/tss forderte Ende 2003 eine „angemessene Vergütung" für die Bereitstellung digitaler Kanäle: „Die Programmanbieter müssen endlich mit den Netzbetreibern einen Konsens finden, der festlegt, unter welchen Konditionen eine Simulcast-Einspeisung der bisherigen Analog-Programme möglich ist. Dabei muss berücksichtigt werden, dass die Aufwendungen für die technische Aufrüstung und die Bereitstellung der Kanäle für die Kabelnetzbetreiber angemessen vergütet werden." (Stritzl 2003).

---

[132] Das Angebot eines kostenfreien Simulcast überregionaler privater Programme ist als Pilotprojekt zu verstehen und gilt befristet bis Ende 2005.

Private TV-Sender

Die großen privaten TV-Sender lehnen die geplante Verschlüsselung ihrer Programme im digitalen Kabel unter den derzeitigen Bedingungen ab (vgl. VPRT 2003). Für die etablierten Programmanbieter ist die Platzierung ihrer Sender auf der Pay-Platform mit der Befürchtung verbunden, die Kontrolle über das Umfeld zu verlieren, in dem sie rezipiert werden. Auch würde die digitale Einspeisung keine Erhöhung der Reichweite mit sich bringen, da momentan nur sehr wenige Decoderboxen in den Haushalten installiert sind. Wie real die Befürchtung der Sender ist, Marktanteile an viele kleine Digitalsender zu verlieren, zeigen erste Nutzererhebungen in digitalen TV-Haushalten (ausführlicher im Kapitel "Nutzer"). Die Privatsender favorisieren deshalb eine 1:1-Übertragung der analogen Sender-Welt in das digitale Zeitalter und fordern die freie Verfügbarkeit ihrer Sender in digitalen Kabel-Haushalten.

Bei den kleineren Privatsendern ist die Interessenlage dagegen eine andere: Sie wollen auf der Pay-Plattform der KDG präsent sein und begrüßen die Möglichkeit, über Kabel- oder Aboentgelte eine zweite Einnahmequelle neben der Werbung nutzen zu können (siehe Abschnitt „Neue Inhalte und neue Anbieter").

Obwohl die großen deutschen Privatsender die Verschlüsselung einhellig ablehnen, befinden sie sich tatsächlich in einer Zwickmühle: Einerseits sprechen sie sich gegen die Grundverschlüsselung aus, weil sie den öffentlich-rechtlichen Sendern, die von der Grundverschlüsselung ausgenommen sind, nicht mehr gleich gestellt wären. Insbesondere das Freischaltentgelt von 14,50 € würden die Digitalhaushalte den Privatsendern anlasten. Andererseits eröffnet die Adressierbarkeit auch für sie neue Geschäftsmodelle, mit denen sie ihre Abhängigkeit von Werbung und Sponsoring überwinden und ihre Zuschauer individueller ansprechen könnten. Deshalb unterstützt der VPRT „prinzipiell" den Aufbau von technischen Plattformen, die „Paid Content" unterstützen (vgl. VPRT 2003).

Erste Überlegungen in diese Richtung gab es beim Sender Sat1 im Hinblick auf die Übertragung von Fußballbundesligaspielen über eigene digitale Pay-Kanäle sowie beim Sender RTL2, der drei digitale Spartenkanäle (Anime, Soap und Dokumentationen) produzieren und über Abonnements vermarkten wollte. Diese Ideen wurde aber vorerst fallen gelassen, weil es momentan noch keine einsatzfähige Bezahlplattform mit einer hohen Reichweite gibt.

Langfristig wird die Option, eigene Programme auf der digitalen Kabelplattform zu betreiben, aber weiter verfolgt. Der Vorstandschef der ProSiebenSat1 AG, Guillaume de Posch sagte in der Financial Times Deutschland am 19. Juni 2004: „Für uns ist das wichtigste, dass wir verschiedene Vertriebswege für unsere Programme haben und dass wir selbst diese vermarkten können. Außerdem ist für uns wichtig die Kundenbeziehungen selbst in der Hand zu haben." Die ProSiebenSat.1 Gruppe will langfristig zusätzliche Programme produzieren, die im digitalen Kabel verbreitet werden sollen. Die neuen Programme sollen sich hauptsächlich über Kabel- oder Abo-Gebühren finanzieren. In den nächsten zehn Jahren will die ProSiebenSat.1 Gruppe von derzeit vier Programmen auf 10, 15 oder sogar 20 wachsen. Dies könne man, so de Posch, aber nur, wenn man vom Kabelnetzbetreiber die Übertragungskapazitäten dafür bekommt. Bisher hätten die Verhandlungen aber noch zu keinem Ergebnis geführt. ProSiebenSat1 geht davon aus, dass die KDG ein starkes Angebot braucht, wenn sie den digitalen Markt entwickeln will. Dies bedeutet neue, attraktive TV-Kanäle. Die Privatsender könnten solche Kanäle anbieten (vgl. Pressemeldung 2004 in InfoSat).

Eine Befürchtung der Privatsender ist es, dass ihre Programme von den Netzbetreibern willkürlich neu verpackt, bepreist und vermarktet werden, sobald sie digital im Kabel sind. Eine derartige Umstellung ohne Einwilligung der Sender, hatte der Netzbetreiber PrimaCom vor drei Jahren in Leipzig versucht. PrimaCom hatte damals das analoge Angebot auf ein Minimum reduziert, Sender wie ProSieben oder Super-RTL gab es nur noch in digital übertragenen Zusatzpaketen, die jeden Monat eine Extragebühr kosteten. Die Sender hatten den Netzbetreiber daraufhin verklagt, den alten Zustand wieder herzustellen. Lange Zeit reagierten die Privatsender deshalb sehr sensibel auf das Wort Digitalisierung. Inzwischen hat der Deutsche Kabelverband zugesichert, dass alle Simulcastprogramme „unverändert, vollständig und zeitgleich" verbreitet werden und dass keine anderweitige Vermarktung z. B. im Rahmen von Kabelpaketen stattfinden wird (vgl. Deutscher Kabelverband 2004a).

Trotzdem versuchen die Privatsender, eine rechtlich verbindliche Regelung zu erreichen. Denn bislang besteht für die Programmveranstalter lediglich eine (unzureichende) urheberrechtliche Regelung, jedoch keine staatsvertragliche Absicherung. Ein Veränderungs- und Vermarktungsverbot wurde inzwischen zwar in mehrere Landesmediengesetze aufgenommen, das Thema wird aber auf übergreifender Ebene in den Beratungen zum 8. Rundfunkänderungsstaatsvertrag diskutiert.

Im Verhandlungspoker spielt auch eine Rolle, ob die Privatprogramme sich mit ihrer Forderung durchsetzen können, im digitalen Bereich von den Netzbetreibern für die Lieferung ihrer Programme bezahlt zu werden, was eine Umkehr der bisherigen Geldflüsse und eine Annäherung an US-amerikanische Geschäftsmodelle bedeuten würde. In den Vereinigten Staaten finanzieren sich die Fernsehanbieter neben der Werbung auch aus Kabelgebühren (siehe auch Abschnitt „Neue Inhalte und neue Anbieter" sowie z. B. Beckert 2002, S. 128ff).

Ein weiterer Streitpunkt war lange Zeit die Platzierung der Privatsender im elektronischen Programmführer der KDG. Noch am 11. März 2004 hatten die Sender in einer Pressemeldung des VPRT gefordert, dass die Darstellung ihrer Programme im EPG der KDG neutral und diskriminierungsfrei sein müsse: „Die Programme und sonstigen Angebote müssen vollständig und ohne eine Empfehlung des Kabelnetzbetreibers („Tipp des Tages") dargestellt werden. (...) Ein Hervorheben einzelner Programme durch die KDG darf nicht erfolgen" (Pressemeldung des VPRT vom 11. März 2004, vgl. auch VPRT 2004).

Im Rahmen der Einigung mit ARD und ZDF am 31. März 2004 wurde vereinbart, dass die Digitalprogramme von ARD und ZDF an erster Stelle des KDG-Navigators unter dem Menüpunkt „Vollprogramme" erscheinen sollen. Die größten drei privaten Sender sollen im selben Menüpunkt in der Reihenfolge ihres Marktanteils folgen. Durch diese Vereinbarung ist jedoch die Forderung des VPRT nach einer adäquaten Stellung im Navigator der KDG, die neutralen und diskriminierungsfreien Kriterien folgt, noch nicht erfüllt. Vielmehr gibt es an dieser Stelle noch Verhandlungsbedarf.

ARD/ZDF

Mit ARD und ZDF hat sich die KDG am 30. März 2004 darauf geeinigt, dass die öffentlich-rechtlichen Programme von der Verschlüsselung ausgenommen werden. Neben der unverschlüsselten Einspeisung konnten die öffentlich-rechtlichen Sender erreichen, dass die jeweiligen Bouquets von ARD und ZDF sich im EPG der KDG in der Kategorie „Vollprogramme" an Platz 1 und 2 befinden. Darüber hinaus hatten ARD und ZDF eine exponierte Positionierung auf der Leitseite gefordert. Die KDG hat sich verpflichtet, dieses Konzept gemeinsam mit ARD und ZDF der Gemeinsamen Stelle Digitaler Zugang zur Prüfung der rundfunkrechtlichen Unbedenklichkeit vorzulegen. Denn die KDG erachtet die Regelung als diskriminierend gegenüber Sendern mit geringer Reichweite.

Darüber hinaus wenden sich die öffentlich-rechtlichen Sender auch gegen die Verschlüsselung der Privatsender, da sie dies als Einstieg in einen Pay-Markt interpretieren, der den Digitalisierungsprozess im Kabel ihrer Auffassung nach bremst. Falls die KDG mit ihrer Verschlüsselungsstrategie erfolgreich ist, wären die Kabelkunden daran gewöhnt, dass Programme freigeschaltet werden müssen. Genau dies aber wollen die heutigen Free-to-air-Anbieter verhindern. Sie haben keinerlei Interesse daran, dass der Markt durch zusätzliche Angebote anderer Sender – und seien es Pay-Angebote – erweitert wird. Das ist ein wesentlicher Grund, warum sich die öffentlich-rechtlichen und auch die großen privaten Fernsehanbieter so vehement gegen die Grundverschlüsselung aussprechen (vgl. Freyer, Berner, 2004).

Medienanstalten

Ohne in die aktuelle Debatte über die Verschlüsselung der Privatsender einzugreifen hat sich die DLM prinzipiell für den Aufbau von Pay-Plattformen durch die Kabelnetzbetreiber ausgesprochen: „Adressierbare Boxen sind die richtige Lösung - bei Neutralisierung der Abrechnung. Die Adressierung und damit die Ausstattung von Set-top-Boxen mit Zugangskontrollsystemen schafft zusätzliche Grundlagen für die Finanzierung von Programmen, nicht nur für klassisches Pay-TV. Sie erweitert auch die Chancen für Zusatzdienste zu unentgeltlichen Programmen, die auf der MHP-Plattform entwickelt werden" (DLM-Pressemeldung vom 10. März 2004). Wenn die Offenheit der Kundenbeziehung für Anbieter und Kunden gewährleistet ist, hält die DLM die Adressierung auf allen Übertragungswegen, Kabel, Satellit und Terrestrik, für eine Option, die durch die Geräteausstattung ermöglicht werden soll. Die Ausstattung mit Common Interface würde der Abhängigkeit vom Anbieter eines Zugangskontrollsystems entgegenwirken. Dabei sei es Sache von Kabelgesellschaften und Veranstaltern, durch marktgerechtes Verhalten vom Nutzen adressierbarer Boxen zu überzeugen und finanzielle Anreize für die Ausstattung der Haushalte mit adressierbaren Boxen zu schaffen (vgl. DLM-Pressemeldung vom 10. März 2004).

Aber auch die Möglichkeit, reine Free-to-Air-Boxen im Kabel zu nutzen, muss laut DLM prinzipiell gegeben sein. Die Kabelnetzbetreiber seien nicht berechtigt, Free-TV-Boxen durch Verweigerung von Gütesiegeln oder vergleichbaren Maßnahmen im Markt zu benachteiligen. Im Gegenzug erwartet die DLM von den Free-TV-Veranstaltern, dass sich diese an der digitalen Vermarktung beteiligen (vgl. DLM-Pressemeldung vom 10. März 2004).

8.4 Netzausbau

Während man in den 1990er-Jahren noch davon ausging, dass die Zukunftssicherheit der Kabel-TV-Netze ausschließlich mit einer kompletten Aufrüstung zum „Full Service Network" mit 862 MHz und eigenen Glasfaserringen bis in die unmittelbare Nähe der Übergabepunkte sicherzustellen sei, sind heute mehrere konkurrierende Ausbaumodelle in der Diskussion. Dabei handelt es sich um reduzierte Ausbaumodelle. Sie sehen lediglich eine Frequenzerweitung auf 512 oder 606 bzw. 614 MHZ vor. Durch neue Technologien und leistungsfähigere Protokolle ist es heute möglich, auch auf der Basis solcher Ausbaumodelle das gesamte Spektrum digitaler TV- und Mehrwertdienste anzubieten. Hinzu kommt, dass Kabelnetzbetreiber nicht in jedem Fall selbst Glasfaserstrecken verlegen müssen. Denn die Miete von breitbandigen Zuführungsleitungen bei City Carriern, Stadtwerken, der Deutschen Telekom oder alternativen Telekommunikationsunternehmen ist in den letzten Jahren zu einer wirtschaftlichen Alternative geworden, die von den NE-3- und NE-4-Kabelnetzbetreibern zunehmend genutzt wird.

Weil eine 862 MHz-Aufrüstung nach technischen Idealmodellen hohe Erstinvestitionen erfordert, die zum großen Teil in Erdbauarbeiten fließen, sind die deutschen Kabelnetzbetreiber von einer „generalstabsmäßigen" Aufrüstung des kompletten Netzes abgekommen und entscheiden immer häufiger fall- bzw. clusterbezogen, welches die wirtschaftlichste Art der Aufrüstung ist. Dabei berücksichtigen sie die vorhandene Technik und Verkabelung vor Ort und greifen auf die beschriebenen Alternativen bei der Zuführung zurück (siehe Kap. 4.2). Insgesamt hat sich bei den deutschen Kabelnetzbetreibern die Auffassung durchgesetzt, dass bestehende Kabel-TV-Netze heute nicht mehr am Reißbrett aufgerüstet werden sollten, sondern dass eine insel- und nachfrageweise Aufrüstung vorgenommen werden sollte, die sich am Bestand und am prognostizierten Bedarf orientiert.

Dennoch bleibt das Thema „Netzaufrüstung" weiterhin von zentraler Bedeutung, denn selbst wenn es inzwischen neue technische Möglichkeiten und vielfältigere Ausbaukonzepte gibt, ist der Ausbau in der einen oder anderen Form und insbesondere die Schaltung von Rückkanälen weiterhin eine wichtige technische Voraussetzung für digitale und interaktive Dienste. Hier müssen auch in Zukunft Investitionen getätigt werden, die kurzfristig nicht über die reinen Umsatzzuwächse neuer Angebote refinanziert werden können.

Insbesondere die zeitliche Abstimmung bei der Aufrüstung von NE-3- und NE-4-Netzen wird in Zukunft zu einem noch wichtigeren Faktor. Der Zeitfaktor bzw. die Abstimmung über Ausbaupläne wird mithin entscheidend sein, ob die Haushalte die Vorteile eines aufgerüsteten Kabels auch tatsächlich nutzen können oder nicht.

In der Vergangenheit haben Koordinationsversäumnisse dazu geführt, dass NE-3-Netze in einigen Pilotgebieten komplett aufgerüstet wurden und anschließend festgestellt wurde, dass die neuen Angebote nicht zu den Haushalten gelangen konnten, weil die NE-4-Netze nicht gleichzeitig ausgebaut wurden. Und umgekehrt haben viele NE-4-Betreiber ihre Netze mit modernen Komponenten versehen und z. B. im Zuge von Renovierungsarbeiten oder Neubauten moderne Kabelnetze verlegt, die aber nur zu einem Bruchteil genutzt werden können, weil die vorgelagerte NE-3 noch immer nicht aufgerüstet ist.

Als Beispiel für den ersten Fall kann der Kabelnetzbetreiber Ish in NRW genannt werden, der zum Jahresende 2001 800.000 Wohneinheiten auf NE-3 aufgerüstet hatte. Innerhalb dieser Teilnetze konnten aber nur weniger als 100.000 Endkunden interaktive Angebote unterbreitet werden, weil die entsprechenden NE-4-Netze noch nicht aufgerüstet waren oder die notwendigen Verträge mit deren Betreibern noch nicht zustande gekommen waren (vgl. WIK 2002, S. 71).

Diese kritische Situation hat zu Änderungen in der Strategie von Ish und anderen NE-3-Betreibern geführt. Die NE-3-Betreiber suchen nun stärker die Kooperation mit den NE-4-Unternehmen. Gleichzeitig wurden aber auch die Zeitpläne für Netzaufrüstungen deutlich gestreckt oder es werden - im Falle von Ish - zunächst gar keine Aufrüstungen mehr vorgenommen. Im Folgenden werden wie die Positionen der wichtigsten Akteure zum Thema „Netzausbau" dargestellt.

Kabel Deutschland

Kabel Deutschland will den Ausbau der Kabelnetze bedarfsorientiert vorantreiben, hauptsächlich aber die bereits vorhandenen Kapazitäten nutzen, um neue Dienste einzuführen. Technisch basiert der Ausbau auf dem BK2K2-Konzept, einem Ausbaukonzept, das zunächst eine Aufrüstung auf 606 MHz vorsieht und eine anschließende bedarfsorientierte Erhöhung erlaubt. Das Konzept ist insbesondere auf die Erhöhung der Kapazität für zusätzliche digitale TV-Programme ausgelegt. Zur Realisierung interaktiver Dienste sind dann weitergehende Anpassungen vor Ort vorzunehmen (siehe Technikkapitel). Für den bundesweiten Ausbau der KDG-Netze werde das Unternehmen 500 Mio € investieren, so CEO Steindorf im April 2004 (vgl. Ott 2004).

Highspeed-Internet-Anschlüsse bietet die KDG momentan in den vier Pilotregionen, Berlin, Leipzig, Bayreuth und München an. Weitere Netzcluster wurden in Zusammenarbeit mit der Wohnungswirtschaft und NE-4-Betreibern in Saarbrücken, Hamburg, Dresden und Wilhelmshaven aufgerüstet, um auch dort die schnellen Internet-Zugänge anbieten zu können. Ob in Zukunft weitere Gebiete bidirektional aufgerüstet werden, ist vom Nachweis der Wirtschaftlichkeit in den Pilotregionen abhängig. Erst Ende 2004 soll auf der Basis der Erfahrungen in den Pilotregionen entschieden werden, welche Ausbaustrategie verfolgt wird.

Um zum Endkunden zu gelangen, geht die KDG Kooperationen mit der Wohnungswirtschaft und mit NE-4-Betreibern ein. Die Kooperationsmodelle der KDG gestalten sich dabei ganz unterschiedlich und reichen von ausschließlichen Investitionen in die eigenen Netze bis zur erfolgsabhängigen Finanzierung des Ausbaus fremder NE-4-Netze. Die Modernisierung des Bayreuther Kabelnetzes z. B. kostete die KDG rund 1 Mio € (vgl. Eschenbach 2003).

Die Digitalisierung der Netze sieht die KDG auch vor dem Hintergrund der Vorgaben des neuen Telekommunikationsgesetzes (TKG) als notwendig an. Im neuen TKG wird die effiziente Frequenznutzung gefordert. Auch mit den Zielen der Europäischen Kommission, die im Aktionsprogramm „eEurope" formuliert wurden, sieht sich die KDG mit ihrer Digitalisierungsstrategie im Einklang.

Kabelverband

Ähnlich wie bei der KDG stehen bei Ish und Iesy Ausbaustrategien im Vordergrund, die die vorhandenen Kapazitäten besser nutzen. Wie erwähnt hat aber insbesondere Ish viele Gebiete bereits aufgerüstet und verfügt in den entsprechenden Verbreitungsgebieten über eine hochmoderne Infrastruktur. Vor einem weiteren Ausbau steht nun die effektivere Nutzung der vorhandenen technischen Potenziale und die Kooperation mit den NE-4-Betreibern im Vordergrund.

Anders sieht es bei Kabel BW aus: Kabel BW verfolgt nach wie vor die Strategie, möglichst viele Gebiete aus eigener Kraft und unter Berücksichtigung gewachsener technischer Infrastrukturen weiter auszubauen. Auch wenn die Aufrüstung insgesamt langsamer vorankommt als ursprünglich geplant, bleibt es das Ziel des Unternehmens, möglichst großflächig neue digitale TV-Angebote, Highspeed-Internet und Kabeltelefonie über seine Netze anzubieten.

Andere NE-3- und NE-4-Betreiber

Die anderen NE-3- und NE-4-Betreiber betonen, dass ihre Netze durchgehend in einer besseren technischen Verfassung seien als die der ehemaligen Telekom-Regionalgesellschaften. Eine Modernisierung fand kontinuierlich über die letzten Jahre statt.

Nach Angaben von Hetzig Consult ist ca. die Hälfte aller NE-4-Netze heute bereits „technisch auf den Rückkanal vorbereitet" (Hetzig Consult zitiert in Gries 2003, S. 60). Nach Angaben anderer Branchenexperten ist dies eine zu optimistische Einschätzung. Denn „technisch auf den Rückkanal vorbereitet" bezieht sich lediglich auf ein bestimmtes Potenzial, das tatsächlich in fast allen 450 MHz-Netzen vorhanden ist. Eine praxisnähere Einschätzung bezieht sich auf den Ausbaugrad auf 862 MHz. So wird von verschiednen Branchenexperten geschätzt, dass bis zu 30 % aller NE-4-Netze heute bereits auf 862 MHz ausgebaut sind. Dies ist im Vergleich zu den NE-3-Netzen die überwiegend 450 MHz-Netze sind, ein hoher Wert. Die unabhängigen NE-3- und NE-4-Betreiber und die Wohnungswirtschaft betonen deshalb, sie hätten ihre Hausaufgaben zum größten Teil bereits gemacht.

Landesmedienanstalten

Die Landesmedienanstalten erwarten von der KDG eine Offenlegung ihrer Aufrüstpläne (vgl. DLM 2001). Diese Erwartung wird auch von Seiten des VPRT vorgebracht.

Mit besonderer Aufmerksamkeit verfolgen die Landesmedienanstalten die künftigen Möglichkeiten bzw. Schwierigkeiten bei der digitalen Einspeisung regionaler und lokaler Programme in die Netze der NE-3-Betreiber und insbesondere in die KDG-Netze. Denn nach Auffassung der Landesmedienanstalten erschwert die Absicht der KDG zu einer Zentralisierung ihrer Netze die Einspeisung regionaler Angebote. Die DLM appelliert daher „an Netzbetreiber und Veranstalter, Anstrengungen zur Schaffung regionaler Kabelstrukturen zu unternehmen, um die digitale Verbreitung der Regionalprogramme zu ermöglichen. Die DLM wird ebenfalls nach praktikablen Lösungsmöglichkeiten suchen" (DLM 2004). Hintergrund ist die Ankündigung der KDG, die Zusammenstellung, Aufbereitung und Aussendung aller digitalen Programme für das Kabel zentral über das Playout-Center in Usingen abzuwickeln. Lokale und regionale Sender müssten dann ihre Programme zunächst nach Usingen überspielen, was mit einem erheblichen technischen und finanziellen Aufwand verbunden wäre. Momentan müssen Regionalsender ihre Programme lediglich zur Kabelkopfstation überspielen, die die entsprechenden Netze versorgt (siehe Kap. 4.4).

ZVEI

Der ZVEI fordert den durchgängigen Ausbau der Kabelnetze zu interaktiven Breitbandnetzen über alle Netzebenen bis 862 MHz. Grundsätzlich sollen die Netze mittel- bis langfristig entsprechend den Empfehlungen des Forums ANGA/ZVEI auf 862 MHz mit 65 MHz Rückkanal ausgebaut werden. Auf dem Weg dahin sind allerdings auch Zwischenschritte denkbar (vgl. ZVEI 2002).

8.5 Kooperationen zwischen NE-3- und NE-4-Betreibern

Über die Abstimmung bei der Netzaufrüstung hinaus müssen sich NE-3- und NE-4-Betreiber auch auf anderen Ebenen verständigen, um die Digitalisierung voranzutreiben. Dies wurde bereits bei der Darstellung der Konfliktlinien zum Thema „Adressierbarkeit und Einspeisung der großen Privatsender" deutlich. Im TV-Bereich, dem Kerngeschäft der Netzbetreiber, geht es zum einen um Vermarktungspartnerschaften für digitale Pay-Angebote – insbesondere für das des größten NE-3-Betreibers, der KDG – und zum anderen um die Zukunft der Signallieferung an die NE-4-Betreiber. Beide Ebenen stellen separate, d. h. vertragsrechtlich getrennte Bereiche dar und sollten nicht vermischt werden. Allerdings gibt es gewisse Überschneidungen, die jeweils Gegenstand von Verhandlungen zwischen der KDG und einzelnen NE-4-Betreibern sind.

Hintergrund der Kooperationserfordernisse ist die Netzebenentrennung, die es für die NE-3-Betreiber erforderlich macht, die NE-4-Betreiber für den Zugang zum Endkunden zu gewinnen und die es für die NE-4-Betreiber erforderlich macht, auf die Wünsche der Kabelkunden nach neuen Programmen und Diensten einzugehen, welche sie selbst nicht oder nur eingeschränkt zur Verfügung stellen können.

Kompliziert wird die Kooperation zwischen NE-3 und NE-4 deshalb, weil die KDG im digitalen Bereich ein neues Geschäftsmodell einführen will, das nicht mehr auf der Durchleitung von Fernsehsignalen, sondern auf der Vermarktung einer noch aufzubauenden digitalen TV-Plattform an Programmveranstalter basiert. Wie dargestellt besteht diese digitale Plattform aus den Elementen Verschlüsselung, pay-fähige Dekoder, Smart-Cards, Programm-Paketierung, Abrechnungssystem usw. Für kleine und mittelständische NE-4-Betreiber, aber auch für die größeren überregionalen NE-4-Betreiber, die mit dem Weiterleitungsmodell bislang gut leben konnten, stellt sich die Frage, ob sie den Wandel zum neuen Vermarktungsmodell mitmachen können und welche Vorteile bzw. welche Gefahren sich daraus für sie ergeben.

Die Kooperationsverträge, die die KDG den NE-4-Betreibern im Hinblick auf die Vermarktung des Pay-TV-Angebots „Kabel Digital" vorgelegt hat, werden momentan von den Verbänden und den Netzbetreibern vor Ort kritisch geprüft. Obwohl die KDG betont, dass es sich dabei lediglich um die gemeinsame Vermarktung des Pay-TV-Produkts handelt, befürchten viele NE-4-Betreiber, die nicht das Wiederverkäufer-Modell übernehmen wollen, dass möglicherweise auch die Signallieferungsverträge im digitalen Zeitalter einer Veränderung unterzogen oder ausgehöhlt werden könnten. Sie befürchten, dass ein Großteil der Programme in das Pay-Angebot überführt wird oder zumindest eine einmalige Freischaltung vorausgesetzt, die dann von der KDG und nicht vom NE-4-Betreiber durchgeführt wird.

Kabel Deutschland

Bei den Kooperationsmodellen, die die KDG im März 2004 für die Vermarktung des digitalen Pay-TV-Angebots vorgelegt hat, handelt es sich um folgende drei Varianten:

Das Wiederverkäufer-Modell: Hierbei übernimmt der NE-4-Betreiber einen Großteil der Vermarktung und führt die entsprechenden Werbemaßnahmen selbst durch. Auch das *Billing* und Inkasso ist in diesem Modell auf der Seite des NE-4-Betreibers angesiedelt. Außerdem wird erwartet, dass er eine 24-Stunden *Hotline* für Technik und Service zur Verfügung stellt. Prinzipiell kommt dieses Modell nur für große NE-4-Betreiber in Frage, die sich mit entsprechendem Personal und finanziellen Möglichkeiten an der Vermarktung des KDG-Angebots beteiligen können. Die Endkundenbeziehungen bleiben bei diesem Modell beim NE-4-Betreiber.

Das Vermarktungsmodell: Der NE-4-Betreiber erhält eine Provision bzw. eine Umsatzbeteiligung an den jeweils verkauften Abonnements. Die Endkundenbeziehungen gehen zur KDG über.

Das Durchleitungsmodell: Dieses Modell wird als das Massenmodell für die NE-4-Betreiber bezeichnet, weil es für die meisten kleineren und mittelständischen Netzbetreiber in Frage kommt. Im diesem Kooperationsmodell leiten die NE-4-Betreiber das Angebot der KDG an die Endkunden durch und erhalten dafür ein entsprechendes Entgelt, das sich an der Anzahl der versorgten Wohneinheiten orientiert. In diesem Modell baut die KDG genau wie im Vermarktungsmodell ein neues Endkundenverhältnis zu jenen Kabelkunden auf, die sich für das Pay-Angebot entscheiden. Der Kabelkunde hat in diesem Fall zwei Geschäftsbeziehungen: Zum einen mit dem NE-4-Betreiber oder der Wowi, denen er die Grundgebühr für den

Kabelanschluss bezahlt, und zum anderen mit der KDG oder mit Premiere, denen er die individuellen Abogebühren für das entsprechende Pay-TV-Angebote bezahlt.

Momentan sind Vertriebsfachleute der KDG im Feld und stellen die Kooperationsmodelle den NE-4-Betreibern und der Wohnungswirtschaft vor. Die KDG wirbt bei diesen Unternehmen für ihre Digitalstrategie und weist darauf hin, dass die Einführung der Pay-Plattform nicht automatisch bedeutet, „dass der Endkunde, falls er über das Netz eines NE-4-Betreibers oder das Netz der Wohnungswirtschaft angeschlossen ist, dem NE-3-Betreiber bekannt sein muss. Wie bereits heute beim Angebot der Fremdsprachenprogramme praktiziert, kann der NE-4-Betreiber die für die Freischaltung notwendigen Kabelkarten neutral vom NE-3-Betreiber erhalten, an seine Endkunden weitergeben und falls erforderlich nach beiden Seiten abrechnen. Falls der NE-4-Betreiber jedoch eine direkte Kundenbeziehung zwischen seinem Endkunden und dem NE-3-Betreiber akzeptiert, ist alternativ eine Durchleitungsvereinbarung zwischen NE-3- und NE-4-Betreiber abzuschließen" (Deutscher Kabelverband 2004). Dabei wird betont, dass diese Verträge unabhängig von der Zukunft der Signallieferungsverträge zu sehen sind.

Andere NE-3- und NE-4-Betreiber

Eben dies bezweifeln die anderen NE-3-und NE-4-Betreiber. Sie befürchten, dass es im Zusammenhang mit der Grundverschlüsselung möglich wird, die digitalen Einspeiseverträge mittelfristig auszuhöhlen. Die NE-4-Betreiber würden irgendwann nur noch eine Hülle, ein digitales Restprogramm bekommen, weil die meisten attraktiven Programme von der KDG in den Pay-Bereich verlegt wurden oder zumindest einmalig freigeschaltet werden müssen. Wenn sich die KDG mit den großen Privatsendern auf eine Verschlüsselung ihrer Programme einigt, wird sie Kundenbeziehungen zu allen Kabelkunden, nicht nur zu den Pay-TV-Kunden, aufbauen können.

Auf dieser Prämisse entsteht insbesondere bei den NE-4-Betreibern, die weiterhin reine Infrastrukturanbieter bleiben wollen, die Sorge, dass die KDG versuchen könnte, sie langfristig aus dem Markt zu drängen. Sie könnte dies z. B. tun, wenn Neuverhandlungen über Gestattungsverträge anliegen, indem sie der Wohnungswirtschaft bessere Konditionen anbietet und auf die Entbehrlichkeit der NE-4-Betreiber bei der digitalen Übertragung verweist.

Zwischen der ANGA und der KDG besteht weniger bei der Frage des digitalen Wiederverkäufermodells als bei der der Frage der Ausgestaltung der Durchleitungsmodelle große Uneinigkeit. Viele Mitgliedsunternehmen der ANGA wünschen sich eine Umsatzbeteiligung und lehnen eine auf die jeweils versorgten Wohnungseinheiten bezogene Beteiligung ab.

Als erster Netzbetreiber der NE-4 ist die TeleColumbus Gruppe im Juni 2004 eine umfassende Kooperation mit Kabel Deutschland auf der Basis des Wiederverkäufermodells eingegangen. TeleColumbus wird das Angebot der KDG unter eigenem Namen und auf eigene Rechnung in seinen Netzen vermarkten. Die Kundenbeziehung und Aufgaben wie z. B. Installation, Inkasso und Kundenservice werden bei den Gesellschaften der TeleColumbus liegen. Die Kooperationsvereinbarung umfasst etwa 1,5 Mio Kabelkunden, die durch die TeleColumbus im Vertriebsgebiet der KDG versorgt werden. Dietmar Schickel, Vorstand der TeleColumbus begrüßte die Ergebnisse der Vereinbarung: „Als erster Netzbetreiber der NE 4 ist die TeleColumbus Gruppe eine umfassende Kooperation mit Kabel Deutschland eingegangen. Wir erhoffen uns damit eine Signalwirkung zur weiteren Entwicklung des deutschen Kabelmarktes." (Kabel Deutschland, Pressemeldung vom 8. Juni 2004).

Auch das Vermarktungsmodell für das Highspeed-Internet-Angebot könnte als Vorbild für künftige Netzebenen übergreifende Kooperationen wirken. Seit April 2004 hat die TeleColumbus mit dem NE-3-Betreiber Ish in NRW einer Vermarktungspartnerschaft für den Internet-Bereich. Unter dem Namen „InfoCity 2M powered by Ish" wird das Kabelmodemangebot gemeinsam vermarktet. Auch hier verbleiben die Endkundenbeziehungen bei TeleColumbus (siehe Kap. 2.4).

Landesmedienanstalten

Die Landesmedienanstalten forderten bereits in ihrem Eckwerte-Papier zum Digitalumstieg aus dem Jahr 2001 eine Integration der Netzebenen: „Die Zersplitterung der Netzstrukturen auf NE3 und NE4 ist - unter technischen und wirtschaftlichen Gesichtspunkten betrachtet - für den schnellen Ausbau ungünstig. Die Landesmedienanstalten unterstützen daher Entwicklungen hin zu wirtschaftlich tragfähigen Strukturen, auch wenn dies unter konzentrationsrechtlichen Gesichtspunkten neue Herausforderungen mit sich bringt" (DLM-Eckwerte-Papier vom 8. Juni 2001 und epd medien Nr. 10 vom 11. Februar 2004).

8.6 Kundennachfrage und Dauer der Simulcast-Phase

Kundennachfrage

Die Einschätzung der Nachfrageentwicklung, des Bedarfs und der Potenziale für neue Programmangebote und Dienste ist entscheidend für die Erwartungen hinsichtlich des Charakters und der Geschwindigkeit der Digitalisierung. Der Punkt der Kundennachfrage ist in allen Meilensteinen präsent und bildet eine übergeordnete Rahmenbedingung der Digitalisierung. Er lässt sich nicht isoliert betrachten, soll hier aber wegen seiner themenübergreifenden Wichtigkeit separat genannt werden. Bei der Darstellung der Meilensteine hat sich gezeigt, dass die Entwicklung der Kundennachfrage, z. B. hinsichtlich neuer Pay-TV-Angebote, von unterschiedlichen Akteuren unterschiedlich beurteilt wird.

Dauer der Simulcast-Phase

Weiterhin von entscheidender Bedeutung für die Digitalisierung der deutschen Kabel-TV-Netze ist eine Einigung der Marktakteure darüber, wie lange die Phase der parallelen Verbreitung analoger und digitaler TV-Programme dauern soll. Die Bundesregierung hat in der Initiative Digitaler Rundfunk das Jahr 2010 für den analogen *Switch-off* in der terrestrischen Rundfunkübertragung vorgegeben. Bei der Umstellung auf DVB-T in der Pilotregion Berlin-Brandenburg wurde ein „harter" Umstellungstermin gewählt, d. h. es wurde von einem bestimmten Zeitpunkt an nur noch digital übertragen. Lediglich auf einigen Frequenzen wurden - auf wenige Monate beschränkt - Programme im Simulcast ausgestrahlt. Eine ähnliche Vorgehensweise wäre aus heutiger Sicht für das deutsche Kabel problematisch. Möglicherweise ist dies auch gar nicht notwendig, denn das Kabel enthält sehr viel größere Frequenzreserven als die Terrestrik und ein Nebeneinanderher von analoger und digitaler Übertragung stellt insbesondere auf ausgebauten 606 oder 862 MHz-Netzen heute kein Problem dar.

Darüber hinaus eignet sich das Kabel-TV-Netz für neue, interaktive Anwendungen, die sich über die Terrestrik nicht oder nur über komplexe Hybridsysteme (Rückkanal z. B. über das Telefon) realisieren lassen. Dies bedeutet aber gleichzeitig, dass die Kabelnetzbetreiber den Digitalumstieg sehr viel stärker an neue, attraktive Angebote und Inhalte koppeln müssen, als dies beispielsweise bei DVB-T oder auch beim digitalen Satelliten der Fall ist. Dort genügt oft das Argument eines erweiterten Fernseh-Angebots.

Zur Entwicklung neuer attraktiver Programmangebote sowie interaktiver Zusatzdienste mit entsprechendem Mehrwert für die Nutzer bedarf es allerdings mehr Zeit, größerem finanziellen Einsatz, der Bereitschaft zu Versuch und Irrtum und dem Risiko, innovative Medienideen umzusetzen. Deshalb könnte eine zu kurzfristig angesetzte Abschaltung der analogen Frequenzen kontraproduktiv für die Entwicklung des digitalen Fernsehens in Deutschland sein.

Unbeschadet dessen ist langfristig auch für das Kabel ein verbindlicher Abschalt-Termin notwendig, um Planungssicherheit für Plattformbetreiber, Programmanbieter, Diensteentwickler, Gerätehersteller und die privaten Haushalte zu ermöglichen.

Trotz der angeführten Bedenken hinsichtlich eines sehr raschen Umstiegs, gibt es prinzipiell auch beim Kabel zwei Möglichkeiten der Umstellung: „Auf einen Rutsch" oder „Umstieg auf Raten." Eine Umstellung „in einem Rutsch" hätte den Vorteil, dass auch die Kanäle im UHF-Band IV und V (K21 bis K 69) sofort für die digitale Belegung zur Verfügung stünden. Bis zu 500 digitale Programme könnten dann sofort digital auch in nicht ausgebauten Kabelnetzen eingespeist werden. Bei einem „Umstieg auf Raten" würden dagegen beispielsweise pro Jahr vier oder fünf Kanäle auf digital umgestellt. Bei der schrittweisen Umstellung würden wahrscheinlich zunächst die kleineren Spartenprogramme ihre analogen Kabelplätze räumen müssen. Digital wird ihnen dann jedoch die Reichweite fehlen, um sich durch Werbung weiterhin finanzieren zu können.

Wichtig bei einem „Umstieg auf Raten" ist, dass es verbindliche Absprachen der Marktakteure über das Vorgehen gibt. Diese Notwendigkeit wird auch von den Marktakteuren selbst gesehen. Ein verbindlicher Zeitplan könne verhindern, dass einer der Marktakteure am Ende als „böser Bube dasteht, der den Leuten das analoge Fernsehen wegnimmt," so z. B. Peter Strizl von ewt/tss (vgl. Stritzl 2003).

Im Mittelpunkt der im Folgenden dargestellten Positionen der Marktakteure zum Thema „Dauer der Simulcast-Phase" steht die Frage nach einem „weisen" Umstieg von analog zu digital.

Insgesamt sollte beachtet werden, dass ein fester Abschalttermin im Jahr 2010 bedeutet, dass in den nächsten 7 Jahren jedes Jahr mindestens 3 Mio Kabeldecoder verkauft werden müssen, damit in jedem heute angeschlossenen Kabelhaushalt zumindest ein TV-Gerät digitales Fernsehen empfangen kann. Da in vielen Haushalten Zweit- und Drittgeräte vorhanden sind, sollte die Gesamtzahl von 22 Mio noch weit höher angesetzt werden. Dabei entsprechen 3 Mio Set-top-Boxen der *Gesamtzahl* des für 2004 erwarteten Absatzes (1 Mio für DVB-T, 1,5 Mio für digitalen Satellitendirektempfang und 500.000 für digitales Kabel).

Kabel Deutschland

Die Kabel Deutschland GmbH hat ein prinzipielles Interesse an einer möglichst raschen Abschaltung der analogen Ausstrahlung. Nur auf der digitalen Plattform kann sie ihre neuen Geschäftsmodelle realisieren und zusätzliche Bezahl- und Mehrwertdienste anbieten. Während Ende 2003 noch vermutet wurde, dass die KDG für 2005 möglicherweise eine Abschaltung „auf einen Rutsch" plane, wird dies heute nicht mehr als realistisch angesehen. Vielmehr setzt der Netzbetreiber heute auf einen „nicht forcierten Ausstieg", so dass die analoge Verbreitung „so lange wie möglich" aufrechterhalten bleibt (vgl. Wagner 2004).

Kabelverband

Die Kabelnetzbetreiber des Kabelverbandes forderten in ihrer Stellungnahme vom Dezember 2003 weder eine „Zwangsdigitalisierung" noch eine öffentlich-rechtliche Subventionierung, wie sie im Bereich der Terrestrik vorgenommen wird. Die Kabelnetzbetreiber KDG, Ish, Kabel BW und Iesy seien vielmehr bereit, „insoweit in finanzielle Vorleistung zu gehen. Um diese Vorleistungen aber auch gegenüber Gesellschaftern und Investoren rechtfertigen zu können, ist ein verbindlicher Digitalisierungsplan erforderlich" (Deutscher Kabelverband e.V. 2003). Durch die umfassende Realisierung des Simulcast soll dabei der Wettbewerb auf der Inhalteseite belebt werden, um eine Anbietervielfalt und die Entwicklung neuer Dienste „zu Gunsten des Endkunden zu erzielen" (Deutscher Kabelverband e.V. 2003).

Für den Kabelverband ist es vor dem Hintergrund der rechtlichen Vorgaben und der notwendigen Planungssicherheit wichtig, einen Digitalisierungsfahrplan festzulegen: „Der auszuarbeitende Digitalisierungsfahrplan sollte dabei klarstellen, wann mit der Abschaltung analogen Spektrums begonnen werden muss und ab wann eine analoge Nutzung nicht mehr möglich sein wird. Darüber hinaus sollten Kriterien für die dazwischenliegenden Schritte entwickelt werden." Der Digitalisierungsfahrplan soll innerhalb der Initiative digitaler Rundfunk und unter Einbeziehung aller relevanten Marktteilnehmer festgelegt werden (vgl. Deutscher Kabelverband e.V., 2003).

In einer Stellungsnahme vom April 2004 unterstreicht der Kabelverband, dass eine Abschaltung analoger Programme im Kabel durch eine konzertierte Aktion zwischen Programmanbietern, Kabelnetzbetreibern und den zuständigen Regulierungsbehörden angegangen werden sollte: „Grundvoraussetzung hierfür ist zunächst die Schaffung eines Massenmarktes für digitale Empfangsgeräte im Kabel und die Akzeptanz der Endkunden für die angebotenen digitalen Services. Hierdurch wird den Programmveranstaltern die Sicherheit geboten, zunächst durch Simulcast den Einstieg in die Digitalisierung gemeinsam mit den Kabelnetzbetreibern angehen zu können, ohne dass damit gleichzeitig der Ausstieg aus der analogen Verbreitung durch Abschaltung von Kanälen verknüpft ist" (Deutscher Kabelverband 2004a).

Andere NE-3- und NE-4-Betreiber

Für die anderen NE-3- und NE-4-Betreiber muss für die Simulcast-Phase prinzipiell so viel Zeit eingeplant werden, bis die Mehrheit der Kunden vom Digitalfernsehen überzeugt worden sind. Die Netze der unabhängigen NE-3- und NE-4-Betreiber sind meist amortisiert und ihr bestehendes Geschäftsmodell hat sich seit Jahren bewährt. Sie sehen sich nicht unter dem Druck, möglichst schnell neue Erlösquellen zu erschließen und haben es mit der Umstellung generell nicht eilig.

Darüber hinaus zweifeln sie am Erfolg von weiteren Pay-TV-Angeboten und begründen dies mit der Kenntnis der Lage der Kunden vor Ort oder mit Hinweis auf die schleppende Abonnentengewinnung von Premiere. Weiterhin sehen die unabhängigen NE-3- und NE-4-Betreiber nicht die Möglichkeit einer Abschaltung „von heute auf morgen" wie bei DVB-T. Im Gegenteil: Die Erfahrungen in Berlin geben nach ihrer Einschätzung Anlass zu einem behutsamen Vorgehen. Fast 37 % der vormalig analog-terrestrisch versorgten Haushalte haben dort die analoge Abschaltung zum Anlass genommen, zu Kabel oder Satellit zu wechseln. Im Kabel wäre ein derartiger Kundenverlust „völlig inakzeptabel" (ANGA 2004). Weiter heißt es in der Stellungnahme der ANGA zur Digitalisierung: „Einer der Vorteile des Kabels liegt gerade in der Fähigkeit zu einem simultanen Empfang in analoger und digitaler Technik. Diese Kombination gilt es im Wettbewerb der Übertragungswege verstärkt zu nutzen."

ARD und ZDF

Die öffentlich-rechtlichen Sender wollen mit einem verbindlichen Digitalisierungsfahrplan ihre eigenen Digitalaktivitäten absichern. Dabei ist für sie das Jahr 2010 ein wichtiges Datum. Beim Satellitendirektempfang erwarten ARD und ZDF, dass bis 2010 fast nur noch digitale Empfangsgeräte vorhanden sein werden: Im Sommer 2003 haben sie eine Absichtserklärung mit dem Satellitenbetreiber SES-Astra unterzeichnet, wonach im Jahre 2010 die analoge Übertragung der TV-Programme über Satellit unter bestimmten Voraussetzungen aufgegeben werden soll. Dieser Vertrag stellt nach Einschätzung von Branchenexperten einen wesentlichen Schritt zur Digitalisierung der Fernsehübertragung dar, der auch Auswirkungen auf das Kabel haben könnte (vgl. BMWA 2003).

VPRT

Die Ausgestaltung der Migration ist vor allem für die Privatsender ein zentraler Punkt. Für sie müssen ihre Programme weiterhin unkompliziert und diskriminierungsfrei zu empfangen sein. Prinzipiell darf für den VPRT ein Umstiegsszenario keine analoge Zwangsabschaltung seitens der Netzbetreiber vorsehen. Dies würde einen Reichweitenverlust für die privaten Programme bedeuten (vgl. VPRT 2004a).

Für den VPRT ist eine kurze Simulcast-Phase nur dann akzeptabel, wenn „das Problem des Reichweitenverlusts auf Grund der mangelnden Ausstattung der Haushalte mit einer digitalen Empfangsmöglichkeit bereits vor Beginn der Umstellung gelöst ist. Für die privaten Programmanbieter, die existenziell auf die Verbreitung über das Breitbandkabel angewiesen sind, wäre ein durch die Umstellung von der analogen auf die digitale Verbreitung bedingter Reichweitenverlust von höchstens fünf Prozent allenfalls für einen sehr kurzen Zeitraum hinnehmbar. Andernfalls ist eine längere Simulcast-Phase vorzusehen, um in dieser Zeit eine entsprechende Ausstattung der Haushalte vornehmen zu können" (VPRT 2003).

In jedem Fall, so fordert der VPRT, muss der Simulcast ohne zusätzliche Kosten für die Programmanbieter von statten gehen. Daneben fordert der VPRT ein mit allen Beteiligten abgestimmtes Umstellungsszenario. Die Einzelheiten der Digitalisierung sollten grundsätzlich den beteiligten Sendern in den Verhandlungen mit den Netzbetreibern überlassen bleiben. Die zeitliche Komponente eines Umstiegs soll sich nach Auffassung des VPRT entlang der Marktgegebenheiten entwickeln. Der VPRT hat sich stets gegen eine gesetzliche oder sonstige Art der Festschreibung fixer Abschaltzeitpunkte im Zusammenhang mit der Digitalisierung gewandt.

Der VPRT fordert gleichzeitig Offenheit und Transparenz der Parameter des Umstiegs für alle Beteiligten. Dazu gehört beispielsweise auch, dass die Netzbetreiber ihre jeweiligen Ausbaustrategien offen legen (siehe Kap. 8.4).

Premiere

Der Pay-TV-Sender Premiere spricht sich indirekt für eine kürzere Simulcast-Phase aus. Denn eine lange Simulcast-Phase hätte zur Folge, dass Pay-Programme, die die Netzbetreiber selbst zusammenstellen und vermarkten, aus Kapazitätsgründen bevorzugt würden. In diesem Zusammenhang weist Premiere auf das Diskriminierungspotenzial gegenüber den Programmanbietern hin, das sich daraus ergibt, dass Infrastrukturanbieter im digitalen Bereich erstmals selber Inhalte vermarkten und anbieten. Nach Auffassung von Premiere gibt es zwischen der Vermarktung und Veranstaltung eigener Angebote keinen Unterschied, weil die Interessenslage des Netzbetreibers mit der eines Programmveranstalters identisch ist, sobald er das Programmangebot Dritter gegen Zahlung einer Pauschalsumme vermarktet. Da mit einem Ausbau der Breitbandkabelnetze nach derzeitigem Stand nicht überall zu rechnen ist, würde eine lange Simulcast-Phase das Diskriminierungspotenzial verschärfen: Die Kabelnetzbetreiber könnten mit dem Argument der Kapazitätsengpässe diejenigen Programme von ihrer digitalen Plattform ausschließen, die in direkter Konkurrenz zu ihrem einen Pay-TV-Portfolio stehen.

Landesmedienanstalten

Die Landesmedienanstalten haben bereits 2001 einen detaillierten Vorschlag zu Ausgestaltung und Dauer des Simulcast-Betriebs gemacht. Dieser Vorschlag sieht im Kern einen reichweitenbezogenen Stufenplan vor: Solange im jeweiligen Netz nicht eine Reichweite von 20 % der angeschlossenen Haushalten mit digitalen Empfangsgeräten erreicht ist, ist der Bestand an allen analogen Programmplätzen unberührt zu lassen. Ab einer Reichweite von 20 % und dann je weitere 5 % Reichweitenzuwachs ist jeweils ein Kanal zu digitalisieren. Ab einer gewissen Stufe ist der Umstieg zu beschleunigen.

Um den Reichweitenverlust in der Übergangsphase auszugleichen, könnte insbesondere für Frühumsteiger, evtl. auch für alle vorrangigen Programme, die (zusätzliche) digitale Verbreitung befristet unentgeltlich erfolgen.

Bei einer gleichzeitigen Versorgung der Nutzer mit entsprechenden Empfangsgeräten (90 %) könnten dann mit einem Schlag alle Kanäle eines Netzes umgeschaltet werden. Lediglich zur Sicherung einer Restversorgung beispielsweise für Zweitgeräte ist das Band III (7 Programme) analog zu belassen (vgl. DLM, 2001). Bei diesem Vorschlag handelt es sich um einen Diskussionsanstoß aus dem Jahr 2001. Er wird derzeit von den verschiedenen Landesmedienanstalten überarbeitet.

ZVEI

Der Fachverband Empfangsantennen- und Breitbandverteiltechnik im ZVEI tritt für einen Umstieg von analogen auf digitale Programme noch vor dem Jahr 2010 ein (vgl. ZVEI 2002). Nur wenn möglichst rasch ein exakter und zeitlich überschaubarer Zeithorizont festgelegt wird, entsteht nach Einschätzung des ZVEI Planungssicherheit für die Hersteller der technischen Komponenten und der Endgeräte. Außerdem wird durch einen verbindlichen Fahrplan gewährleistet, dass die Kunden „schon jetzt im Hinblick auf einen absehbaren Stichtag qualifiziert beraten" werden können (vgl. ZVEH 2004).

8.7 Gemeinsames Kommunikationskonzept für die Einführung des digitalen Fernsehens in Deutschland

In der breiten Bevölkerung ist das Thema „digitales Fernsehen" noch immer zu wenig bekannt. Bis heute ist für viele „digitales Fernsehen" gleichbedeutend mit Pay-TV. Dabei wird im Jahr 2004 erstmals eine breitere Auseinandersetzung mit den Möglichkeiten und Vorteilen des digitalen Fernsehens in Gang gesetzt werden. Grund dafür ist zum einen die Digitaloffensive beim terrestrischen Fernsehen und zum anderen die Einführung von (teilweise kostenpflichtigen) Digitalangeboten der Kabelnetzbetreiber. Entsprechend ist eine zunehmende Auseinandersetzung der Konsumenten mit dem Thema Digitalfernsehen allgemein und der Frage nach der Anschaffung der zum Empfang notwendigen Endgeräte zu erwarten. Aus der Sicht der Zuschauer wird es erstmalig unabhängig von der Entscheidung für oder gegen ein Pay-TV-Abonnement zu einer Bewertung kommen, worin der relative Vorteil des Digitalfernsehens gegenüber dem bewährten analogen Fernsehempfang liegt (vgl. Heil 2004).

Und hier könnte eine Kommunikations- und Marketingkampagne ansetzen, in der die Themen „mehr Auswahl, mehr Programme", „Special Interest Programme", „bessere Bild- und Tonqualität" und „interaktive Zusatzangebote" im Vordergrund stehen könnten. Eine entsprechende Kampagne, die von allen Marktakteuren getragen wird, könnte letztlich das Wechselverhalten der Zuschauer entscheidend beeinflussen.

Bisher waren die Einführungskampagnen eher verhalten und meist lokal begrenzt: Kabel Deutschland eröffnete z. B. Anfang April 2004 seinen „digitalen Kiosk", Ish wagte sich bereits im Herbst 2003 mit einem digitalen *Showcase* nach vorne. PrimaCom bietet seit langem eigene digitale Programme an. Für Fremdsprachenprogramme, die auch seit Jahren digital verfügbar sind, wurde so gut wie gar keine Werbung gemacht. Statt gemeinsam mit einem Paukenschlag das digitale Kabel zu starten, hört man von den Netzbetreibern nur hier und da leise Startschüsse. Es bietet sich an, die verschiedenen Digitaloffensiven im Interesse der Netzbetreiber zu bündeln und auch die anderen Marktpartner entsprechend einzubinden.

Ob es allerdings gelingen wird, alle Marktpartner auf eine gemeinsame, umfassende Kommunikationsstrategie festzulegen, muss vor dem Hintergrund der vielen Partikularinteressen im deutschen Medienmarkt bezweifelt werden.

Ein gewisser Anfang wurde bei den interaktiven Zusatzangeboten gemacht: Ende Februar 2004 haben Free-TV-Anbieter und Gerätehersteller in Deutschland eine gemeinsame Vermarktungsinitiative für MHP vereinbart. Durch ein gemeinsames Maßnahmenpaket soll die Verbreitung von MHP-fähigen Boxen und MHP-Anwendungen vorangetrieben werden. ARD und ZDF bieten bereits seit Sommer 2002 MHP als regulären Dienst im Free-TV an und entwickeln diesen stetig weiter. RTL bietet eine Programmübersicht und einen Programm-Navigator für die verschiedenen Sender der RTL-Gruppe sowie eine interaktive Begleitung der Quiz-Show „Wer wird Millionär" an und ProSiebenSat1 wird im Laufe des Jahres ebenfalls mit MHP-Anwendungen folgen (eine Aufstellung der aktuell verfügbaren MHP-Angebote findet sich in Anhang A). Weitere Marktteilnehmer wie Premiere und die Kabelnetzbetreiber wurden eingeladen, die Verbreitung des interaktiven digitalen Fernsehens auf Basis von MHP zu unterstützen.

Anlass für diese Maßnahme war die Erkenntnis, dass nur über intensivere Marketingmaßnahmen das digitale interaktive Fernsehen vorangebracht werden kann. So hatte z. B. Lutz Mahnke von der Deutschen TV-Plattform gefordert, dass sich insbesondere die Rundfunkanstalten viel mehr an Kommunikationsmaßnahmen beteiligten sollten: „Es reicht nicht, nur eine Promotion „Pilawa gibt es auch interaktiv" einzublenden" (Interview in DigitalFernsehen am 27. Februar 2004).

9 Entwicklung eines Szenarios zur vollständigen Digitalisierung der Kabel-TV-Netze

Nach der Darstellung der zentralen Bausteine und Konfliktlinien der Digitalisierung geht es in diesem Kapitel um die Erstellung eines Szenarios zur vollständigen Digitalisierung der Kabel-TV-Netze. Unter „Szenario" wird dabei die zeitliche Anordnung der Meilensteine und die Beschreibung ihrer inhaltlichen Verknüpfungen verstanden. Das Szenario stellt gewissermaßen einen „Fahrplan" dar, der aufzeigt, in welcher Reihenfolge die zentralen Konfliktpunkte abgearbeitet werden müssen. Darüber hinaus wird gezeigt, welche Abhängigkeiten zwischen den Meilensteinen bestehen und wie sie aufeinander aufbauen.

Grundlage für die zeitliche Anordnung der Meilensteine sind die Experteneinschätzungen, die in Interviews, auf Fach-Veranstaltungen, in Fach-Artikeln und den beiden Projekt-Workshops im April und September 2004 in Bonn eingeholt wurden. Für die inhaltlichen Verknüpfungen der Meilensteine stellt das vorangegangene Kapitel die Grundlage dar.

Abbildung 30 zeigt zunächst die zeitliche Anordnung der in Kapitel 8 definierten Meilensteine. Die Anordnung der sieben Meilensteine auf der Zeitachse basiert auf einer ersten Einschätzung von den Experten im Workshop im April 2004.

Abbildung 30: Anordnung der Meilensteine für die Digitalisierung auf der Zeit- und Digitalisierungsachse

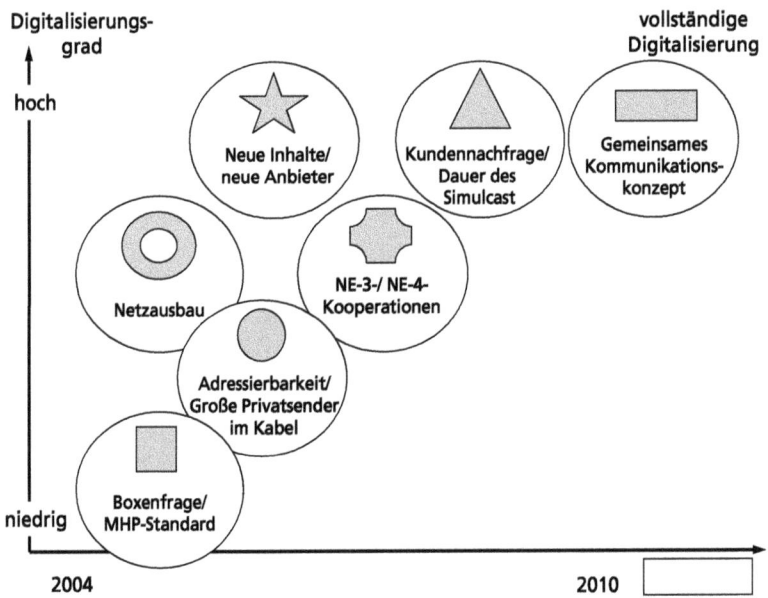

Basierend auf dieser Anordnung, die deutlich den vordringlichen Charakter der Themenfelder „Boxenfrage" und „Adressierbarkeit" zeigt, werden für die Entwicklung des eigentlichen Szenarios in diesem Kapitel die zentralen Entscheidungspunkte der Digitalisierung herausgearbeitet. Dabei wurden die ursprünglich als separate Meilensteine angesehenen Punkte „Kundennachfrage" und „Gemeinsames Kommunikationskonzept" gemeinsam gewissermaßen vor die Klammer gezogen: Denn bei beiden Punkten handelt es sich nicht um Etappen, sondern um ständig begleitend ablaufende Prozesse bzw. Aktionen.

Es soll an dieser Stelle erwähnt werden, dass der hier verwendete Szenariobegriff von dem in der Wissenschaft gebräuchlichen abweicht: Im hier vorliegenden Szenario werden keine alternativen Zukunftsentwürfe präsentiert, die auf der Berechnung von Eintrittswahrscheinlichkeiten bestimmter Entwicklungen basieren. Es werden auch keine Ausprägungen von Determinanten vorgestellt, die durch bestimmte Verrechnungsmethoden zu einem optimistischen oder pessimistischen Zukunftsbild zusammengeführt werden. Obwohl es auch möglich gewesen wäre, nach der klassischen Szenariomethode vorzugehen, wurde in dieser Studie bewusst darauf verzichtet, Alternativszenarien zu entwickeln.

Ziel des hier verfolgten Szenarioansatzes ist es vielmehr, den Weg zu einer vollständigen Digitalisierung der Kabelnetze aufzuzeigen und dabei die jeweils anliegenden zentralen Entscheidungspunkte zu benennen. Dabei wurde darauf verzichtet, Entscheidungen vorwegzunehmen, die momentan Gegenstand von Verhandlungen der Marktakteure sind, oder die sich z. B. im Zuge des Kartellamtsverfahrens zur Konsolidierung der NE-3 ergeben könnten. Auch auf die Festlegung fixer Jahre, bis zu denen der eine oder andere Meilenstein erreicht werden sollte, wurde verzichtet. Die Zeitachse wurde über das Jahr 2010 hinaus gezeichnet, um den gestaltbaren Charakter der Entwicklung zu betonen.

Abbildung 31 zeigt das Szenario im Überblick. Neben der Zeitachse sind die Meilensteine auf der „Digitalisierungsachse" (hoch/niedrig) verortet. Da die Meilensteine in der dargestellten Form aufeinander aufbauen, steigt der Digitalisierungsgrad kontinuierlich mit jeder erreichten Teil-Etappe weiter an, bis eine vollständige Digitalisierung erreicht ist.

Die unterschiedlichen Standpunkte der Akteure zum Thema „Dauer des Simulcast" lassen es wenig sinnvoll erscheinen, das Jahr 2010 als festen Endpunkt der Entwicklung zu betrachten. Dennoch wurde das Jahr 2010 auf der Zeitachse als Orientierungsmarke eingezeichnet. Bei einer optimalen Pfadwahl könnte 2010 durchaus ein hoher Digitalisierungsgrad erreicht sein, der die Aufrechterhaltung des Simulcasts ab diesem Zeitpunkt überflüssig machen würde.

Obwohl einige Strukturbedingungen des deutschen Kabelmarktes gegen die Erwartung einer raschen Digitalisierung sprechen, hat die Entwicklung der letzten Monate gezeigt, dass Veränderungen möglich sind und dass alle Akteure der Kabel- und Medienbranche unter einem staken Veränderungsdruck stehen. Die Fähigkeit zu schnellen Einigungen, die im Stande sind, jahrelange Streitpunkte zu lösen und dadurch den Blick auf zukünftige Herausforderungen wieder zu öffnen, zeigt beispielsweise die Einigung von Kabel Deutschland mit ARD und ZDF über die Einspeisung ihrer Digitalbouquets Ende März 2004. Eine ebenso rasche Lösung der Verschlüsselungs- bzw. Einspeisungsfrage der großen Privatsender scheint derzeit zwar wenig wahrscheinlich, weil grundsätzliche Positionen auf beiden Seiten damit verknüpft sind, sie ist aber nicht unmöglich und es wird bilateral weiter darüber verhandelt.

Abbildung 31: Szenario der Digitalisierung mit den Entscheidungspunkten

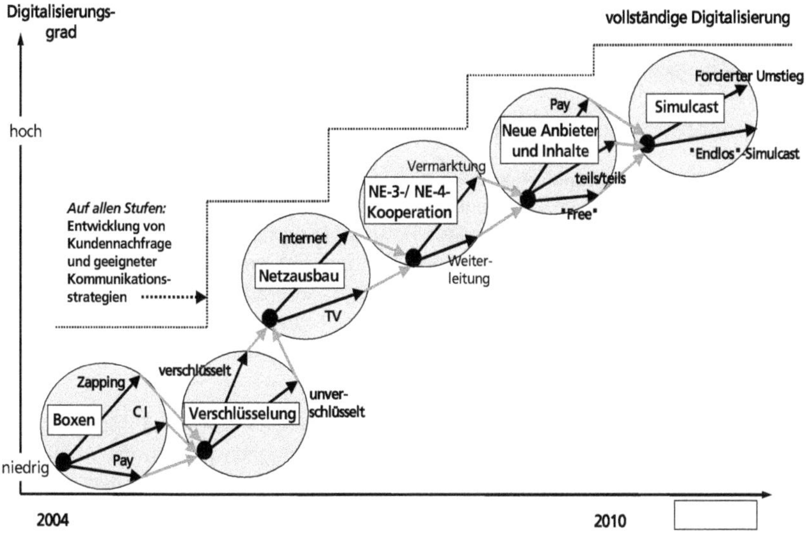

Im Folgenden werden nach der Beschreibung der Themen „Kundennachfrage" und „Kommunikationsstrategie" die zentralen Entscheidungspunkte und ihre potenziellen Konsequenzen in der Reihenfolge ihrer Dringlichkeit dargestellt. Obwohl es teilweise starke Überschneidungen zwischen den Meilensteinen gibt, wurde die analytische Trennung aufrechterhalten, um eine strukturierte Beschreibung zu ermöglichen. Der Weg zu einer vollständigen Digitalisierung muss demnach über folgende Teil-Etappen verlaufen:

1. Boxenfrage und MHP-Standard

2. Adressierbarkeit/Große Privatsender im Kabel

3. Netzausbau

4. NE-3/NE-4-Kooperationen

5. Neue Inhalte/neue Anbieter

6. Dauer des Simulcast

Um den Grundcharakter und die Tragweite der Entscheidungen in den jeweiligen Bereichen zu verdeutlichen, wurden den folgenden Beschreibungen stark polarisierende Überschriften vorangestellt. Diese werden im Text entsprechend erläutert und in einen größeren Zusammenhang gestellt.

Die Reihenfolge, in die die Meilensteine in Abbildung 31 gebracht wurden, ist als Vorschlag zu sehen, der in der Logik des Vorgehens begründet ist. Prinzipiell lassen sich aber auch andere Schrittfolgen denken. So könnten z. B. neue Inhalte und neue Anbieter unmittelbar nach der Einigung über eine gemeinsame Boxenstrategie entstehen. Auch die NE3/NE4-Kooperationen könnten als wichtiger Meilenstein an einer früheren Stelle platziert werden. Eine umfängliche Kooperationsvereinbarung zwischen NE-3 und NE-4 in allen wichtigen Fragen der Digitalisierung würde prinzipiell verschiedene andere Meilensteine überflüssig machen.

Kundennachfrage und Kommunikationskonzept

Der Punkt der Kundennachfrage zieht sich durch alle Meilensteine der Digitalisierung. „Digitales Fernsehen" ist ebenso wie „breitbandiges Internet" oder „interaktive TV-Angebote" ein erklärungsbedürftiges Produkt. Mehr noch, sie sind so genannte Erfahrungsgüter, deren Nutzen sich den Kunden erst erschließen, wenn sie sie tatsächlich nutzen. Vor der eigentlichen Nutzung steht allerdings eine nicht unerhebliche Investitionsentscheidung: Set-top-Box, Kabelmodem, Installation, Freischaltentgelt usw. sind Kostenelemente, die den Nutzern eine spontane Entscheidung für ein neues Angebot erschweren.

Mit entsprechend geschultem Verkaufspersonal, Demonstrations- und *Showrooms*, Schnupperangeboten und geeigneten Marketingkampagnen können die Anbieter die Schwelle zur Anschaffung der Technik senken und Interesse an den neuen Angeboten wecken. Dabei zeigt die Erfahrung bei der Verbreitung von Internet und Pay-TV in Deutschland, dass die Nutzer sehr sensibel auf die Preisgestaltung reagieren. Auch die neuen digitalen TV-Angebote im Kabel werden danach bewertet werden, welche Vorteile sie zu welchem Preis gegenüber konkurrierenden Angeboten wie z. B. Internet via DSL, Pay-TV über Satellit oder Free-TV über DVB-T bieten.

Da eine Verknappung der analogen TV-Programme im Kabel aus rechtlichen Gründen nicht möglich ist, sind die Netzbetreiber darauf angewiesen, über zusätzliche exklusive Inhalte und Anwendungen sowie über die Gestaltung der Preise - in der Pay-Variante insbesondere für die Kabelbox - Nachfrage zu erzeugen. In der Free-TV-Variante spielen die Kosten für die Box ebenfalls eine wichtige Rolle. Allerdings wird es hier schwieriger werden, eine einheitliche Marketing- und Kommunikationsstrategie für das „digitale Fernsehen" als solches zu starten, weil es keinen starken Plattformbetreiber gibt, sondern viele Akteure mit vielen Angeboten, die jeweils separat beworben werden.

Die Umsetzung eines gemeinsamen, von allen wichtigen Akteuren getragenen Kommunikationskonzepts kann dabei prinzipiell eine Möglichkeit sein, Entwicklungen wie bei der Einführung von Digital Audio Broadcast (DAB) zu vermeiden. Sobald die grundlegenden Fragen zwischen den Akteuren geklärt sind, könnte ein gemeinsames Kommunikationskonzept dazu beitragen, das Wissen über und die Nachfrage nach digitalen TV-Angeboten insgesamt zu erhöhen.

In der momentanen Phase ist es schwer vorstellbar ist, dass sich die Akteure auf ein gemeinsames Marketing- und Kommunikationskonzept einigen. Zu unterschiedlich sind gegenwärtig die Interessen der einzelnen Akteure. Netzbetreiber, Programmveranstalter und Gerätehersteller vermarkten jeweils ihre eigenen Produkte, eine übergeordnete Koordination fehlt bislang ganz. Deshalb kann diese Aufgabe vermutlich erst bei einem fortgeschrittenerem Digitalisierungsgrad angegangen werden.

Wie gezeigt fehlt es nicht an Forderungen der Akteure, ein gemeinsames Kommunikationskonzept zu erstellen und das gemeinsame Ziel der Digitalisierung in der Öffentlichkeit entsprechend darzustellen und zu bewerben.

Bei diesem, die Meilensteine flankierenden Prozess, besteht daher Potenzial, durch Koordination den Digitalisierungspfad zu beschleunigen. Ausländische Erfahrungen zeigen, dass es koordinierter Kommunikation bedarf und diese dem Prozess zudem auch insgesamt Struktur verleihen kann. Die große Zahl unterschiedlicher Akteure mit teilweise divergierenden Interessen spricht dabei für eine neutrale Plattform.

9.1 Die Boxenfrage: Zapping-Box, voreingestelltes Verschlüsselungssystem oder Common-Interface

Die Beantwortung der Boxenfrage bildet zusammen mit der Entscheidung für oder gegen eine Verschlüsselung der großen Privatsender den ersten und momentan wichtigsten Baustein im Digitalszenario. Dabei geht es um die Frage, wie geeignete Set-top-Boxen möglichst rasch in möglichst viele Haushalte gebracht werden können. Eine ausreichende Boxenpopulation ist Voraussetzung sowohl für die Entwicklung einer vielfältigen Pay-TV-Welt als auch für das Entstehen einer digitalen Programmvielfalt im Free-TV-Bereich. Langfristiges Ziel ist es, die Technik der Boxen in neue TV-Geräte zu integrieren.

Die Boxenfrage ist deshalb zentral für die Zukunft des digitalen Kabelmarktes, weil die technische Ausstattung der Boxen darüber bestimmt, welche Geschäftsmodelle letztlich realisiert werden und welche Angebote sich entwickeln können. Ist ein bestimmter Decodertyp erst einmal in größeren Stückzahlen in den Haushalten installiert, ist es für den Plattformbetreiber sehr schwierig, eine grundlegend andere Geschäftsstrategie einzuschlagen.

Dabei geht es um die prinzipielle Entscheidung, ob Boxen *mit* einem Verschlüsselungssystem an Bord (embedded CA) bzw. Boxen mit einem Common Interface eingesetzt werden oder ob Zapping-Boxen *ohne* die Möglichkeit zur Entschlüsselung favorisiert werden. Boxen mit CA-System haben den Vorteil, dass bezahlpflichtige Angebote individuell freigeschaltet, genutzt und abgerechnet werden können. Dafür sind diese Boxen, sofern sie nicht vom Programmanbieter subventioniert werden, generell teurer als die einfachen Zapping Boxen. Diese haben wiederum neben dem günstigeren Preis den Vorteil, dass ihre Technik durchgehend standardisiert ist und sie unabhängig vom jeweiligen Plattformbetreiber genutzt werden können. Für Free-TV-Boxen lassen sich alle möglichen Produktdifferenzierungen (inkl. Einbau in Standard-TV-Geräte, Kombination mit digitaler Festplatte oder DVD-Recordern usw.) denken, die sich bei den CA-Boxen u. a. wegen Kopierschutz-Verpflichtungen gegenüber Inhalteanbietern als voraussetzungsvoller erweisen.

Entscheidet man sich für den Einsatz CA-fähiger Set-top-Boxen und damit für den Aufbau einer Pay-Plattform, kann eine vielfältige Programm- und Dienstewelt entstehen, die sich neben der klassischen Werbung auch über Abo- oder Einzelabruf-Entgelte finanzieren kann. Diese vielfältige Pay-Welt könnte weit über das Angebotsspektrum hinausgehen, das wir heute kennen. Voraussetzung dafür ist, dass die Plattform offen ist für unabhängige Programmveranstalter und Diensteentwickler und dass die Angebote für die Kunden letztlich so attraktiv sind, dass diese bereit sind, die Technik dafür mitzubezahlen.

Für eine offene und diskriminierungsfreie Plattform kann dabei die Common-Interface-Technologie sorgen. Dies bedeutet, dass die eingesetzten Boxen über einen Slot für CI-Module verfügen müssen. Neben den unabhängigen Programmanbietern und den Regulierern sind es vor allem NE-4-Betreiber mit Ambitionen, eigene Programmpakete anzubieten, die solche Boxen fordern.

Setzt man dagegen auf die günstigeren Zapping-Boxen und damit auf die Entwicklung einer digitalen Free-TV-Welt, verschafft man zunächst den etablierten Programmanbietern und deren digitalen Angeboten die besseren Ausgangsbedingungen. Pay-TV-Angebote würden in einer solchen Welt weiterhin ein Nischendasein führen, denn für deren Nutzung müsste eine zweite Box angeschafft werden. Der Status Quo der deutschen Medienlandschaft könnte so in die digitale Kabel-Ära hinein verlängert werden. Aber auch neue Programmanbieter, wie z. B. ausländische oder lokale Sender würden auf der unverschlüsselten Plattform eine Chance erhalten. Sie könnten sich allerdings nicht über Abo-Entgelte, sondern nur über klassische Formen finanzieren, d. h. über Werbung, Sponsoring, *Cross-Selling*, Merchandising usw. Dass auf der Free-TV-Plattform durchaus eine Vielzahl neuer Programme entstehen kann, zeigen bereits heute die digitalen Free-TV-Angebote von Kabel BW oder TeleColumbus.

Die Boxenfrage ist untrennbar mit der jeweiligen Strategie und den Ressourcen der entsprechenden Kabelnetzbetreiber verbunden. Die Boxen können den Kunden entweder über einen unabhängigen Kaufmarkt oder über Miet- und Leasingmodelle angeboten werden. Auch die kostenlose Überlassung der Box bei gleichzeitigem Abschluss eines Programm-Abonnements ist grundsätzlich möglich. Die KDG verfolgt momentan die Strategie, einen reinen Kaufmarkt zu entwickeln und will die „Kabel Digital"-Boxen zunächst nicht subventionieren. Dagegen steht das 1-Euro-Angebot von Premiere bei Abschluss eines 12-Monats-Premium-Abonnements. Langfristig werden beide Firmen ihre Boxenstrategie koordinieren müssen, um den Wettbewerb auf der Ebene der Angebote zu führen und nicht über die Kosten der Box.

Viele NE-4-Betreiber werden der Boxenstrategie der KDG folgen, es sei denn, sie wollen eine eigene Plattform betreiben oder konkurrierende Angebote vermarkten. Anders würde sich die Situation in dem Falle darstellen, dass die großen Privatsender letztlich doch unverschlüsselt in die Netze der KDG eingespeist würden. Dann wäre, wie der anschließende Abschnitt näher ausführt – die Free-TV-Option die realistischere. Die NE-3 und NE-4-Betreiber favorisieren momentan eine Free-TV-Lösung, u. a. auf Grund der Verunsicherung, die die Digitalstrategie der KDG ausgelöst hat.

Für die meisten Netzbetreiber ist die Frage Pay- oder Free-Boxen allerdings keine absolute, es kann ihrer Auffassung nach durchaus unterschiedliche Kombinationen und Mischungen geben. Da alle Netzbetreiber bereits heute vom Pay-Programm Premiere profitieren, ist der prinzipielle Wunsch nach pay-fähigen Boxen auch bei diesen Betreibern vorhanden. Ob die Pay-Boxen mit einem integrierten CA, einem CI-Slot oder sogar mehreren Slots ausgestattet sein sollen, darüber gibt es bei den anderen NE3/NE4-Betreibern jedoch keine einheitliche Meinung.

Hinsichtlich der Geschwindigkeit der Digitalisierung kann man davon ausgehen, dass beide Optionen - der Aufbau einer Pay-Plattform mit CA-fähigen Boxen oder das Entstehen einer Free-TV-Plattform mit einem überwiegendem Anteil an Zapping-Boxen - ungefähr gleich viel Zeit beanspruchen werden.

Die Entwicklung eines Free-TV-Boxenmarktes - als Kaufmarkt - orientiert sich dabei an den Zyklen von Geräte-Ersatzbeschaffungen und kann zwischen sechs und acht Jahren angesetzt werden. Möglicherweise führt die Entscheidung für Zapping-Boxen anfänglich schneller zu einer Erhöhung der Zahl der Digital-Nutzer. Allerdings könnte dies den Nachteil haben, dass später die Marktdurchdringung ins Stocken gerät, da es an attraktiven Pay-Programmen und Zusatzanwendungen fehlt, die zum Umstieg motivieren.

Die Verbreitung von pay-fähigen Boxen wird dagegen mit der Geschwindigkeit voranschreiten, mit der zusätzliche attraktive Bezahlinhalte angeboten, eingespeist und vermarktet werden können. Hier sollte vor dem Hintergrund der Entwicklung der Premiere-Kundenzahlen und der im internationalen Vergleich eher verhaltenen Geschwindigkeit, mit der sich das Internet in Deutschland verbreitet hat, realistischerweise ebenfalls mit einem Zeitraum zwischen sechs und acht Jahren gerechnet werden.

Die Entscheidung der Boxenfrage obliegt allein den Marktakteuren, wobei letztlich die Kunden entscheiden werden, welche Variante für sie attraktiver ist. Aus einer medienrechtlichen und -politischen Perspektive spricht bei dem Entwicklungspfad in Richtung „Pay" viel dafür, die Etablierung von CI-Boxen zu präferieren. Hierbei ist es wichtig festzustellen, dass die momentanen technischen Anfälligkeiten von CI-Boxen sowie die Frage des Haftungsrisikos, wenn z. B. das Verschlüsselungssystem eines Anbieters zum Absturz des Receivers und somit zum Sendeausfall eines anderen, ebenfalls zahlungspflichtigen Angebots führt, noch geklärt werden müssen.

9.2 Die Verschlüsselungsfrage: Schneller Aufbau einer Pay-Plattform vs. Einstieg in eine frei empfangbare Digitalvielfalt

Die Frage, die in Deutschland unmittelbar an die Boxenfrage gekoppelt ist, ist die momentan noch ungeklärte Frage der Verschlüsselung der großen Privatsender in den Netzen der KDG und der von ihr belieferten NE-4-Netze. Die Verschlüsselungsfrage stellt den zweiten Meilenstein im Umstellungsszenario dar. Von einer Entscheidung pro oder contra Verschlüsselung hängt ganz entscheidend ab, wie die künftige digitale Kabelwelt aussehen wird. Einigen sich KDG und Privatsender auf eine Verschlüsselung, ist es sehr viel leichter, die angestrebte Pay-Plattform mit CA-fähigen Boxen in deutschen Kabelhaushalten zu installieren. So jedenfalls die Einschätzung der KDG. Denn die Haushalte wären dann gewissermaßen gezwungen, eine für die KDG-Netze zertifizierte Pay-Box zu kaufen, die erst nach Anmeldung und Erhalt der SmartCard für den Empfang der privaten Free-TV-Programme geeignet wäre.

Sobald solche pay-fähigen Boxen in den Haushalten vorhanden sind, ist die Einstiegsschwelle für Pay-TV-Angebote deutlich geringer. Dies trifft insbesondere auf Einzelkanäle zu, die für wenige Euro pro Monat bezogen werden können oder für Einzelabrufe im Pay-per-View-Verfahren. Durch eine ansprechende Programm- und Preisgestaltung könnten KDG, Premiere und andere Programmanbieter das deutsche Pay-TV-Potenzial entsprechend abschöpfen. Dieses ist nach Einschätzung von Experten deutlich größer als es die aktuellen Abozahlen von Premiere vermuten lassen. Auch neue, interaktive Angebote, die über das herkömmliche Pay-TV hinausgehen, könnten in diesem Umfeld substanzielle Umsätze generieren.

Das Vorhandensein einer funktionierenden Pay-Infrastruktur, die von einem starken, aber neutral agierenden Anbieter betrieben wird, ermöglicht es, dass Serviceleistungen, die mit der Verbreitung und Vermarktung neuer Angebote zu tun haben, billiger angeboten werden und eine größere Reichweite erzielen als wenn dies dezentral bewerkstelligt wird. Entsprechend kann sich eine vielfältige Programm- und Dienstewelt entwickeln: Ein „Urknall Nummer zwei" könnte die Folge sein. Ähnlich wie bei der Einführung des Kabelfernsehens in den 80er-Jahren könnte die Medienwelt durch die neuen digitalen Kapazitäten im Kabel einen Schub bekommen (vgl. Lauff 2004).

Die etablierten Privatsender hätten es in einem derartigen Umfeld schwerer, ihre Marktanteile zu verteidigen. Sie könnten aber ebenfalls in die Entwicklung von bezahlpflichtigen Programmen investieren und bei entsprechendem Erfolg zusätzliche Umsätze generieren. Dabei sind die etablierten Sender z. T. in Gruppen strukturiert und haben damit nur begrenzte Freiheit in ihren Entscheidungen und Strategien. Dies schließt Globalaussagen, insbesondere solche, die sich auf „die kleinen Sender" beziehen eigentlich aus, da diese in unterschiedlichen Kontexten eingebunden sind. Die verschiedenen Sendergruppen sind auch auf benachbarten Märkten (Produktion, Rechtehandel usw.) aktiv und haben deshalb eine andere Verhandlungsposition, als dies bei Einzelsendern der Fall ist. Anders verhält es sich bei den öffentlich-rechtlichen Sendern, die mit anderen Strategien versuchen müssten, im digitalen Vielkanalfernsehen präsent zu bleiben.

Sollte die Prämisse zutreffen, dass sich neue bezahlpflichtige Programme erfolgreich vermarkten lassen, würde auch die Netzaufrüstung weiter vorangehen, denn die Profitabilität der Plattform würde weitere Investitionen der Netzbetreiber anstoßen.

Zwischen der KDG und den NE-4-Betreibern würde es verstärkt zu Kooperationen kommen. Nach einer Einigung über die Beteiligung der NE-4-Betreiber am Erfolg des Digitalangebots könnten alle Programme und Dienste, die über die KDG-Plattform angeboten werden, in der Mehrzahl der NE-4-Netze genutzt werden. Gleichzeitig würde es auf Netzebene 4 verstärkt zu Abkopplungen vom KDG-Signal kommen. Denn die NE-4-Betreiber, die sich mit der KDG nicht über die Einspeisemodalitäten verständigen konnten, würden entweder das Free-TV-Modell verfolgen und unverschlüsselte TV-Signale vom Satelliten einspeisen oder sie würden zusätzliche Pay-Programme von anderen Kabelplattformen wie z. B. KabelVision oder VisaVision beziehen.

Eine ganz andere Konstellation würde sich dagegen ergeben, wenn sich KDG und die Privatsender darauf einigten, dass die digitale Einspeisung unverschlüsselt erfolgen soll oder wenn eine unverschlüsselte Einspeisung von den Regulierern vorgeschrieben wird. Dann nämlich wird es für die KDG ungleich schwerer, in kurzer Zeit eine Pay-Plattform aufzubauen und zusätzliche Umsätze über neue Pay-Angebote zu generieren. Die Absicht der KDG, im digitalen Bereich ein neues Geschäftsmodell einzuführen, würde nachdrücklich erschwert.

Auch für die Nutzer würde der Digitalumstieg anders aussehen: In der Free-TV-Variante würde dem Kabelnutzer eine günstige Zapping-Box reichen, um die digitalen Angebote aller heutigen und künftigen Free-TV-Sender zu empfangen. Eine Freischaltung für dieses Angebot beim Netzbetreiber wäre nicht erforderlich. Die Anschaffung einer CA-fähige Box wäre nur dann interessant, wenn die konkrete Absicht besteht, Pay-TV-Angebote zu abonnieren. Wahrscheinlich würde ein solcher Nutzer sogar erwarten, dass die Pay-Box dann kostenlos oder sehr stark verbilligt vom jeweiligen Abo-Sender zur Verfügung gestellt wird.

Insgesamt hätte die unverschlüsselte Einspeisung der großen Privatsender zur Folge, dass eine Pay-Plattform nicht flächendeckend zur Verfügung stehen würde. Digitales Pay-TV wäre wie heute darauf angewiesen, dass die Nutzer speziell für bestimmte Angebote entsprechende Boxen kaufen. Stattdessen würde sich aber das Free-TV-Angebot um so besser entwickeln können. Zunächst würde die bestehende Programmwelt 1:1 in den digitalen Bereich übertragen werden. Zunehmend würden dann aber auch digitale Spartenkanäle, neue Bouquets und Zusatzdienste sowohl von den öffentlich-rechtlichen als auch von den werbefinanzierten Sendern entwickelt und vermarktet werden. Auch die digitale Free-TV-Welt würde das Entstehen einer neuen Programm-Konkurrrenz für die etablierten Sender ermöglichen. Um weiterhin im digitalen *Multichannel*-Umfeld wahrgenommen zu werden, müssten sich die etablierten Programmveranstalter entsprechend positionieren und mit (interaktiven) Zusatzangeboten die Kundenbindung erhöhen.

Für die Kabelnetzbetreiber bedeutet der Einstieg in eine frei empfangbare, unverschlüsselte Digitalvielfalt zunächst, dass sie weiterhin an das etablierte Transportmodell gebunden sind. Ein Programmvermarktermodell kann in einem Umfeld, in dem sich der Free-TV-Markt schneller entwickelt als der Pay-TV-Markt, nur bedingt durchgesetzt werden. Ohne eine größere Boxenpopulation mit Adressierungsmöglichkeit kann digitales Pay-TV in welcher Form auch immer kein Massengeschäft werden.

Es sei an dieser Stelle darauf hingewiesen, dass sich Boxenstrategien durchaus ändern können. In Deutschland haben Netzbetreiber bislang wenig Erfahrung mit der Vermarktung von Set-top-Boxen. Und Premiere hat im Laufe der letzten Jahre seine Boxenstrategie mehrmals radikal geändert. Die KDG strebt momentan keine Subventionierung ihrer Boxen an, weil dies bei ca. 17 Mio prinzipiell erreichbaren Haushalten ein enorme Investition darstellen würde und weil es ihrer Auffassung nach einem freien Kaufmarkt für Receiver widerspricht. Perspektivisch sollte eine Boxensubventionierung jedoch nicht prinzipiell ausgeschlossen werden. Insbesondere dann, sie sich mit der Verschlüsselung der Privatsender nicht durchsetzen kann, könnte die Subventionierung der KDG-Boxen auf den Preis von DVB-Boxen ohne Verschlüsselungsmodul eine Strategie sein, um doch noch pay-geeignete Boxen in größerem Umfang in die Haushalte zu bekommen. Wegen der weiter fallenden Hardwarepreise könnte die Differenz zwischen CA-fähigen und Zapping-Boxen in Zukunft noch geringer werden.

Langfristig könnte eine Boxen-Subventionierungs-Strategie für die KDG sogar günstiger sein, je nachdem wie teuer sich die Privatsender die Verschlüsselung ihrer Programme ins digital Kabel bezahlen lassen wollen.

Die Frage der Grundverschlüsselung wird auch als juristische Diskussion geführt, so dass Entscheidungen der Regulierer und des Bundeskartellamtes für diese Pfadentscheidung Bedeutung zukommt. Derzeit hemmt die Stagnation bei diesem Meilenstein erkennbar die Dynamik der Digitalisierung.

9.3 Der Netzausbau: TV-zentriert vs. Internet-orientiert

Der dritte Baustein des Umstiegsszenarios ist der Netzausbau. Um digitales Fernsehen und interaktive Dienste anbieten zu können, bedarf es einer entsprechenden technischen Aufrüstung der Netze. Dabei genügt für das digitale Fernsehen eine relativ günstige und kurzfristig zu realisierende Aufrüstung auf 606 MHz. Für neue, interaktive Dienste wie z. B. breitbandige Internetanschlüsse oder andere, IP-basierte Dienste, ist die Aufrüstung technisch anspruchsvoller. Sie erfordert meist eine Frequenzerweiterung auf 862 MHz und eine Ergänzung des Netzes um Glasfaserstrecken. Entsprechend bedarf es größerer Investitionen.

Die KDG konzentriert sich momentan auf die Zusammenstellung und Vermarktung von zusätzlichen digitalen TV-Programmen und auf die Schaffung einer Pay-Infrastruktur mit geeigneter Receiver-Basis. Sie verfolgt einen „bedarfsorientierten" Netzausbau, der eine Aufrüstung auf lediglich 606 MHz vorsieht. Zwar werden bei dieser Ausbauvariante (BK2K2) bereits Netzkomponenten verbaut, die auf 862 MHz ausgelegt sind. Dieses Potenzial wird im Moment aber meist nicht aktiviert, da es für die digitale TV-Übertragung nicht erforderlich ist. Es stellt lediglich die Option für einen zweiten Ausbauschritt dar, für den Fall, dass das Netz bidirektional aufgerüstet werden sollte.

Breitband-Internet bietet die KDG momentan nur in einigen Pilotregionen und z. T. in Kooperation mit anderen NE-4-Betreibern an. Eine flächendeckende Modernisierung der Netze ist nicht geplant. Erst wenn die Pilotphase für die interaktiven Dienste zum Jahresende 2004 beendet ist, soll darüber entschieden werden, wie die weitere Ausbaustrategie aussehen soll.

Dass sich durch Kabel-Internet und Kabel-Telefonie zusätzliche Umsätze generieren lassen, haben verschiedene Netzbetreiber in Deutschland, darunter Kabel BW und Ish, bereits demonstriert. Voraussetzung dafür war meist, dass die Kosten der Aufrüstung nicht in die Preisgestaltung der neuen Angebote eingerechnet wurden. Stattdessen wurde die technische Aufrüstung als Vorleistung des Netzbetreibers gesehen, die aus anderen Quellen bestritten wurde (z. B. Erhöhung der Grundgebühr für alle Teilnehmer, langfristige Investitionen von Kapitalgebern, Börsengewinne usw.). Einige innovative NE-3 und NE-4-Betreiber sind in den letzten Jahren diesen Weg gegangen und haben ihre Netze entsprechend aufgerüstet. Prinzipiell können die anderen NE-3- und NE-4-Betreiber flexibler mit Aufrüstungen umgehen als die KDG, weil meist nur kleinere bis mittelgroße Cluster versorgt werden müssen.

Allerdings können sie nicht die Größenvorteile realisieren, wie es die KDG in diesem Bereich könnte. Auch haben sie nicht immer den finanziellen Hintergrund oder das Know-how, um solche Dienste in Eigenregie zu entwickeln und zu gestalten. Deshalb wird es auch in diesem Bereich verstärkt zu Kooperationen zwischen NE-4-Betreibern und der KDG oder anderen NE-3-Betreibern kommen.

Sofern sich die Strategie der KDG als erfolgreich erweist, über neue Pay-TV-Dienste zusätzliche Umsätze zu generieren, wird der Ausbau großer Teile des deutschen Kabelnetzes TV-orientiert, d. h. in reduzierter Form erfolgen. Bidirektionale Aufrüstungen wird es dann nur punktuell und in Städten geben, in denen die Nachfrage nach Breitband-Internet besonders groß ist.

Sollte sich dagegen die Free-TV-Variante durchsetzen und es künftig keine Möglichkeit geben, über eine einheitliche Pay-Infrastruktur Fernsehdienste profitabler zu vermarkten, wird der Bereich der interaktiven Dienste über Kabel zu einem strategisch wichtigeren Bereich für die Netzbetreiber werden. Dies gilt - aus unterschiedlichen Gründen - sowohl für die KDG als auch für viele kleine und mittelständische Netzbetreiber. Für die KDG könnte das Scheitern der Verschlüsselungsforderung dazu führen, dass der Internet-Bereich stärker in das Zentrum der Geschäftsstrategie gestellt wird. Für die anderen NE3- und NE-4-Betreiber hat sich die Internet-Option in den letzten Jahren zu einer konkreten Möglichkeit entwickelt, eigene, TV-unabhängige Umsätze zu generieren. Sollte sich die KDG als Betreiber einer rückkanalfähigen NE-3 zu einem Kooperationspartner im Highspeed-Internet-Bereich entwickeln, würden die NE-4-Betreiber ihre Aktivitäten in diesem Bereich verstärken.

Allerdings kann es nicht als sicher gelten, dass der Internet-Bereich automatisch stärker in den Fokus der Geschäftsstrategie der KDG gerät, wenn die Grundverschlüsselung scheitert. Ein Festhalten an der Pay-TV-Strategie vorausgesetzt, könnte die KDG auch dann einen lediglich reduzierten Netzausbau favorisieren. Denn in diesem Fall erfordert die Subventionierung von Kabel-Pay-Boxen jene Investitionen, die dann nicht mehr für den bidirektionalen Netzausbau zur Verfügung stehen.

Aus der Sicht von Medienpolitik und Medienrecht ist der Ausbau nicht nur im Hinblick auf die Vielfalt im Rundfunkbereich relevant, sondern auch für den Wettbewerb in anderen Märkten, etwa DSL und Sprachtelefonie. Letzteres kann im Hinblick auf die kartellrechtliche Beurteilung von Fusionen Auswirkungen haben bzw. andersherum von Ihnen beeinflusst werden.

9.4 NE-3/NE-4-Kooperationen: Vermarktung vs. Durchleitung neuer Angebote

Die erfolgreiche Neugestaltung der Kooperationsbeziehungen zwischen der KDG und den anderen Netzbetreibern hat entscheidende Auswirkungen auf den gesamten Prozess der Digitalisierung. Dies insbesondere dann, wenn sich die KDG mit ihrem Plan der Verschlüsselung durchsetzen kann, die Privatsender zu verschlüsseln und dadurch in der Lage ist, relativ rasch eine Pay-Plattform für das Kabelfernsehen in Deutschland aufzubauen. Dann ist sie in einem zweiten Schritt darauf angewiesen, die NE-4-Betreiber davon zu überzeugen, das „Kabel digital"-Angebot über deren Netze an die Endkunden zu vermarkten. Die NE-4-Betreiber sind umgekehrt darauf angewiesen, weiterhin analoge wie digitale TV-Signale von der KDG zu erhalten. Und sie sind darauf angewiesen, weiterhin das monatliche Kabelanschlussentgelt von den Endkunden zu erhalten, d. h. die direkten Endkundenbeziehungen zu behalten.

Obwohl viele NE-4-Betreiber nicht an den kurzfristigen Erfolg zusätzlicher Pay-Programme im Kabel glauben, befürchten sie, dass sie langfristig von einer Plattform ausgeschlossen bleiben könnten, über die möglicherweise irgendwann erfolgreiche und umsatzstarke Dienste angeboten werden. Deshalb haben sie ein Interesse daran, langfristig zu Kooperationsvereinbarungen mit der KDG zu kommen.

Wie beschrieben, hat die KDG drei verschiedene Kooperationsmodelle vorgelegt, die auf die Interessen und Möglichkeiten der NE-3/NE-4-Betreiber zugeschnitten sind (siehe Kap. 8.5). Auf der Basis des „Wiederverkäufer-Modells" wird die KDG mit den großen, überregionalen NE-3 und NE-4-Betreibern (TeleColumbus, Primacom, ewt usw.) zusammenarbeiten, um das digitale Angebot zu vermarkten. Damit werden langfristig alle Wohneinheiten, die nicht über eigene Kopfstellen versorgt werden, sondern indirekt an das Netz der KDG angeschlossen sind, die digitalen Angebote der KDG erhalten. Die anderen Netzbetreiber vermarkten dabei das KDG-Angebot unter eigenem Namen und auf eigene Rechnung. Die Kundenbeziehung und Aufgaben wie z. B. Installation, Inkasso und Kundenservice verbleiben bei den NE-4-Betreibern.

Dabei haben die großen NE-4-Betreiber auch immer die Möglichkeit, Abkopplungen und eigene Einspeisungen dort vorzunehmen, wo es technisch möglich und finanziell aussichtsreich ist. Hier gehen die großen NE-3/NE-4-Betreiber zweigleisig vor und vermarkten in ihren integrierten Netzen nicht das KDG-Angebot, für das sie entsprechende Signallieferungsentgelte bezahlen müssen, sondern ein selbst zusammengestelltes digitales TV-Angebot. Dieses kann prinzipiell gebührenpflichtig angeboten werden oder aus reinen Free-TV-Programmen bestehen.

Anders sieht die Situation bei den vielen kleinen und mittelständischen NE-4-Betreibern aus. Diese haben nicht die Möglichkeit oder das Interesse, als Vermarkter von Programmen aufzutreten und werden sich meist für das „Durchleitungsmodell" entscheiden, das aus dem analogen Bereich bekannt ist. Allerdings besteht bei der momentanen Ausgestaltung der digitalen Durchleitungsverträge für sie das Problem, dass die Kundenbeziehungen zur KDG überwechseln würden, sofern die Verschlüsselung der großen Privatsender erfolgt. Die NE-4-Betreiber befürchten, dass die Digitalisierung dazu genutzt werden könnte, die Signallieferungsverträge auszuhöhlen und dass eine Verdrängungsstrategie verfolgt wird. Hier zeigt sich erneut, dass die Frage der Durchsetzung der Grundverschlüsselung zentral für die weitere Entwicklung der digitalen Kabellandschaft ist.

Gelingt es der KDG dagegen nicht, eine Pay-Plattform mit Hilfe der Verschlüsselung der Privatsender aufzubauen, würde sich die Situation für die NE-4-Betreiber zunächst wesentlich weniger dramatisch darstellen. Dann würden die Signallieferungsverträge keinen grundsätzlich neuen Charakter bekommen, die KDG hätte keine Möglichkeit, die Adressen der NE-4-Endkunden zu erfahren, und die Befürchtung der NE-4-Betreiber, durch die Digitalisierung wichtige Geschäftsgrundlagen zu verlieren, wäre zunächst gebannt. In einer digitalen Free-TV-Welt würde sich die Frage der Kooperation zwischen NE-3 und NE-4 dann neu stellen. Da beide Akteure prinzipiell an einer Digitalisierung interessiert sind, würde in der Free-TV-Variante eine gemeinsame Kommunikationsstrategie von KDG und den anderen Netzbetreibern leichter möglich sein.

Ein weiterer Punkt, der unter der Überschrift „Kooperationen" von Bedeutung ist, betrifft die zunehmende Kooperation zwischen NE-4 und NE-4, bzw. zwischen Satellitenbetreibern und NE-4-Betreibern. Mit dem digitalen Pay-Angebot der Prima-Com-Tochter Decimus „KabelVision" und dem im Aufbau befindlichen digitalen Bouquet „VisaVision" von Eutelsat stehen schon heute alternative Programmpakete und Abrechnungsplattformen zur Verfügung. NE-4-Betreiber mit integrierten Netzen können seit Kurzem wählen, welche Plattform sie einsetzen wollen und welche Programme sie ihren Kabelkunden anbieten wollen.

Soweit die Kooperation der Netzebenen durch Fusionen gelöst wird, stellen sich kartellrechtliche Fragen. Davon abgesehen finden sich auf der Höhe dieses Meilensteins wenig medienpolitische oder -rechtliche Wegweiser, die die Pfadentscheidung beeinflussen. Bei vertikaler Integration kann allerdings auch die Frage der Verhinderung vorherrschender Meinungsmacht relevant werden.

9.5 Neue Inhalte, neue Anbieter: Vervielfachung des Bekannten oder Entstehen einer neuen Vielfalt?

Dass die Entwicklung im Inhaltebereich stark von der Frage abhängt, in welchem Umfang und mit welcher Geschwindigkeit eine funktionierende Pay-Plattform aufgebaut werden kann, wurde bereits an mehreren Stellen deutlich. „Vervielfachung des Bekannten" spielt darauf an, dass es ohne den erfolgreichen Aufbau einer Pay-Plattform im deutschen Kabel hauptsächlich mehr gebühren- und werbefinanzierte TV-Kanäle geben wird. Innovative Formate, die von der Finanzierung über Abo- oder Einzelentgelte abhängen, hätten zunächst keine Chance oder würden einem kleinen Publikum vorbehalten bleiben, das über pay-fähige Boxen verfügt.

Dabei kann die Vervielfachung des Bekannten durchaus zu einer neuen Qualität des Fernsehens führen, dann nämlich, wenn intelligente Verknüpfungen von Programmen und Sendungen eine Nutzung erlauben, die im analogen Bereich bislang nicht möglich war. Durch den Einsatz von EPGs und anderer Navigationsinstrumente, die Nutzung von digitalen Videorecordern oder neuen interaktiven Diensten, die eine Abrechnung z. B. über die Telefonrechnung erlauben, kann auch *ohne* einheitliche Bezahlplattform eine digitale Anbieter- und Angebotsvielfalt entstehen. Im Fernsehbereich wird diese Anbietervielfalt hauptsächlich aus den etablierten Akteuren der TV-Landschaft bestehen.

Das „Entstehen einer neuen Vielfalt" bezieht sich auf den umgekehrten Fall, in dem eine Pay-Plattform mit Verschlüsselung und CA-fähigen Boxen das Bild des digitalen Kabels bestimmt. Unter diesem Vorzeichen ist das Entstehen einer ganzen Reihe neuer Spartensender, Fernsehformate, interaktiver Zusatzdienste und neuer Nutzungsmöglichkeiten denkbar.

Digitale Spartensender könnten neue Geschäftsmodelle realisieren, die sich nicht ausschließlich auf Werbung stützen, sondern die auf weitere Einkommensquellen, wie z. B. Entgelte aus Abo- und Einzelabruf oder aus dem Anteil an den Kabelgebühren zurückgreifen. Über die Bezahlplattform können neue Vermarktungsformen für attraktive Inhalte realisiert werden. So können z. B. attraktive Begegnungen im Fußball oder in anderen Sportarten als Einzelticket im Pay-per-view-Verfahren verkauft werden. Auch Spielfilme können einzeln angeboten und abgerechnet werden, ohne dass ein Jahresabonnement gekauft werden muss. Für den Kabelkunden macht die Summe der neuen Dienste den Reiz des digitalen Kabels aus.

Als Auftraggeber oder Produzenten der neuen Angebote auf der Pay-Platform kommen nicht nur die etablierten Anbieter in Frage, sondern auch Akteure aus gänzlich anderen Branchen und Bereichen. Hier ist generell ein breiteres Anbieterspektrum denkbar als in der Free-TV-Variante. Dabei könnten Anwendungen und Dienste-Kombinationen entstehen, die wir heute noch gar nicht kennen oder die originär dem Internet-Bereich entstammen.

Hier sollte insbesondere die Bedeutung des Plattformwettbewerbs nicht unterschätzt werden, da einerseits ein Wechsel von Anbietern aus anderen Infrastrukturen das Angebot bereichern könnte, zum anderen aber auch eine Infrastrukturmischung (Satellit - Kabel) für die Entwicklung des Angebots von Bedeutung ist.

Im Unterschied zur Terrestrik (DVB-T) findet bei der Digitalisierung des Kabels keine 1:1-Übertragung der bestehenden Senderlandschaft statt. Während im digitalen Antennenfernsehen nur jene Programme vertreten sind, die bereits analog verbreitet wurden, findet im digitalen Kabel eine reale Ausweitung des TV-Angebots mit neuen Sendern und neuen Akteuren statt. Während man bei DVB-T von einer Stabilisierung der bestehenden Programmwelt sprechen kann, findet im digitalen Kabel das Gegenteil statt, die etablierten Akteure der deutschen TV-Landschaft sind zunächst durch die neue Konkurrenz verunsichert.

Unabhängig von der Einführung und Verbreitung pay-fähiger Kabelboxen werden sich breitbandige Internet-Zugänge und Voice over IP über das Kabel entwickeln. Die IP-Plattform bildet im Kabel eine eigene technische Infrastruktur, obwohl sie physisch die selben Leitungen wie die TV-Dienste nutzt. Während die IP-Dienste im Kabel unabhängig von der Grundverschlüsselung sind, hängt ihr Erfolg von der bidirektionalen Netzaufrüstung und von der erfolgreichen Umsetzung von NE-3/4-Kooperationsmodellen ab.

Da eine bidirektionale Netzaufrüstung von der KDG mittelfristig nur in einigen Pilotregionen vorgenommen wird, wird eine Dynamik in diesem Bereich vermutlich nicht von der KDG, sondern von anderen Netzbetreibern ausgehen. Dies könnte sich durch entsprechende Auflagen des Kartellamtes oder anderer Regulierer ändern. Zu erwarten ist in jedem Fall, dass es in nächster Zeit Erfolgsmeldungen über gestiegene Umsätze und Marktanteile der Kabelnetzbetreiber bei Breitband-Internet und IP-Telefonie geben wird. Dies könnte für Impulse bei anderen Netzbetreibern sorgen, die bislang eher zurückhaltend bei IP-Diensten waren. Trotz der Dominanz von DSL im Breitband-Internet-Bereich - so könnte die Botschaft lauten - können innovative Kabelnetzbetreiber einen Anteil dieses Marktes für sich gewinnen.

Entscheidend für den Erfolg neuer Anwendungen sind attraktive Inhalte und kreative Dienstekombinationen sowie intelligente Vermarktungs- und Preisstrategien, die die Kunden dazu bringen, ihr Medien- und Zeitbudget weiter auszudehnen. Da das Medienbudget der Deutschen im internationalen Vergleich - soweit man dies aus der schlechten Quellenlage ersehen kann - eher gering ist, können langfristig Steigerungen erwartet werden. Die Frage aber bleibt, *wofür* die Deutschen bereit sein werden, zusätzlich zu bezahlen.

Medienpolitisch ist die Entstehung neuer Vielfalt ein unterstützungswürdiges Ziel. Allerdings vollzieht sich diese Entwicklung vor dem Hintergrund einer immer noch nicht konvergenzgerechten Rechts- und Aufsichtsstruktur. Regulierer stehen vor der Aufgabe, ganz neue Risiken für Zugangschancen zu bedenken, wie es sich etwa beim „Kampf" um den Basisnavigator in der Set-top-Box zeigt. Darauf bezogene Regulierungsentscheidungen können den Entwicklungspfad daher prägen.

9.6 Dauer des Simulcast: Forcierter Umstieg vs. „Endlos"-Simulcast

Vor dem Hintergrund der Schwierigkeiten, einen kompletten Umstieg auf das digitale Fernsehen im Kabel in relativ kurzer Zeit zu organisieren, könnte ein „forcierter

Umstieg" ein geeignetes Instrument sein. Wie bei der Terrestrik könnte ein fester Abschaltzeitpunkt auch bei den Kabelkunden für eine entsprechende Nachfrage nach digitalen Empfangsgeräten sorgen. Allerdings ist die Gefahr groß, dass viele Kabelkunden bei dieser Strategie auf der Strecke bleiben, d. h. zu anderen Übertragungstechnologien wechseln. Weiterhin ist zu beachten, dass ein harter Umstieg für die werbefinanzierten Free-TV-Sender mit einem großen Reichweitenrisiko verbunden sein würde.

Tatsächlich ist beim Kabel im Unterschied zur Terrestrik ein harter Umstieg weder technisch notwendig noch ist er aus Kundensicht erwünscht. Eine längere Phase der parallelen Verbreitung von analogen und digitalen Programmen (Simulcast) ist durchaus denkbar und ließe den Netzbetreibern mehr Zeit, die Kunden von den Vorteilen der neuen Technologie zu überzeugen.

Aus Kostengründen ist aber auch ein Endlos-Simulcast im Kabel nicht wünschenswert. Ein „weicher Umstieg", d. h. eine lange Simulcastphase kann mit einem Abschalttermin kombiniert werden. Die Kriterien für den *Switch-off* sollten allerdings so gewählt werden, dass eine Verschiebung des Abschalttermins möglich ist, wenn bis zu diesem Zeitpunkt nicht genügend Kabelkunden zum Umstieg bewegt werden konnten.

Erwartungssicherheit und Verbindlichkeit könnte - sowohl auf der Anbieter- als auch auf der Nachfrageseite - durch die Festlegung eines verbindlichen Stufenplans zur Digitalisierung des Kabels und durch die Festlegung eines festen Abschalttermins geschaffen werden. Dies könnte von einem gemeinsames Kommunikationskonzept begleitet werden, das von allen Marktakteuren getragen wird und das die Kunden zu Beschäftigung mit dem Thema Digitalisierung anregt.

Allerdings gibt es bislang keinen übergeordneten Akteur, der die Koordination des Umstiegs in die Hand genommen hat. Die Landesmedienanstalten, die beim Umstieg zu DVB-T eine wichtige Rolle spielen, können beim Kabel nicht genauso agieren wie bei der Terrestrik. Inwiefern der Bund, d. h. das Wirtschaftsministerium oder die Initiative Digitaler Rundfunk die Rolle eines Koordinators einnehmen können, ist derzeit offen. Die unentschiedene Frage der Verschlüsselung, bilaterale Verhandlungen der Akteure über Kooperationsmodelle sowie die ausstehende Entscheidung des Kartellamtes zur Konsolidierung der NE-3 haben die Diskussion über die Koordination des Umstiegs unterbrochen.

Bei der Entwicklung des Szenarios wurde allerdings deutlich, dass die Entscheidungen, die momentan nicht getroffen werden (können), zentrale Voraussetzungen sind für die Entfaltung einer Digitalisierungs-Dynamik, d. h. für das Aufbrechen der aktuellen Blockade. Sobald Entscheidungen in die eine oder andere Richtung getroffen werden, kann die Digitalisierung Fahrt aufnehmen und die nächste Stufe bzw. den nächsten Meilenstein in Angriff nehmen.

Wie internationale Erfahrungen zeigen, ist die Vorgabe eines verbindlichen Fahrplans der Digitalisierung unter Moderation staatlicher oder regulativer Instanzen - mit oder ohne verbindliches Ausstiegsdatum - eine Möglichkeit, den Digitalisierungsprozess erfolgreich zu gestalten. Ein solcher verbindlicher Fahrplan sollte in Deutschland in Angriff genommen werden, sobald sich die Branche über die grundsätzlichen Fragen geeinigt hat, die in den ersten beiden Meilensteinen thematisiert wurden.

Angesichts der dichten medienrechtlichen Regulierung der Kabelbelegung kommt den Landesgesetzgebern und den LMA hier eine zentrale Rolle zu. Führt etwa die Umsetzung des Art. 31 Universaldienstrichtlinie in Landesrecht zu mehr Spielräumen der Kabelnetzbetreiber bei analoger Verbreitung, stärkt dies ihre Digitalisierungstrategie gegenüber den Programmanbietern und kann den Digitalisierungspfad beeinflussen. Allerdings steht das Medienrecht unter dem verfassungsrechtlichen Primat der Vielfaltssicherung in der gesamten Breite der Angebote für die öffentliche Kommunikation. Digitalisierung ist insofern kein Selbstzweck, eröffnet aber grundsätzlich die Option für ein vielfältigeres Angebot.

Eine Förderung des Übergangs zum digitalen Fernsehen könnte sich auch am Vorgehen der FCC orientieren, die bei ihren Aktivitäten die wichtige Rolle der Endgeräteindustrie berücksichtigt. Eine Motivation der Endgeräteindustrie und des Handels zur sukzessiven Einstellung des Verkaufs analoger Endgeräte könnte über einen Austauschzyklus hinweg zu einem automatischen Übergang zum digitalen Fernsehempfang führen.

10 Empfehlungen für die Politik

Aufgabe der vorliegenden Studie war es primär, den am Prozess der Digitalisierung der Kabelfernsehnetze beteiligten Akteuren die vertretenen Positionen und ihre relevanten Rahmenbedingungen zu spiegeln, um so die sachliche Auseinandersetzung voranzubringen und möglicherweise bestehende unbegründete Blockaden zu überwinden. Da es sich um eine Momentaufnahme handelt und sich die Marktbedingungen und Rahmenbedingungen rasch verändern, ist die mögliche Steuerungskraft einer solchen Untersuchung natürlich begrenzt.

Für die Begleitung der Entwicklung durch die Politik gilt die inhärente Begrenzung ebenfalls. Allerdings konnte die Studie Anhaltspunkte dafür liefern, welche Entwicklungen möglich und wahrscheinlich sind, wenn sich die von der Politik beeinflussbaren Rahmenbedingungen im Sinne einer rascher voranschreitenden Digitalisierung nicht ändern. Und sie hat aufgezeigt, welche einzelnen Konfliktpunkte in Zukunft von den Marktakteuren und den Politikverantwortlichen ausgeräumt werden müssen. Hierzu bedarf es kontinuierlicher Arbeit an den Details. Denn als Ziel ist die Digitalisierung von allen Marktakteuren unbestritten. Insbesondere die Kabelnetzbetreiber haben ein genuines Interesse an der Weiterentwicklung ihrer technischen Infrastruktur. Ein Anhalten der Blockade bei der Digitalisierung des Kabels würde unweigerlich dazu führen, dass dieser Distributionsweg hinter die immer stärker werdende Konkurrenz von digitalem Satellit, digitaler Terrestrik und DSL zurückfällt.

Dabei wurde das Politikziel einer möglichst raschen Digitalisierung als gegeben gesetzt, ohne es damit wissenschaftlich zu affirmieren oder gar als rechtliche Notwendigkeit abzuleiten. Für die Digitalisierung sprechen allerdings nicht nur technologiepolitische Gründe, sondern auch die damit verbundenen Möglichkeiten, ein Mehr an Vielfalt in der öffentlichen Kommunikation zu erreichen. Digitalisierung ist damit aber kein Selbstzweck, es geht um Vielfalt im qualitativen Sinne, so dass es im Sinne von Art. 5 Abs. 1 S. 2 GG sicherlich kein Fortschritt wäre, wenn durch die Digitalisierung ein publizistisches Programm, z. B. durch mehrere Teleshopping-Kanäle abgelöst würde.

Die Beteiligten der Initiative Digitaler Rundfunk gehen davon aus, dass die Digitalisierung des Kabels bis 2010 „marktgetrieben" erfolgt. In der Praxis haben jedoch einige Akteure keine Eile. So verhalten sich z. B. einige kleine und mittelständische NE4-Betreiber eher abwartend. Sie haben in der Vergangenheit wechselnde Strategien der großen NE3-Betreiber erlebt. Hinzu kommt, dass die mittelständischen Netzbetreiber mit eigenen Angeboten sich auch strategisch von Netzbetreibern absetzen, die als reine Wiederverkäufer der Angebote der NE-3-Betreiber fungieren. Auch haben viele kleine und mittelgroße NE3/NE-4-Betreiber noch keine Digitalisierungsstrategie und sind momentan erst dabei, sich in diesem Feld zu positionieren. Die Marktstrategien im NE-3/NE-4-Bereich sind also alles andere als homogen.

Gleiches gilt für die Marktstrategien der Privatsender. So nehmen insbesondere die großen Privatsender die Digitalisierung zum Anlass, von den Netzbetreibern eine Einspeisegebühr für ihre Programme zu fordern. In dieser Situation verhalten sich einige Sender zögerlich hinsichtlich der Digitalisierung - auch weil sie Reichweitenverluste fürchten - und stellen sich gegen eine Verschlüsselung ihrer Programme.

Vor diesem Hintergrund könnte eine inselweise Umstellung in Pilotregionen geeignet sein, konkrete Erfahrungen zu sammeln, Vorbilder zu schaffen und alternative Strategien zu entwickeln. Die inselweise Umstellung könnte von der Politik und den Landesmedienanstalten mit entsprechenden werblichen Maßnahmen und mit Begleituntersuchungen unterstützt werden. Auf diese Weise würden auch die Kunden stärker in den Vordergrund gerückt.

Der Blick ins Ausland belegt, dass auch dort, wo es keine Netzebenentrennung und keine zersplitterten Regulierungszuständigkeiten gibt, es massiver Koordinations- und Informationsanstrengungen bedarf, um die Digitalisierung der Rundfunkübertragung zu realisieren.

Im Laufe der Studie haben sich zumindest Hinweise für Verbesserungsmöglichkeiten der Rahmenbedingungen ergeben, die im Folgenden skizziert werden.

10.1 Verstetigung der Selbstbeobachtung

Zwar sind die Marktakteure in der Regel mit den Entwicklungen bestens vertraut, sie konzentrieren ihre Beobachtungsressourcen aber primär auf das, was für aktuelle Verhandlungen relevant erscheint. Eine Beobachtung der Gesamtentwicklung im Sinne der Positionierung der relevanten Akteure und der Abschätzung von aussichtsreichen Entwicklungspfaden, die sich mittel- und langfristig aus den Handlungsalternativen ergeben können, stellt sich nicht von selbst ein. Aus diesem Grund wird beispielsweise in Großbritannien im *Digital Television Project* offensiv eine solche Transparenz strategisch eingefordert.

Eine solche kontinuierliche Beobachtung ermöglicht den politischen Akteuren eine planende Gesamtschau. So kann einerseits ein an den wichtigen Teiletappen orientiertes Vorgehen erfolgen und andererseits hinreichende Flexibilität gewonnen werden, um die strittigen Teilprobleme zu überwinden. Es wird daher vorgeschlagen, ein Monitoring der Bearbeitung der Meilensteine vorzusehen und den Fortschritt transparent zu machen.

In diesem Sinne könnten die in dieser Studie vorgelegten Meilensteine als Grundlage für eine „Roadmap der Digitalisierung" dienen. Die Umsetzung einer solchen *Roadmap* könnte die Politik aktiv unterstützen, indem sie den Marktakteuren z. B. zurückspielt, an welcher Verzweigung sie momentan stehen und welche Probleme noch ungelöst sind. Aus dem Kapitel „Meilensteine" ergeben sich dafür bereits relevante Hinweise im Hinblick auf Interdependenzen bestimmter Entscheidungen.

Zur adäquaten Umsetzung einer solchen *Roadmap* der Digitalisierung müsste mit Unterstützung des Ministeriums zunächst eine entsprechende Arbeitsstruktur vorgegeben werden.

10.2 Koordination der politisch-administrativen Akteure

Mit der Liberalisierung und Privatisierung im TK-Bereich ist auch die Entwicklung der technischen Voraussetzungen für die Übertragung elektronischer Medien in die Gestaltungsmacht Privater überführt worden. Insoweit gibt es keine direkt wirkende Infrastrukturpolitik mehr, stattdessen wird die Entwicklung immer stärker von Einzelentscheidungen der Regulierer und des Kartellamtes geprägt.

Es ist bezeichnend für die Situation im Bereich der Übertragungstechnologie, dass eine Vorentscheidung des Bundeskartellamts im Juli 2004 über konkrete Fusionsvorhaben eines Breitbandkabelanbieters eine Struktur bildende Funktion für den gesamten Markt einschließlich der auf den Netzen verfügbaren Dienstleistungen zukommt. In diesem Zusammenhang erscheint es zum einen interessant, dass das Bundeskartellamt selbst in seiner Mitteilung gegenüber KDG die Rahmenbedingungen medien- und telekommunikationsrechtlicher Regulierung als für die Betrachtung der Handlungsspielräume von KDG im kartellrechtlichen Sinne irrelevant einstuft und zum anderen, dass es die Grenzen seiner eigenen Handlungsmöglichkeiten thematisiert, indem es darauf aufmerksam macht, dass es weder Aufgabe noch Kapazitäten besitzt, die Durchsetzung von Ausbauauflagen durchzusetzen. Dies macht deutlich, dass eine solche Einzelfallentscheidung mit den weit reichenden Folgen eher überlastet wird und infrastrukturpolitische Maßnahmen nicht ersetzen kann.

Das Verhältnis von Medienrecht und Telekommunikationsrecht in diesem Bereich ist zudem durch die verfassungsrechtlich vorgegeben Kompetenzgrenzen gekennzeichnet. Auf der gegebenen verfassungsrechtlichen Grundlage können die damit verbundenen Probleme nur durch verstärkte Kooperation und Koordination bewältigt werden. Dies ist bedauerlicherweise auf gesetzlicher Ebene in den §§ 48 ff. TKG nur schwach vorstrukturiert, wird allerdings derzeit in der konkreten Zusammenarbeit von RegTP und LMA ausgeformt.

Die hier nur mit knappen Strichen skizzierte Lage führt dazu, dass derzeit nicht erkennbar ist, dass Gesetzgeber und Behörden auf Bundes- und Landesebene ihre Handlungsspielräume im Hinblick auf das Ziel der Digitalisierung koordinieren. Die Novellierungen des TKG, die Rundfunkänderungsstaatsverträge, Einzelentscheidungen von Landesmedienanstalten, RegTP und Bundeskartellamt formen zusammen den Regulierungspfad, für den bislang im Hinblick auf seine Auswirkungen für die Digitalisierung kein systematisches Instrument der Koordination zur Verfügung steht. Mittel- oder langfristig erscheint es sinnvoll, Vorschläge etwa im Hinblick auf einen Koordinationsrat noch einmal zu prüfen.[133]

Kurzfristig ist auf die in angloamerikanischen Ländern übliche Praxis von Weißbüchern zu verweisen, die zumindest aus der Sicht eines oder mehrerer Politikakteure Projektionen in die Zukunft entwickeln, auf die sich andere, auch wirtschaftliche Akteure beziehen können. Diesen Planungen muss keine Verbindlichkeit zu-

---

[133] Zu den unterschiedlichen Vorschlägen vgl. Hoffmann-Riem et al. (1999): Konvergenz und Regulierung. Gutachten im Auftrag des BMWA.

kommen, sie ermöglichen es den Akteuren aber zumindest, bei ihren Entscheidungen auf die Politik Bezug zu nehmen. Schon die klare Formulierung des Zieles kann, wie die Überlegungen zum analogen *Switchoff* bei der Terrestrik zeigen, steuernde Wirkung haben.

10.3 Optimierungsmöglichkeiten im Einzelnen

Die Studie macht noch einmal auf den in der medienrechtswissenschaftlichen Literatur bereits bekannten Befund aufmerksam, dass das Medienrecht bislang nur begrenzt auf die Option eingestellt ist, dass Breitbandkabelbetreiber nicht als reine Durchleiter fungieren, sondern selbst Angebote offerieren oder fremde Angebote bündeln. In diesem Zusammenhang wird in der medienpolitischen Diskussion auf die Vorteile hingewiesen, die eine strikte Trennung von Netz und Diensten auch in diesem Bereich haben könnte. Es wäre empfehlenswert zu prüfen, ob hier Regelungslücken bestehen.

Der Abstimmung zwischen RegTP und LMA im Rahmen der Anwendung der §§ 48 ff TKG bzw. § 53 RStV kommt gewisse Bedeutung für den Digitalisierungsprozess zu. Diese sollte so erfolgen, dass den unterschiedlichen Regulierungszielen unterschiedliche Prüfungsbereiche entsprechen. So kann etwa „angemessen" im medienrechtlichen Sinne anders zu interpretieren sein, als telekommunikationsrechtlich, mit der Folge, dass die Bedingung, unter der ein Angebot offeriert wird, telekommunikationsrechtlich angemessen, medienrechtlich aber unangemessen sein kann. Zudem ist zu beachten, dass nach der Privatisierung im Bereich Telekommunikation zwar keine direkte Bindung der TK-Betreiber an rundfunkrechtliche Belange mehr erfolgt, aber aus dem Grundsatz des länderfreundlichen Verhaltens immer noch Bindungen in der Regulierung abzuleiten sind. Rundfunk ist ohne Übertragungswege nicht durchführbar, während umgekehrt Kabelanlagen auch alternative Dienste übertragen können. Die Bemühungen der Länder um eine Ausgestaltung der Rundfunkordnung entlang der Vorgaben aus Art. 5 GG ist wegen dieser Asymmetrie auf eine „rundfunkfreundliche" Auslegung telekommunikationsrechtlicher Normen angewiesen.

Dort, wo Regulierung an technische Entwicklungen anknüpft, erscheint es sinnvoll, diese entweder klar rechtlich vorzuschreiben, um Planungssicherheit im Markt zu schaffen, oder aber auf eine rechtliche Einwirkungen jenseits von Offenheits- und Diskriminierungspflichten zu verzichten. Dies gilt vor allem für die Normierung technischer Schnittstellen.

Literatur

7Ii@Facts (2003): @facts extra: Online-Nutzer-Typen. SevenOneInteractive. Unterföhring, März 2003, www.atfacts.de

ANGA (2003): Stellungsnahme zum Vorschlag der Landesmedienanstalten zur Errichtung eines Digitalisierungsfonds. Pressemeldung vom 12.12.2003, www.anga.de

ANGA (2004): ANGA-Position zur Entwicklung des deutschen Breitbandkabelmarktes. 11. Februar, www.anga.de

ANGA (2004a): Anforderungen an Digitalplattformen und Set-top-Boxen aus Sicht der ANGA. Positionspapier, Bonn, Juli

ANGA/ZVEI (1998): TV-Kabelnetze: Zukunftssicherheit durch Ausbau zu interaktiven Breitbandnetzen. Teil II-Netzausbau. Empfehlungen des Forums ANGA-ZVEI. September

ANGA/ZVEI (2001): TV-Kabelnetze: Zukunftssicherheit durch Ausbau zu interaktiven Breitbandnetzen. Teil V-Kabelmodem. Empfehlungen des Forums ANGA-ZVEI. Juni

ANGA-Pressemeldung am 3. Juni 2003: „ANGA setzt auf digitale Kabeldienste - aber nicht zu Lasten der analogen TV-Versorgung." www.anga.de

ARD/ZDF (2004): „Position von ARD und ZDF zur digitalen Kabelweitersendung ihrer Angebote". Unveröffentlichtes Positionspapier, Februar

ARD/ZDF/VPRT (2001): „Technische und betriebliche Anforderungen an ein neues Breitband-Kabelverteilsystem in Deutschland". Arbeitsbericht, Juni

Bartosch, Andreas (1997): Digital Video Broadcasting (DVB) im Kabel – Ein Wirrwarr aus Rundfunk-, Telekommunikations- und Wettbewerbsrecht. In: CR, S. 517-525

Becker, Thomas; Hauptmeir, Helmut; Helfers, Katja (2004): TV 2010: Was erwarten Internetnutzer vom Zusammenwachsen von TV und PC? Hrsg. v. Buhl Data Service GmbH in Zusammenarbeit mit der Universität Siegen, Neunkirchen/Siegen, www.sceneo.tv/downloads/TV_2010.pdf (zuletzt aufgerufen am 12.08.2004)

Beckert, Bernd (2002): Medienpolitische Strategien für das interaktive Fernsehen. Eine vergleichende Implementationsanalyse. Wiesbaden: Westdeutscher Verlag

Beckert, Bernd (2002): Zugang zum digitalen, interaktiven Fernsehen: Der Fall MHP. In: Kubicek, Klumpp, Büllesbach et al. (Hrsg.): Jahrbuch Telekommunikation und Gesellschaft 2002: „Innovation@Infrastruktur", Heidelberg: Hüthig, S. 301-310

Beckert, Bernd (2004): Interaktives Fernsehen in Deutschland - Stand und Perspektiven neuer Medienangebote im Schnittfeld von TV und Online. In: Friedrichsen, Mike (Hrsg.): Kommerz-Kommunikation-Konsum: Zur Zukunft des Fernsehens. Schriften zur Medienwirtschaft und zum Medienmanagement Band 5. Baden-Baden: Nomos, S. 109-141

Beckert, Bernd; Kubicek, Herbert (1999): Multimedia möglich machen: Vom Pilotprojekt zur Markteinführung. In: Media Perspektiven 3, S. 128-143

Beckert, Bernd; Kubicek, Herbert (2000): Narrowcast: Die TV- und Online-Erweiterung. Anbieterstrategien und Erfolgsfaktoren für neue digitale Fernsehdienste und breitbandige Online-Angebote. Bremen: Schintz

Beckert, Bernd; Zoche, Peter (2002): Andere Netze, andere Sitten. Bringt Breitband die Internet-Begeisterung zurück? In: Frankfurter Allgemeine Zeitung, 15. Oktober, Beilage „Kommunikation und Medien", S. B2

Beucher, Klaus; Leyendecker, Ludwig; v.; Rosenberg, Oliver (1999): Mediengesetze. Rundfunk, Mediendienste, Teledienste. Kommentar zum Rundfunkstaatsvertrag, Mediendienste-Staatsvertrag, Teledienstegesetz und Teledienstedatenschutzgesetz, München

Bitkom (2004): Daten zur Informationsgesellschaft. Status quo und Perspektiven Deutschlands im internationalen Vergleich. www.bitkom.org

BMWA (2003): Die Umstellung von analoger zu digitaler Rundfunkverbreitung in Deutschland. Anlage I, Stellungnahme der Bundesregierung zur von der EU geforderten Darstellung der Fortschritte bei der Digitalisierung bis Ende 2003, Dezember

BMWA (2004): Breitbandkabelnetze in Deutschland. Ansatzpunkte zur Lösung aktueller Probleme der Kabelbranche. Eine Dokumentation der Abteilung Telekommunikation und Post des Bundesministeriums für Wirtschaft und Arbeit. BMWA-Dokumentation Nr. 532, Februar (zit. Dokumentation)

BMWi (2000): Startszenario 2000. Digitaler Rundfunk in Deutschland. Aufbruch in eine neue Radio- und Fernsehwelt. Sachstandsbericht und Empfehlungen der Initiative Digitaler Rundfunk zur Digitalisierung von Hörfunk und Fernsehen unter Berücksichtigung der Verbreitung über Kabel, Satellit und Rundfunksender. Bundesministerium für Wirtschaft und Technologie (BMWi), Dokumentation Nr. 481

Brockmeyer, Dieter (2003): „Digital-TV muss bezahlbar bleiben". MHP: Netzbetreiber und Premiere mauern. In: Tendenz 04/2003, S. 26-27

Büchner, Wolfgang; Ehmer, Jörg; Geppert, Martin et. al. (Hrsg.) (2000): Beck'scher Kommentar zum TKG, München (zit. Beck-TKG-Bearbeiter)

Büllingen, Franz; Gries, Christin-Isabel; Neumann, Karl-Heinz et al. (2002): Förderung der Marktperspektiven und der Wettbewerbsentwicklung der Breitbandkommunikationsnetze in Deutschland. Studie im Auftrag des Bundesministeriums für Wirtschaft und Technologie. Bad Honnef: Wissenschaftliches Institut für Kommunikationsdienste (WIK)

Büllingen, Franz; Stamm, Peter (2001): Entwicklungstrends im Telekommunikationssektor bis 2010. Studie im Auftrag des Bundesministeriums für Wirtschaft und Technologie. Endbericht. Bad Honnef: Wissenschaftliches Institut für Kommunikationsdienste (WIK)

Bundesverband Verbraucherzentrale (2004): Thesen des vzbv zur Digitalisierung der Kabelfernsehnetze. Stellungnahme anlässlich des Experten-Workshops „Digitales Kabel" am 29. April in Bonn

Bunte, Hermann-Josef (1997): 6. GWB-Novelle und Mißbrauch wegen Verweigerung des Zugangs zu einer „wesentlichen Einrichtung"? In: WuW, S. 302 ff.

Burmeister, Klaus; Neef, Andreas; Schulz-Montag et al. (2004): Innovation und Gesellschaft - Deutschland im Jahr 2020. In: Steinmeier, Frank-Walter; Machnig, Matthias (Hrsg.): Made in Germany '21. Innovationen für eine gerechte Zukunft. Hamburg: Hoffmann und Campe

Ciciora, W.; Farmer, J.; Large, D. (1999): Modern Cable Television Technology - Video, Voice, and Data Communications. San Francisco: Morgan Kaufmann

Counterpoint Research (2001): Digital Television – Consumers' Use and Perceptions: A Report on a Research Study for Oftel, London. http://www.telefonica.es/convergenciademedios/documentosdeinteres/pdf/television_dig.pdf (zuletzt aufgerufen am 12.08.2004)

Deutsche TV Plattform (2003): „Positionspapier zur Digitalisierung der Breitbandkabelnetze". November, www.tv-plattform.de

Deutscher Kabelverband (2003): „Positionspapier zur Digitalisierung des Kabels" (MV-07-08), unveröffentlicht, Dezember

Deutscher Kabelverband (2004): Stellungnahme des Deutschen Kabelverbandes zur Digitalisierung anlässlich des Gesprächs mit Herrn Staatssekretär Dr. Alfred Tacke im BMWA am 29. April 2004. Unveröffentlicht

Deutscher Kabelverband (2004a): Positionspapier des Deutschen Kabelverbandes zu „Simulcast". Berlin, 7. April 2004

Digital Broadcasting.com (2001): Broadcasters challenge FCC on digital must-carry, 26. April 2001, www.digitalbroadcasting.com (zuletzt aufgerufen am 12.5.2001)

Digital Television Action Plan (2004): Version 9.3. Online verfügbar unter: http://www.digitaltv.culture.gov.uk/pdf_documents/publications/DigitalTV_ActionPlanvs9.3_feb2004.pdf (zuletzt aufgerufen am 7.4.2004)

Digital Television Action Plan (2004a): Version 11. Online verfügbar unter http://www.digitaltelevision.gov.uk/pdf_documents/publications/11_Action_Plan_July2004.pdf (zuletzt aufgerufen am 11.8.2004)

DIW (2004): Rahmenbedingungen für eine Breitbandoffensive in Deutschland. Studie im Auftrag der Deutschen Telekom AG, T-Com. Autoren: Erber, Georg; Köhler, Thomas; Lattemann, Christoph et al. Berlin: Deutsches Institut für Wirtschaftsforschung (DIW), Januar, www.diw.de

DLM (2001): „Eckwerte für den Übergang analog/digital im Kabel (Summary)", Positionspapier der Landesmedienanstalten, Juni, www.dlm.de

DLM (2004): Ergebnisse der 159. Sitzung der Direktorenkonferenz der Landesmedienanstalten (DLM), Punkt 5: Verbreitung der Regionalen auch bei Digitalisierung des Kabels gewährleisten. Pressemitteilung Nr. 7/2004, Leipzig, 3. Mai, www.digitaler-zugang.de

DLM-Pressemeldung vom 10. März 2004: Vorschläge der DLM zur aktuellen Situation im Kabel. www.dlm.de

Doeppes, Peter (2004): Nur Digital-Sat sicher?! Editorial In: InfoSat Nr. 3, S. 3-4

Eck, Siegrun (2004): Hungerkur für die Dinosaurier. In: w & v Heft 21/2004, S. 24

Eifert, Martin (1998): Grundversorgung mit Telekommunikationsdienstleistungen, Baden-Baden (zit. Grundversorgung)

Enervation GmbH (2004): Digitalisierung auf dem Vormarsch, www.enervation.com

Engel, Christoph (1997): Verbreitung digitaler Pay-TV-Pakete in Fernsehkabelnetzen. Kartellrechtliche und medienrechtliche Überlegungen. In: ZUM-Sonderheft, S. 309-330

epd medien (2004): „Landesmedienanstalten warnen vor Dominanz im Kabel. Übernahme-Perspektiven: „Gravierende Behinderung" erwartet. In: epd medien Nr. 10, 11. Februar, www.edp.de

Eschenbach, Sandra (2003): Langsam, aber stetig Marktanteile gewinnen. Highspeed-Internet via Kabel bisher wenig verbreitet. In: Tendenz 04/2003, S. 23-25

Fachverband Rundfunkempfangs- und Kabelanlagen, FRK (2004): Stellungsnahme anlässlich des Gesprächs mit Herrn Staatssekretär Dr. Alfred Tacke im BMWA am 29. April 2004. Unveröffentlicht

FCC (2001a): FCC Acts to Expedite DTV-Transition and Clarify DTV Build-Out Rules, 8. November 2001, Online verfügbar unter www.fcc.gov/Bureaus/Mass_Media/News_Releases/2001/nrmm0114.html (zuletzt aufgerufen am 7.4. 2004)

FCC (2001b): Review of the Commission's Rules and Policies Affecting the Conversion To Digital Television, MM Docket No. 00-39, http://www.fcc.gov/Bureaus/Mass_Media/Orders/2001/fcc01330.pdf, zuletzt aufgerufen am 7.4.2004

FCC (2002): FCC introduces phase-in plan for DTV tuners (press release, 08.08.042), http://hraunfoss.fcc.gov/edocs_public/attachmatch/DOC-225221A1.pdf (zuletzt aufgerufen am 27.9.2002)

FCC (2003): Report on cable industry prices in the matter of implementation of section 3 of the Cable Television Consumer Protection and Competition Act of 1922, Statistical report on average rates for basic service, and equipment (released 08.07.03), http://hraunfoss.fcc.gov/edocs_public/attachmatch/FCC-03-136A1.pdf (zuletzt aufgerufen am 2.4.2004)

FGW Online (2004): Internet-Strukturdaten. Repräsentative Umfrage II. Quartal 2004, Forschungsgruppe Wahlen Online, 13. Juli, Mannheim, www.forschungsgruppe.de

Freyer, Ulrich; Berner, Walter (2004): Verschlüsselung und Adressierung in Kabelnetzen. Ein Beitrag zur Klarstellung der Begriffe. Technische Kommission der Landesmedienanstalten (TKLM), TKLM-Dokument Nr. 2/2004 V 0.1, 26. April

Gemeinsame Stelle Digitaler Zugang (2004): Anforderungen an Navigatoren. Diskussionspapier der GSDZ; Version 1.0; Stand: 04. Mai 2004, http://www.digitaler-zugang.de/

Gersdorf, Hubertus (1998): Chancengleicher Zugang zum digitalen Fernsehen, Berlin (zit. Chancengleicher Zugang)

Gersdorf, Hubertus (2002): Regulierung des Zugangs zu Kabelnetzen im Reich der Konvergenz von Netz und Nutzung, In: Dörr, Dieter; Gersdorf, Hubertus (Hrsg.): Der Zugang zum digitalen Kabel, Berlin, S. 247-387 (zit. Regulierung)

Gertis, Hubert (2003): Keine blühenden Landschaften. Der Kabelmarkt im internationalen Vergleich. In: Tendenz 04/2003, S. 34-37

Go Digital Project (2003): Key findings (hrsg. v. Go Digital Project), London, www.ofcom.org.uk/static/archive/itc/uploads/GO_DIGITAL_KEY_FINDINGS.pdf (zuletzt aufgerufen am 12.08.2004)

Goldmedia (2004): Media Transmission Infrastructures 2009. Marktpotenziale von Kabel, Satellit, Terrestrik und der Wettbewerb mit Broadband-Infrastrukturen. Autor: Michael Schmid, Berlin: Goldmedia Consulting, Juli

Gries, Christin-Isabel (2003): Die Entwicklung der Nachfrage nach breitbandigem Internet-Zugang. Bad Honnef: Wissenschaftliches Institut für Kommunikationsdienste (WIK), April

Hanely, Pam (2002): The Numbers Game – Older People and the Media. An ITC Research Publication, London, www.ofcom.org.uk/research/consumer_audience_research/tv/tv_audience_reports/numbers_game_older_people.pdf (zuletzt aufgerufen am 12.08.2004)

Hanley, Pam (2002b): Striking a balance: the control of children's media consumption, London, www.icra.org/press/striking_a_balance.pdf (zuletzt aufgerufen am 12.08.2004)

Hankmann, Marc (2004): Was kostet die Aufrüstung im Kabel? In: Digital Fernsehen 07/2004, Juli, S. 110-111

Harrison, Amanda; Chilvers, Dave (2001): The Digital TV Satellite and Cable Monitor (Continental Research), London

Hartstein, Reinhard; Ring, Wolf-Dieter; Kreile, Johannes et al. (2000): Rundfunkstaatsvertrag: Kommentar zum Staatsvertrag der Länder zur Neuordnung des Rundfunkwesens, Loseblattsammlung, Stand: Bd. 2: § 52, 5. Einzellieferung 2000, § 53, 4. Einzellieferung. (zit. RStV)

Heil, Bertold (2004): Digitales Fernsehen. Mehr Nutzen für den Zuschauer, Herausforderung für die Sender. In: InfoSat 05/2004, S. 142-145

Hein, Werner J.; Schmidt, Jens Peter (2002): Entgelte für die Übertragung von Rundfunksignalen über das Breitbandkabel. In: K&R, S. 409-416

Heinz, Christian (2003): Wo bleibt der Durchbruch? Nutzung der BK-Netze für die Telekommunikation in Deutschland. In: Net 5/2003, S. 27-30

Herdegen, Matthias (2003): Europarecht, 5. Aufl., München

Hesse, Albrecht (2003): Rundfunkrecht – Die Organisation des Rundfunks in der Bundesrepublik Deutschland, 3. Aufl., München (zit. Rundfunkrecht)

Hillig, Hans-Peter (2001): Die Weiterübertragung von Fernsehprogrammen in Breitbandkabelnetzen. In: AfP, S. 31 ff.

Hoffmann-Riem, Wolfgang (1990): Kommunikationsfreiheit und Chancengleicheit. In: Schwartländer, Johannes; Riedel, Eibe (Hrsg.): Neue Medien und Meinungsfreiheit. Kehl am Rhein/Straßburg

Hoffmann-Riem, Wolfgang (2000): Regulierung der Dualen Rundfunkordnung, Baden-Baden (zit. Regulierung)

Hoffmann-Riem et al. (1999): Konvergenz und Regulierung. Gutachten im Auftrag des BMWA

Hofmeir, Stefan (2003): Digitalisierung der deutschen Kabelnetze. 2004 geht die Post ab. In: Tendenz 4/2003, S. 4-10

Horn, Ulrich (2004): Himmlische Alternative. Anforderungsprofile und interaktive Breitbandnetze. In: NET, 5/2004, S. 20-22

IDATE (2002): IDATE News vom 30. April 2002: „Delays for Digital Terrestrial TV in the US, http://www.idate.fr/an/qdn/an-02/IF212-20020421/index_a.htm (zuletzt aufgerufen am 26.6.2002)

Immenga, Ulrich; Mestmäcker, Ernst-Joachim (Hrsg.) (2001): GWB – Kommentar zum Kartellgesetz, 3. Aufl., München (zit.: GWB-Bearbeiter)

Ipsos (2004): The next gadget to get? Consumers not quite ready for digital video recorders, reveals Ipsos-Insight survey (Pressemitteilung vom 29.01.04), http://www.ipsos-reid.com/pdf/media/mr040129-2.pdf (zuletzt aufgerufen am 8.8.2004)

Irion, Kristina; Schirmbacher, Martin (2002): Netzzugang und Rundfunkgewährleistung im deutschen Breitbandkabelnetz – Der Bedarf an neuen Kabelbelegungsvorschriften nach dem Verkauf des Breitbandkabelnetzes an vertikal integrierte Netzbetreiber. In: CR, S. 61-68

Juniper Networks (2002): G1 CMTS Installation and Operation Manual, www.juniper.net

Kabel Deutschland, Pressemeldung vom 8. Juni 2004: Kabel Deutschland und TeleColumbus Gruppe vereinbaren umfassende Kooperation zur Vermarktung neuer Angebote im Kabel, www.kabeldeutschland.de

KDG (2004): „Konzept für die Etablierung einer Digitalisierungskommission zur Entwicklung eines „Fahrplanes" für den Umstieg von analoger auf digitale Signalübertragung in den Breitbandkabelnetzen." Entwurf der Kabel Deutschland GmbH vom 13. Januar, unveröffentlicht

Kofler, Georg (2003): Premiere und das Kabel: Anforderungen eines Pay-TV-Anbieters an die Kabelnetzbetreiber. In: tendenz 04/2003, S. 41-43

Kommission der Europäischen Gemeinschaften (2002): eEurope 2005: Eine Informationsgesellschaft für alle. Aktionsplan zur Vorlage im Hinblick auf den Europäischen Rat von Sevilla am 21./22. Juni 2002. http://europa.eu.int/information_society/eeurope/2002/news_library/docments/eeurope2005/eeurope2005_de.pdf (zuletzt aufgerufen am 7.4.2004)

Ladeur, Karl-Heinz (1999): Rechtliche Regulierung von Informationstechnologien und Standardsetzung – Das Beispiel der Set-Top-Box im digitalen Fernsehen. In: CR, S. 395-404

Lampert, Thomas (1998): Der Begriff der Marktbeherrschung als geeignetes Kriterium zur Bestimmung der Normadressaten für das sektorspezifische Kartellrecht nach dem TKG. In: WuW, S. 27 ff.

Lauff, Werner (2004): Urknall Nummer Zwei. In: Digital Fernsehen 09/2004, S. 94-95

Leopoldt, Swaantje (2002): Navigatoren, Baden-Baden (zit. Navigatoren)

MORI (2001): Digital Television 2001 – Final Report: Research Study conducted for the Department for Culture, Media and Sport, London, www.culture.gov.uk (zuletzt aufgerufen am 12.08.2004)

o. V. (2004): Kabel von KDG wird von ProSiebenSat.1 angegriffen. In: InfoSat vom 19.06.2004, www.infosat.de

o. V. (2004): Deutsche sind bereit fürs Digital-Fernsehen, www.digitalfernsehen.de (zuletzt aufgerufen am 8.8.2004)

Ott, Klaus (2004): Kabel Deutschland will Netzmonopol. Management kündigt Ausbau des digitalen Fernsehens an, In: SZ, 5. April

Ott, Klaus (2004): Wer RTL sieht, muss extra zahlen. Die Pläne eines Kabelriesen mobilisieren die TV-Sender. In: SZ, 16. Februar

Pace Mirco Technology (2001): The Pace Report 2001 – Consumer attitudes towards digital television: the UK and the US, Shipley/Boca Raton. www.pace.co.uk/documents/PR/pacereport01.pdf (zuletzt aufgerufen am 12.08.2004)

Preissner, Anne (2004): Alles an einem Strang. In: managermagazin, 7/2004, S. 86-92

Pressemeldung des VPRT vom 11. März 2004: „Private Fernsehveranstalter für neutrale Programmführer im digitalen Angebot der Kabel Deutschland GmbH und unabhängige Zertifizierung von Set-top-Boxen", www.vprt.de

PWC (2000): Der Breitbandkabel-Markt Deutschland. Vom Kabel-TV-Netz zum Full-Service-Network. Industriestudie von PriceWaterhouseCooper, Verlag Moderne Industrie

Sachs, Michael (Hrsg.) (1999): Grundgesetz - Kommentar, 2. Aufl., München (zit. Grundgesetz-Bearbeiter)

Schäfer, Rainer (2001): „Conformance Testing" und Lizenzierung von MHP. Überblick und begleitende Aktivitäten. In: Fernseh- und Kinotechnik, 55. Jhg.

Scheidt, Wolfgang (2003): Interaktives Fernsehen in Deutschland. Entwicklungshilfe gefragt. In: Tendenz 04/2003, S. 28-30

Schmidt, Jörg (2003): Signalverteilung und -führung in Kabelkopfstationen. In: ntz 12/2003, S. 18-19

Schmoll, Siegfried (2003): Aus alt mach neu. Zustand und Ausbaufähigkeit des Fernsehverteilnetzes BK450. In: Net 5/2003, S. 31-35

Schrape, Klaus; Hürst, Daniel (2000): Kabelfernsehmarkt Deutschland im Umbruch. Neue Geschäftsmodelle für Breitbandnetze. Eine Untersuchung der Prognos AG im Auftrag von BLM, ANGA und DVB Multimedia Bayern, München 2000, BLM-Schriftenreihe, Band 61

Schulz, Wolfgang (2000): § 53 RStV: „Auf jeden Fall werde ich, oder wenigstens will ich, wenn nicht, dann doch, allerdings müßte ich und kann nicht" – Regulierung der Zusatzdienste digitalen Fernsehens im Vierten Rundfunkänderungsstaatsvertrag. In: K&R, S. 9-13

Schulz, Wolfgang; Kühlers, Doris (2000): Konzepte der Zugangsregulierung für digitales Fernsehen, Berlin (zit. Zugangsregulierung)

Schulz, Wolfgang; Seufert, Wolfgang; Holznagel, Bernd (1999): Digitales Fernsehen – Regulierungsaspekte und -perspektiven, Opladen (zit. Digitales Fernsehen)

Schulz, Wolfgang; Vesting, Thomas (2000): Frequenzmanagement und föderale Abstimmungspflichten? Beteiligungsrechte der Länder bei der Anwendung §§ 45 ff. TKG auf Frequenznutzungen im Breitbandkabel, Berlin (zit. Frequenzmanagement)

Schulz, Wolfgang; Ziewitz, Malte (2004): Extending the Access Obligation to EPGs and Service Platforms? In: Wolfgang Closs; Susanne Nikolzchev (Hrsg.): Regulating Access to Digital Television, Straßburg, S. 47-58 (zit. Access Obligations)

Schumacher, Annette (2001): Kabelregulierung als Instrument der Vielfaltssicherung – Analyse und Perspektiven, Baden-Baden (zit. Kabelregulierung)

Schunke, Klaus-Dieter (1998): Performance Evaluation of the DVB/DAVIC Cable Return Channel System ETS 300 800. Proceedings of International Broadcasting Convention (IBC), S. 58-63, Amsterdam

Schütz, Raimund (1998): Breitbandkabel – „Closed Shop" für neue Diensteanbieter? In: MMR S. 11-18

Schwarze, Jürgen (Hrsg.) (2000): EU-Kommentar, Baden-Baden (zit. EU-Kommentar-Bearbeiter)

Sefczyk, Michael (1999): Die Nutzung des Kabel-TV-Netzes in der Zukunft. Dresden, November, Vortragsdokumentation, Wissen Online, www.analytikum.de

Stamm, Peter; Büllingen, Franz (2002): Kabelfernsehen im Wettbewerb der Plattformen für Rundfunkübertragung – Eine Abschätzung der Substitutionspotenziale, Dokumentationsbeitrag Nr. 239, Bad Honnef: Wissenschaftliches Institut für Kommunikationsdienste (WIK)

Statistisches Bundesamt (2004): Informationstechnologie in Haushalten. Ergebnisse einer Pilotstudie für das Jahr 2003. Wiesbaden: Statistisches Bundesamt, August, www.destatis.de

Stritzl, Peter (2003): Kabelnetzbetreiber in Deutschland - Allianzen und Interessensgegensätze. In: Tendenz 04/2003, S. 44-47

Thierfelder, Jörg (1999): Zugangsfragen digitaler Fernsehverbreitung, München (zit. Zugangsfragen)

Thöry, Norbert (2004): Die technischen Möglichkeiten der Kabelnetze im Vergleich zu anderen Breitbandübertragungsmedien. Dokumentation des Vortrages auf der ANGA Cable 2004 in Köln

TNS infratest (2004): Monitoring Informationswirtschaft. 7. Faktenbericht 2004. Sekundärstudie im Auftrag des Bundesministeriums für Wirtschaft und Technologie. München, April, www.bmwa.bund.de

Verband Privater Rundfunk und Telekommunikation e.V. (VPRT) und Technische Kommission der Landesmedienanstalten (TKLM) (Hrsg.) (1999): Entwicklung der BK-Netze in Deutschland. Teil 2: Wirtschaftliche Situation und zukünftige Einflußfaktoren, Berlin: Vistas

Vesting, Thomas (2001): Das Rundfunkrecht vor den Herausforderungen der Logik der Vernetzung. Übergang zu einer horizontalen Rundfunkordnung für die Ökonomie der Aufmerksamkeit. In: M&K, S. 287-305

Vesting, Thomas; Hahn, Werner (Hrsg.) (2003): Beck'scher Kommentar zum Rundfunkrecht, München (zit. Beck-RStV-Bearbeiter)

VPRT (2003): „Ordnungspolitische Forderungen für die Rahmenbedingungen der Digitalisierung in Deutschland", 22. Oktober, unveröffentlicht

VPRT (2004): Position des VPRT zu „Set-top-Boxen" und „Navigatoren" auf der Grundlage des Vermerks der Gemeinsamen Stelle Digitaler Zugang zu den Anforderungen an Navigatoren gemäß § 53 RStV sowie zu dem durch die KDG nach § 53 RStV zur Anzeige gebrachten Navigator. März, www.vprt.de

VPRT (2004a): Positionspapier des Deutschen Kabelverbandes zu „Simulcast", Berlin, 28. April, www.vprt.de

Wagner, Christoph (1998): Rundfunkempfang über Kabel – eine Preisfrage? - Teilnehmeranschlussentgelte für Kabelrundfunk und TKG-Entgeltregulierung. In: K&R, S. 234-243

Wagner, Christoph (2001): Wettbewerb in der Kabelkommunikation zwischen Transport- und Vermarktungsmodell. In: MMR-Beilage 2/2001, S. 28-33

Wagner, René (2004): Radikal digital? Die Zukunft der Kabel-TV-Netze. In: Digital-Fernsehen, 05/2004, S. 112-114

Wallenberg, Christina von (1999): Diskriminierungsfreier Zugang zu Netzen und anderen Infrastruktureinrichtungen. In: K&R, S. 152-157

Weisser, Ralf; Meinking, Olaf (1998): Zugang zum digitalen Fernsehkabelnetz außerhalb von must-carry-Regelungen. In: WuW, S. 831-850

Welfens, Paul J.J; Zoche, Peter; Jungmittag, Andre et al. (2004): Internetwirtschaft 2004. Perspektiven und Auswirkungen. Heidelberg: Physica

Wagner, René (2004): Radikal digital? Die Zukunft der Kabel-TV-Netze. In: Digital Fernsehen, 05/2004, S. 112-114

Wille, Karola (2002): Kabelrundfunk aus Sicht der öffentlich-rechtlichen Rundfunkanstalten. In: ZUM, S. 261-267

ZDF (2003): „Ergänzende Stellungnahme des ZDF zum Referentenentwurf TKG-E 2003", unveröffentlicht

ZDF (2004): Neuordnung des Kabelmarktes mit dem ZDF. Beitrag für inside.zdf.de, 29. April

Zimmer, Anja; Büchner, Wolfgang (2001): Konvergenz der Netze – Konvergenz des Rechtes? In: CR, S. 164-174

ZVEH (2004): Statement anlässlich des BMWA-Workshops am 29. April: Übergang der analogen zur digitalen Signalübertragung in den BK-Netzen. 28. April

ZVEI (2002): „Industrie fordert Ausbau und Digitalisierung der Kabelnetze". Positionspapier des Zentralverbands Elektrotechnik- und Elektroindustrie e.V., Februar, www.zvei.de

ZVEI (2003): „Position zur Digitalisierung der Breitbandkabelnetze". Zentralverband Elektrotechnik- und Elektroindustrie e.V., 8. Dezember, www.zvei.de

Anhang A: Übersicht über interaktive TV-Angebote in Deutschland

Zusammenfassung

Im Zusammenhang mit der Digitalisierung der Rundfunkübertragung wird immer wieder über interaktive Dienste gesprochen, die auf der digitalen TV-Plattform realisiert werden können. Wie solche neuen interaktiven Dienste beispielhaft aussehen können, soll in diesem Anhang anhand von *Screenshots* und Kurzbeschreibungen dargestellt werden. Die Aufstellung beansprucht keine Vollständigkeit. Sie soll vielmehr zeigen, welche interaktiven TV-Dienste bereits umgesetzt sind oder sich in konkreter Planung befinden.

In Deutschland sind ARD und ZDF die Vorreiter bei der Entwicklung interaktiver TV-Anwendungen über die Multimedia Home Platform (MHP). Aber auch die RTL Gruppe bietet inzwischen eine Reihe interaktiver MHP-Anwendungen an und die ProSiebenSat.1 Gruppe hat für 2004 eigene MHP-Anwendungen angekündigt.

Premiere bietet mit Pay-per-View und freier Perspektivenwahl bei Formel 1-Übertragungen ebenfalls interaktive Anwendungen an, die auf einer proprietären Software basieren und momentan nicht MHP-kompatibel sind.

T-Commerce, d. h. E-Commerce über das TV-Gerät, bietet momentan nur der Otto Versand an.

Alle MHP-Dienste können erst seit Kurzem tatsächlich über das Kabel-TV-Netz genutzt werden, weil die dazu nötigen MHP-Boxen erst seit einigen Monaten auf dem Markt sind. Viele dieser Geräte sind mit über 200 € noch zu teuer für den Massenmarkt. Allerdings haben sich Programmanbieter und Geräteindustrie Anfang 2004 auf ein Maßnahmenpaket geeinigt, mit dem MHP-Anwendungen und MHP-Geräte unterstützt und vermarktet werden sollen. Sobald größere Stückzahlen der Set-top-Boxen produziert werden, werden sich die Preise für solche Boxen denen von Zapping-Boxen annähern.

Inzwischen unterstützen alle Marktpartner den MHP Standard. Auch Premiere und Kabel Deutschland haben sich für MHP ausgesprochen, wenngleich sie MHP nicht aktiv promoten, sondern dies dem Markt überlassen wollen.

Zum Thema interaktive Dienste auf der Basis des MHP-Standards gibt es eine Internetsite (www.mhp-forum.de), von der die hier wiedergegebenen *Screenshots* stammen.

Kurzbeschreibungen der einzelnen interaktiven TV-Dienste

ARD Digital

Die ARD hat ein interaktives TV-Portal für sein digitales Programmpaket entwickelt, das die Angebote der Sendergruppe in die Rubriken „TV", „Radio" und „Multimedia" einteilt (siehe Abb.A-1).

Außerdem wird eine elektronische Programmzeitschrift (EPG) angeboten, die über die Rubriken „Programm", „Tipps" und „Mein TV" sowie „Nachrichten" aus den Bereichen Nachrichten, Wirtschaft, Sport oder Kultur informiert. Insgesamt beinhaltet ARD Digital 18 Fernseh- und 22 Hörfunkprogramme sowie zusätzliche sendungsbegleitende Dienste. Das Informationsprogramm EinsExtra und das WDR Fernsehen informieren zusätzlich mit interaktiven Nachrichten-Tickern. Auf Tastendruck erscheinen die gewünschten Meldungen im Volltext.

Abb.A-1: Der elektronische Programmführer der ARD

Abb.A-2: Filmtipps und Wetterkarte im elektronischen Programmführer der ARD

Besondere Formate

Zum einen bietet ARD Digital parallel zur Sendung „Presseclub" eine interaktive Begleitung mit Zusatzinformationen zum Moderator und zu den Gästen der Sendung. Über eine Live-Abstimmung kann die Zuschauermeinung zeitnah in die Diskussion einbezogen werden.

Zum anderen stellt ARD Digital bei großen Sportereignissen umfassende Informationen über einen interaktiven Sport-Ticker zur Verfügung. So können aktuelle Meldungen, Mannschaftsaufstellungen, Etappensiege und Statistiken als Hintergrundinformationen zum laufenden Fernsehprogramm abgerufen werden. Auch die „Sportschau" wird im digitalen Free-TV interaktiv begeleitet. So informiert ARD Digital während der Bundesligaspiele über aktuelle Tabellenstände, zum Gewinnspiel „Tor des Monats" sowie zu weiteren Sportsendungen im Ersten. Die „interaktive Sportschau" integriert außerdem auch den bereits existierenden Bundesliga-Ticker, mit dem sich interessierte Zuschauer im Vorfeld der Sportschau zur Bundesliga mit Aufstellungen und Statistiken informieren können.

Abb.A-3: Zuschauerabstimmung im „Presseclub" und Sportinfos zur „Sportschau"

Interaktive Spiele zu Unterhaltungsshows: Bei Unterhaltungsshows wie z. B. „Verstehen Sie Spaß?" können Zuschauer während der Sendung interaktiv mitraten, wie die „Opfer" der versteckten Kamera die Situationen meistern werden. Zusätzlich lassen sich Informationen zu den Gästen und dem Moderator aufrufen.

Zum „Winterfest der Volksmusik" gibt es zusätzliche Informationen zum Showmaster und seinen Gästen parallel zum laufenden Fernsehbild. Dabei werden die programmergänzenden Informationen mit der Fernbedienung aufgerufen.

Abb.A-4: Mitraten bei „Verstehen Sie Spaß" und Informationen zu Musikern im „Winterfest der Volksmusik"

Die verschiedenen Sendungen der „ARD Ratgeber" werden darüber hinaus interaktiv über das TV-Portal erweitert. So stehen im zweistündigen Wechsel rund um die Uhr Informationen z. B. aus den Bereichen Auto und Verkehr, Haus und Garten oder Kino und Film auf Abruf bereit.

Abb.A-5: Zusatzinformationen zum „ARD Ratgeber" und Angebote der Regionalsender

Auch die Regionalprogramme sind im ARD-Digital Angebot vertreten. So bietet Hessen-Fernsehen interaktive Medieninhalte an. Parallel zu den Sendungen können über die interaktiven Zusatzdienste ergänzende Informationen abgerufen werden. Neben einer Themenübersicht zur laufenden Sendung finden sich in den interaktiven Service-Fenstern z. B. ausgewählte Adressen und Buchtipps, die sich inhaltlich auf die verschiedenen Beiträge beziehen. Zusätzlich stehen Informationen zur Moderation, eine Kontaktadresse sowie die Themen zur nächsten Sendung auf Abruf bereit.

ZDFvision

Das digitale Angebot des Zweiten Deutschen Fernsehens, „ZDFvision" bietet ebenso wie das ARD-Angebot ein Portal auf MHP-Basis, das alle Bouquetprogramme präsentiert und die Möglichkeit bietet, weitere interaktive Dienste abzurufen. Mit dem „ZDFdigitext" lassen sich zudem Nachrichten, sportliche Highlights und Hintergrundberichte zu Politik und Wirtschaft sowie Wetterinformationen anzeigen.

Bei „ZDFinteraktiv Berlin Mitte" werden zusätzlich Informationen zu den einzelnen Gästen sowie Hintergrundinformationen zu den entsprechenden Themen geboten. Außerdem gibt die interaktive Applikation dem Zuschauer die Möglichkeit, sich mit Hilfe eines Glossars detailliert über die in der Diskussion angesprochenen Themen zu informieren. Darüber hinaus kann der Zuschauer im Laufe der Sendung über eine Zuschauerfrage eine Bewertung abgeben, ob die Diskussionsrunde seinen Erwartungen entsprochen hat.

Zu Reisesendungen in ZDF und ZDFinfokanal können weiterführende Informationen zur Sendung und den besprochenen Reisezielen abgerufen werden. Abrufbar sind hier Hotel- und Restaurantguides, Kontaktadressen und Basisdaten, die die Beiträge der Sendung vertiefen.

Abb.A-6: „ZDFinteraktiv Berlin Mitte" und ZDF-digitext

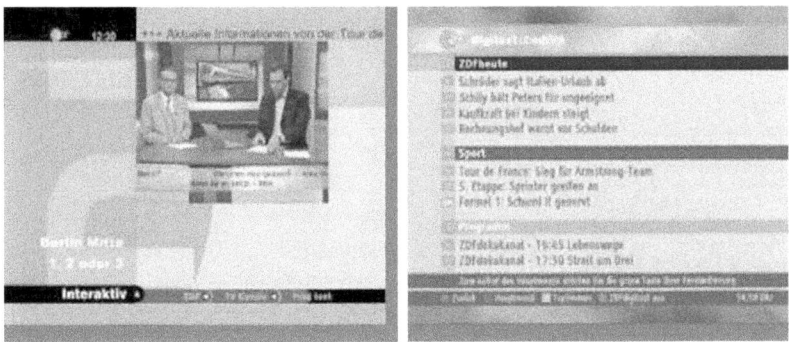

Der ZDFinfokanal bietet zudem noch einen Newsticker und vertiefende aktuelle Informationen zu den einzelnen Sendungen. Weiterhin kann man bei der Sendung „Unsere Besten" mit raten und mit gewinnen.

Bei der Quizshow „1-2 oder 3" können Kinder aktiv an der Sendung teilnehmen, indem sie mit Hilfe der Fernbedienung eine Spielfigur wählen und auf eines der Antwortfelder ihrer Wahl setzen.

Abb.A-7: Mitraten bei der Quizshow „1-2 oder 3"

ARD, ZDF haben zu den Olympischen Sommerspielen 2004 in Athen einige ihrer exklusiv im digitalen Fernsehen übertragenen Kanäle („ZDFdokukanal", „ZDFtheaterkanal", „EinsMuXx" und „EinsFestival") zu Sportkanälen umgewidmet, um mehr Platz für Live-Übertragungen zu haben. Die Sportsendungen wurden zusätzlich mit Hintergrundinformation ergänzt, die interaktiv abgerufen werden konnten. So konnten die Digitalzuschauer die Wettkämpfe rund um die Uhr verfolgen und ein jeweils individuelles Olympia-Programm aus rund 300 verschiedenen Wettkämpfen zusammenstellen. Dazu konnten interaktive Ergebnisberichte, Medaillenspiegel, Newsticker und Sportler-Porträts per Fernbedienung jederzeit abgerufen werden.

Abb.A-8: Olympia bei ARD und ZDF

Abb.A-9: Schwimmen bei Olympia in ARD und ZDF

Abb.A-10: Turnen und Tennis bei Olympia in ARD und ZDF

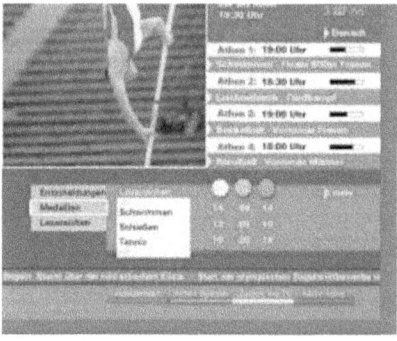 

RTL New Media

RTL New Media bietet eine Programmübersicht und einen Programm-Navigator für die verschiedenen Sender der RTL-Gruppe sowie eine interaktive Begleitung der Quizshow „Wer wird Millionär". In Planung sind weitere interaktiven Services - von Video on Demand über Homebanking, T-Commerce, Live-Chats, E-Mail bis hin zu interaktiven Games, die synchron zu TV-Shows und Sportevents per Fernbedienung gespielt werden können. Für die meisten der angedachten Anwendungen fehlt zur Zeit aber noch die technischen und organisatorischen Infrastrukturen.

„RTL TV Interaktiv" bot während der Olympischen Spiele ebenfalls ein zusätzliches Angebot an. Innerhalb der Anwendung „RTL TV Interaktiv Applikation" konnte das „Olympia-Tagebuch" aktiviert werden, in dem täglich die neuesten Meldungen und Bilder gezeigt wurden. Nach den Spielen blieb das Tagebuch als Fotogalerie bestehen.

Abb.A-11: Der RTL Programmnavigator

Abb.A-12: Mitraten bei „Wer wird Millionär" und das „Olympia-Tagebuch"

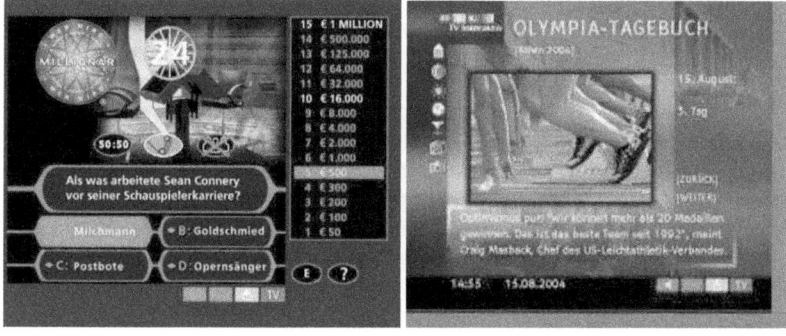

Pro Sieben

SevenOne Intermedia, die Multimedia-Tochter der ProSiebenSat.1-Gruppe und Sony haben anlässlich der CeBIT 2003 ihr künftiges interaktives TV-Angebot auf MHP-Basis vorgestellt. Für die Dauer der Internationalen Funkausstellung 2003 (IFA) wurde das ProSieben „iTV-Portal" in Echtbetrieb ausgestrahlt. Über die Fernbedienung der Sony-Box war ein interaktiver Zusatzdienst nutzbar, der parallel zum laufenden Programm gesendet wurde. Das ProSieben iTV-Portal beinhaltete eine ganze Reihe von interaktiven Diensten wie z. B. News, Wetter, Horoskop oder Programminformationen. Durch eine Bild-in-Bild-Lösung blieb für den Zuschauer bei der Navigation das Fernsehbild weiterhin sichtbar. Außerdem bot ProSieben in Zusammenarbeit mit dem Wetterportal wetter.com einen regionalisierten Wetter-Service an. Daten und Vorhersagen des Deutschen Wetterdienstes (DWD) waren interaktiv für ausgewählte Regionen „on air" abrufbar.

Ein weiteres Service-Angebot für interaktive Nutzer war der Horoskop-Dienst von Noé Astro und der Zusatzservice des Nachrichtensenders N24. Über das Informationstool „N24 60 seconds" wurden in 60 Sekunden die aktuellen sechs Top-Nachrichten in Wort und Bild präsentiert. Weiterführende Programminformationen sowie aktuelle TV-Tipps lieferte der Sender über den Programm-Navigator.

Abb.A-13: TV-Tipps über den ProSieben Programmnavigator

Fox Kids

Der Sender „Fox Kids" wird bisher nur über Satellit unverschlüsselt ausgestrahlt. Fox Kids ist ein interaktives Lernprojekt, das ein spielerisches, mediales Sprachlernen und eine Verbesserung der Lesekompetenz bei Kindern zum Ziel hat. Das Pilotprojekt basiert auf der MHP-Technologie. Die BLM (Bayerische Landeszentrale für Neue Medien) fördert dieses Projekt insbesondere unter dem Aspekt der Einführung innovativer MHP-Applikationen. Entwickelt wurde die interaktive MHP-Anwendungen von der Bayerischen Medientechnik GmbH (BMT). Fox Kids strahlt via ASTRA Episoden der erfolgreichen Kinderserie „Goosebumps" im englischen Original mit deutschen Untertiteln unverschlüsselt aus. Während der Sendung werden die Kinder aufgefordert, per Fernbedienung Verständnis- und Wissensfragen zur Serie auf Englisch zu beantworten.

Abb.A-14: Fox Kids Pilotentwicklung zur Lernunterstützung

Premiere

Premiere bietet neben Pay-per-View-Angeboten als interaktives *Feature* insbesondere die freie Kamerawahl bei den Übertragungen von Formel 1-Rennen an. Die Zuschauer können über die Informationsleiste am rechten Bildrand wählen, aus welcher Kameraperspektive sie das Rennen verfolgen wollen und zwischen den verschiedenen Einstellung hin- und herschalten.

Abb.A-15: Kamerawahl der Zuschauer bei Formel 1 Übertragungen auf Premiere

Der Hörzu-EPG

Der Axel Springer Verlag strahlt seit Januar 2004 rund um die Uhr Programminformationen und Empfehlungen der HÖRZU-Redaktion digital über den Satelliten ASTRA aus. Der Zuschauer kann sich das tägliche Fernsehangebot aus 50 Sendern bis zu eine Woche im Voraus nach Genres (Spielfilm, Doku, Nachrichten etc.) oder nach den Bewertungskriterien der HÖRZU (Spannung, Humor, Action, Anspruch, Erotik) anzeigen lassen.

Abb.A-16: Der EPG der HÖRZU

Hinzu kommen zahlreiche bebilderte Tagestipps der HÖRZU-Redaktion, die auch gesondert durchsucht werden können. Per Fernbedienung lassen sich vertiefende Informationen zu den Sendungen aufrufen, zeitgleich bleibt das aktuell gewählte Programm in einem verkleinerten Bildausschnitt eingeblendet. Die Vollversion bleibt Zuschauern vorbehalten, deren Receiverhersteller oder Netzbetreiber eine Lizenzvereinbarung mit HÖRZU geschlossen haben. 2004 werden auch erste Kabelnetzbetreiber die interaktive HÖRZU als Lotsen durch die digitale Programmvielfalt in ihre Netze einspeisen.

Der Video-on-Demand-Guide Gist

Der VOD-Guide der Firma Gist stellt Informationen für On-Demand-Programme in Video-on-Demand-Systemen zur Verfügung. Intuitive Filtermechanismen erlauben die Suche und Sortierung nach verschiedensten Kriterien wie Genre, Titel, Erscheinungsjahr, Bewertung etc. Außerdem bietet die Firma einen ebenfalls auf MHP basierenden EPG. Dieser ist skalierbar vom einfachen „Was lauft jetzt?" bis hin zu „Enhanced EPGs", die mit Tagestipps, verschiedenen Sortiermechanismen, Personalisierungs- und Erinnerungsfunktionen, PVR-Integration, attraktiven Magazininhalten und intelligentem Advertising ausgestattet sind.

Abb.A-17: VOD-Guide und EPG von Gist

Interaktive TV-Werbung

Interaktive Werbung ermöglicht den Zuschauern bei Interesse den Abruf von Zusatz-Informationen parallel zum laufenden TV-Spot. Mercedes-Benz und Sony NetServices präsentierten z. B. im Rahmen des Pariser Automobilsalons 2002 erstmalig einen interaktiven TV-Werbespot auf Basis der MHP-Technologie für die neue S-Klasse. Dazu wurden im interaktiven Werbespot multimediale Informationen z. B. zur Technologie, zum Design oder der Innenausstattung der S-Klasse angezeigt und der Zuschauer konnte über die Fernbedienung an einem Gewinnspiel teilnehmen, die Broschüre der aktuellen S-Klasse bestellen oder in Dialog mit Mercedes-Benz mittels Rückkanal treten. Der interaktive TV-Spot wurde vom 28.09. bis 13.10.2002 im Mercedes-Benz *Showroom* an den Champs-Elysées auf digitalen Fernsehgeräten von Sony live übertragen und präsentiert.

Abb.A-18: Interaktiver Werbespot von Mercedes-Benz

Interaktive Informationsportale ohne Senderbezug

NIONEX (Bertelsmann Group und SCIP)

Mit „TV-Wissen" von NIONEX kann der Fernsehzuschauer über den Rückkanal vom Fernsehgerät aus Suchanfragen auf Europas größtem Wissensportal im Internet www.wissen.de starten. Durch die interaktive Applikation „TV-Qwissen" kann der Zuschauer an Quizshows und am Wissenstraining teilnehmen. Der Fernsehzuschauer kann jederzeit lokal auf einer MHP-Box das Game „Qwissen" anwählen, im Wettlauf gegen die Uhr Fragen beantworten und sich so für Quiz-Shows im Fernsehen fit machen.

Abb.A-19: wissen.de und Qwissen

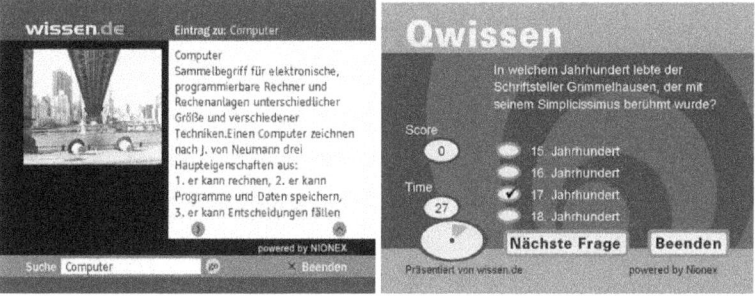

SCIP iT-Wetter-Service

Mit dem SCIP iT-Wetter-Service erhält der Nutzer zu jedem Zeitpunkt die wichtigsten Wetterinformationen in seiner Region, Deutschland oder Europa. Detailinformationen wie Temperatur, Luftfeuchtigkeit, Windstärke, Biowetter werden durch interaktive Landkarten oder in Tabellenform dargestellt.

Abb.A-20: Die interaktiven Anwendungen von SCIP iT

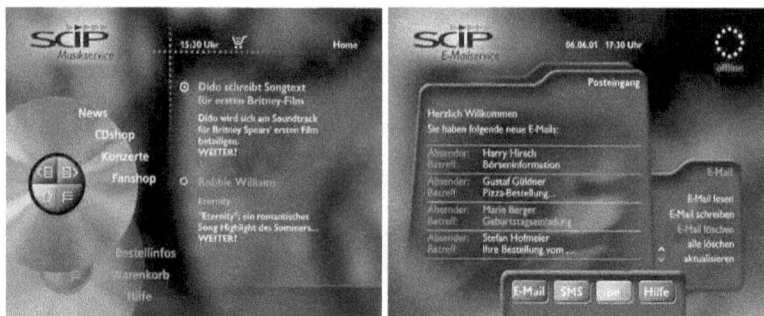

Zudem bietet SCIP einen iT-Musik-Service, der man via Telefonie-Hotline oder bei rückkanalfähigen Set-Top-Boxen auch über das Modem Musik bestellen kann. Der E-Mail-Service bildet die Grundlage für die Kommunikation via iTV. Mit ihm lassen sich Mails über einen üblichen POP3-Server empfangen und verschicken. Für die Funktion sind rückkanalfähige MHP- Set-Top-Boxen erforderlich.

Anhang B: Business Cases

LKG Lauchhammer

Die Lausitzer Kabelbetriebsgesellschaft (LKG) in Lauchhammer wurde zur Beschreibung als Business Case ausgewählt, weil es sich hierbei um einen innovativen, kleinen NE-3/NE-4-Betreiber handelt, dessen Netz- und Betriebsstruktur als typisch ist für eine Vielzahl ostdeutscher Kabelnetzbetreiber angesehen werden kann. Eine halbe Stunde nördlich von Dresden gelegen, liegt der Ort Lauchhammer in einem strukturschwachen Gebiet, dessen Bevölkerung heute von hoher Arbeitslosigkeit betroffen ist. Der Kabelnetzbetreiber LKG versorgt insgesamt 10.000 Wohneinheiten und verfügt über ein integriertes 862 MHz-Netz, das über die Kabelkopfstation in Lauchhammer-Mitte gespeist wird (Abb.B-1).

In der Firma arbeiten derzeit etwa 30 Mitarbeiter, die allerdings nicht alle mit dem Kabel beschäftigt sind. Die Aktivitäten der Gründer und Teilhaber Ralf Berger und Bernd Nitzschner gehen über die reine Versorgung mit Kabelfernsehen hinaus in den Bereich Beratung, Betreuung und sogar Software- und Internet-Dienstleistungen, wofür eine Reihe eigenständiger Firmen im Umfeld der LKG gegründet wurden. Hierbei handelt es sich um die:

- Lausitzer Kabelbetriebsgesellschaft LKG, die in Lauchhammer 10.000 WE mit Kabelfernsehen und High-Speed-Internet versorgt, die

- Lausitzer Kabelservicegesellschaft LKS, die im Auftrag anderer Netzbetreiber in verschiedenen Regionen für Service und Marketing verantwortlich ist und für insgesamt 70.000 WE zuständig ist. Die LKS hat u. a. auch eine eigene Software zur Kundenbetreuung entwickelt, die sie nun an andere kleine und mittelständische Kabelnetzbetreiber vermarktet, das

- WMZ, Werbe- und Medienzentrum als Betreiber eines eigenen lokalen Senders, der ins Lausitzer Kabel eingespeist wird, die

- Innok@, die unterschiedliche Projektbetreuungen durchführt, u. a. im Auftrag fremde Kabelnetzbetreiber und die

- KabelGmbH, ein Ingenieurbüro, das bundesweit kleine und mittelständische Kabelnetzbetreiber beim Aufbau von Kabelmodemsystemen berät.

Darüber hinaus betreibt die LKG ein eigenes Internet-Café und führt in Lauchhammer Internet- und Software-Schulungen durch.

In das Kabelnetz in Lauchhammer werden neben den analogen Radio- und Fernsehprogrammen die digitalen Programme von ARD und ZDF sowie die Pay-Pakete von Premiere eingespeist. Auch in Lauchhammer fehlen allerdings noch die großen Privatsender noch im digitalen Bereich. Die Verantwortlichen überlegen allerdings, welche zusätzlichen Digitalpakete und Pay-Angebote in Zukunft über ihr Netz vermarktet werden könnten. Da das KDG-Angebot in integrierten Netzen nur exklusiv angeboten wird, kommt es für die LKG nicht in Frage. Das Zusatzangebot von PrimaCom (Kabelvision) oder von Eutelsat (Visavision) scheint besser geeignet. Eine eigene Programm-Zusammenstellung für die digitale Plattform will die LKG nicht vornehmen. Dazu fehlt es zum einen an der Nachfrage und zum anderen wäre der Aufwand für ein Netz mit nur 10.000 angeschlossenen Wohneinheiten zu klein.

Abb.B-1: Kabelkopfstation der LKS in Lauchhammer

Quelle: www.lks-lauchhammer.de

Die Signaleinspeisung, die heute über die eigene Kopfstation erfolgt, wurde früher von der KDG vorgenommen, jedoch auf Grund von Preiserhöhungen bzw. der unbefriedigenden Preisrabattierung aufgekündigt. Gemeinsam mit mittelständischen Kooperationspartnern wurde der Aufbau einer eigenen Singalversorgung schließlich selbst in die Hand genommen. Obwohl die Abkopplung vom Signal der KDG den Aufbau eines technisch relativ anspruchsvollen Systems für die Signalaufbereitung und -weiterverarbeitung mit entsprechenden Kosten bedeutete und heute Lizenzgebühren für die Verbreitung von Programmen bezahlt werden müssen, ist es für die LKG deutlich wirtschaftlicher, ein integriertes Netz mit eigener Einspeisung zu betreiben als das Signal von der KDG zu beziehen.

Neben Fernsehdiensten bietet die LKS bietet seinen Kabelkunden bereits seit 1999 einen Highspeed-Internet-Zugang an, der entweder nach Datenvolumen oder in Form einer Flatrate abgerechnet wird. Die Datenübertragungsrate reicht von 128 KBit/s (für 18,50 €) bis knapp einem MBit/s (für 52 €). Das Kabelmodem wird gegen eine Kaution von 50 € kostenlos zur Verfügung gestellt. Die Einrichtungsgebühr beträgt 25 €. Von 6.000 technisch erreichbaren Haushalten hatten im März 2004 300 Teilnehmer das HSI-Angebot abonniert. Dies entspricht einer *Take-Rate* von 5 %; ein Wert, der sich unter dem bewegt, den westdeutsche Kabelnetzbetreiber mit ähnlicher Netzstruktur und Tarifierung nennen. Berücksichtigt man die Alters- und Bevölkerungsstruktur in der Region, erhält dieser Wert allerdings eine andere Bedeutung.

Die LKG plant für die Zukunft, Voice over IP in ihrem Kabelnetz anzubieten und baut dafür eine eigene IP-Plattform weiter. Auch Gateways für die vermittelte Telefonie müssen installiert werden, um den Telefondienst möglichst umfassend anbieten zu können.

Bei der technischen Aufrüstung des Kabelnetzes in Lauchhammer ist die Firma pragmatisch vorgegangen. Es wurden entsprechend der baulichen und netztechnischen Gegebenheiten vor Ort unterschiedliche Aufrüstungskonzepte umgesetzt, die möglichst kostengünstig und effizient sein sollten. Der Standard für eine ideale Netzaufrüstung wurde zwar zur Kenntnis genommen, selten jedoch lehrbuchmäßig umgesetzt. Eine Rolle bei der Umsetzung unterschiedlicher technischer Konzepte und bei der Realisierung verschiedener innovativer Dienste spielte offenbar auch die Experimentierfreude der Gründer und die Internetbegeisterung, die diese Personen bereits zu Beginn der Internet-Bewegung entwickelten.

Aus den Erfahrungen mit dem Aufbau der eigenen Internet-Plattform und durch die Erfahrungen mit anderen Netzen hat sich für die LKG gezeigt, dass sich eine komplette CMTS-Aufrüstung für den Betrieb eines Kabelmodemsystems heute bereits ab einer Netzgröße von ca. 2.500 WE rechnet. Voraussetzung ist, dass die Netzaufrüstung mit einer moderaten Gebührenerhöhung für alle Teilnehmer finanziert wird. Die laufenden Kosten und die Refinanzierung der CMTS können dann mit den Gebühren des Internet-Dienstes bestritten werden. Aber die eigentliche Aufrüstung des Netzes muss im Vorfeld über eine Grundgebührenerhöhung finanziert werden.

KMS München

Die Kabel- und Medien Service GmbH und Co. KG (KMS) hat ihren Sitz in Unterföhring bei München und speist von der Kopfstelle in der Medienallee analoge und digitale Rundfunkprogramme in ihre Netze ein. Die Netzcluster, die von der eigenen Kopfstelle versorgt werden, sind u. a. rückkanalfähige 862-MHz-Netze, die in den letzten 4-5 Jahren aufgebaut oder aufgerüstet worden sind. Seit 1999 baut die KMS eigene, mit Glasfaserleitungen verbundene Kabelnetze, so genannte HFC-Netze, im ganzen Stadtgebiet Münchens auf. Über eigene bidirektionale 862-MHz-Netze erreicht der mittelständische NE-3/NE-4-Betreiber heute ca. 40.000 Haushalte, die eigene Kopfstelle versorgt ca. 110.000 Haushalte. Insgesamt beliefert die Firma rund 280.000 Wohneinheiten in München und Umgebung mit Kabelfernsehen.

Die KMS beschäftigt rund 150 Mitarbeiter und 40 lokal tätige Handwerksbetriebe. Der Hauptvertrieb liegt in Bayern, dehnte sich aber durch die Zusammenarbeit mit Wohnungsbau und Hausverwaltungen auch auf andere Bundesländer, insbesondere die neuen Bundesländer aus.

Die KMS wurde zur Beschreibung als Business Case ausgewählt, weil es sich um einen westdeutschen mittelständischen Netzbetreiber handelt, der mit den typischen Problemen der Netzebenentrennung zu kämpfen hat, der sich aber als besonders innovativ bei der Realisierung neuer digitaler Dienste gezeigt hat.

Auch bei der KMS ist die Netzaufrüstung mit einer Abkopplung vom Signal der KDG verbunden. So genannte „Cluster-Manager" erkunden im Stadtgebiet Münchens, welche Netzinseln für eine eigene Zuführung in Frage kommen. Dabei handelt es sich um Netzinseln, bei denen die KMS bis dahin als reiner NE-4-Betreiber auftritt und lediglich das KDG-Signal weiterleitet. Wo es technisch möglich und wirtschaftlich lohnend erscheint, werden die Übergabepunkte in den Siedlungen durch eigene oder gemietete Glasfaserleitungen angefahren, vom KDG-Signal abgekoppelt und in der Folgezeit über die eigene Kopfstelle mit Programmen versorgt (Abb.B-2).

Abb.B-2: Das integrierte Netz der KMS München

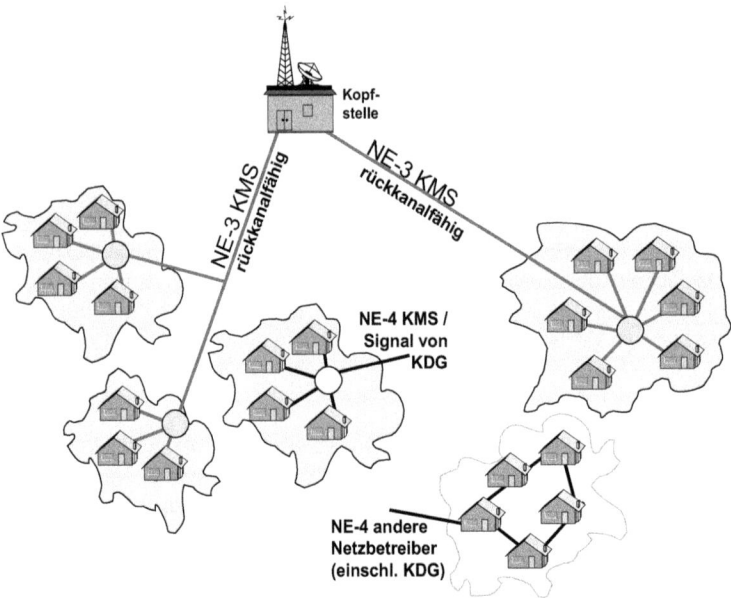

Ihren Kabelkunden bietet die KMS neben den analogen Fernseh- und Radioprogrammen die digitalen Pakete von ARD und ZDF, die Pay-Programme von Premiere sowie das Fremdsprachenpaket VisaVision von Eutelsat an. Es ist nicht geplant, eigene digitale Programmpakete zusammenzustellen. Über eine Vermarktungsallianz mit einem digitalen Inhalteanbieter wurde noch nicht entschieden.

Als Differenzierungsinstrument gegenüber anderen Kabelnetzbetreibern, insbesondere gegenüber anderen NE-4-Betreibern, betreibt die KMS 65 verschiedene Hauskanäle, für die eigens Redakteure beschäftigt werden. Diese sammeln lokale Informationen und betreuen „schwarze Bretter" im Hauskanal.

Die KMS war einer der ersten Kabelnetzbetreiber in Deutschland, der Highspeed-Internet über das BK-Netz ermöglicht hat. Bereits 1997 wurde mit einem hybriden System begonnen, bei dem nur der Downstream tatsächlich über das Kabelnetz übertragen wurde, während der Upstream über das Telefonfestnetz erfolgte. Heute sind dagegen bei KMS wie bei allen Netzbetreibern mit Kabelmodemangeboten nur noch voll bidirektionale Kabelmodems im Einsatz. Das High-Speed-Internet-Angebot von KMS wird unter dem Namen „Cablesurf" angeboten und kann in fünf verschiedenen Geschwindigkeitstarifen (ca. 10-50 €) abonniert werden. Von den technisch erreichbaren 40.000 Wohneinheiten hatten im März 2004 3.000 Haushalte das Internet-Angebot abonniert, was einer Akzeptanzrate von 7,5 % entspricht. Seit der Einführung des 9,95-Euro-Angebots mit Flatrate im März 2004 steigt die Zahl der Abonnenten offenbar rapide an.

Ähnlich wie bei dem ostdeutschen Netzbetreiber LKG hat auch die KMS die Erfahrung gemacht, dass sich die Vermarktung von HSI erst rechnet, seit die Verbindung zum nächsten Internetknoten per Standleitung günstiger geworden ist. Die geschah sukzessive seit der Liberalisierung der Telekommunikation beginnend im Jahre 1996.

Das nächste große Projekt der KMS stellt die Einführung von Kabeltelefonie über das Internet Protokoll dar („Voice over IP"). Hierfür wurden bereits Tests durchgeführt und Geräte installiert.

Ähnlich wie die ostdeutsche LKG hat auch die KMS damit begonnen, ihr aufgebautes Know-how bei der Netzaufrüstung und bei innovativen Diensten an andere Netzbetreiber zu vermarkten. Darüber hinaus expandiert die Firma in anderen deutschen Regionen über Beteiligungen und Netz-Neubauten. Eine wichtige Rolle bei den vielfältigen Aktivitäten des Münchner Netzbetreibers spielt der Unternehmensgründer und Geschäftsführer der KMS, Martin Bilger.

Kabel Baden-Württemberg

Die Kabel Baden-Württemberg (KabelBW) besitzt und betreibt seit September 2001 das ehemalige Telekom-Regionalnetz in Baden-Württemberg. KabelBW gehört der Blackstone Group, CDP Capital Communication und der Bank of America Equity Partners und hat ihren Hauptsitz in Heidelberg. Geschäftsführer sind Georg Hofer und Gerhard Bickmann. Im Jahr 2002 erzielte KabelBW einen Umsatz von 220 Mio €. Insgesamt arbeiten 500 Mitarbeiter an den Standorten Heidelberg, Ludwigsburg und Rottweil bei KabelBW.

Von den 2,3 Mio Haushalten, die KabelBW direkt oder indirekt mit Kabelfernsehen versorgt, sind 1,1 Mio direkte Kunden. Bis 2010 will KabelBW alle Haushalte über ein modernisiertes Netz erreichen. KabelBW will bis Ende 2004 zunächst alle Netze in den größeren Regionen Baden-Württembergs modernisiert haben. Zur Zeit sind ca. 500.000 Kabelhaushalte aufgerüstet, bis Ende 2004 sollen es 750.000 sein. Bei der Netzaufrüstung sind nicht unterschiedliche Ausbaugrade vorgesehen, wie dies bei anderen Netzbetreibern oftmals der Fall ist, sondern es wird in allen Ausbaugebieten von Anfang an einheitlich auf 862 MHz mit Rückkanal ausgebaut. Allerdings verfolgt das Unternehmen bei der Netzclusterung einen nachfrageorientierten Ausbau, d. h. Glasfaserleitungen werden nachgerüstet, sobald die Nachfrage nach Highspeed-Internet-Kapazitäten in den einzelnen Netzclustern steigt.

Zur Zeit findet der Ausbau der Netze auf 862 MHz in den Regionen Mannheim, Schwetzingen, Hockenheim, Karlsruhe, Reutlingen, Tübingen, Böblingen und Ulm statt. Das Unternehmen investiert dazu nach eigenen Angaben einen zweistelligen Millionenbetrag.

Im Unterschied zum Ausbaukonzept, das z. B. Ish in Nordrhein-Westfalen verfolgt hat und das darauf angelegt war, die komplette Netztechnik mitsamt allen Übertragungsstrecken in Eigenregie aufzubauen, favorisiert KabelBW die Strategie der Kooperation mit anderen Netzbetreibern und die Integration vorhandener technischer Infrastrukturen bei der Programmzuführung. In das Aufrüstungskonzept von KabelBW werden demnach sowohl Richtfunkstrecken integriert, die noch aus Telekom-Zeiten stammen als auch hochmoderne Glasfaserleitungen, die z. B. von Stromversorgern oder City Carriern verlegt wurden und die KabelBW von diesen mietet. Ziel von KabelBW ist es, ein Glasfaser-gestütztes *Backbone* im ganzen Land aufzubauen. Über dieses *Backbone*-Netz sollen alle Kabelkopfstationen miteinander verbunden werden. Dies hat insbesondere für den Highspeed-Internet-Zugang große Bedeutung, würde aber auch der Verbreitung regionaler TV-Programme zugute kommen.

Abb.B-3: Geplantes *Backbone* als Bestandteil des Ausbaukonzepts von Kabel-BW

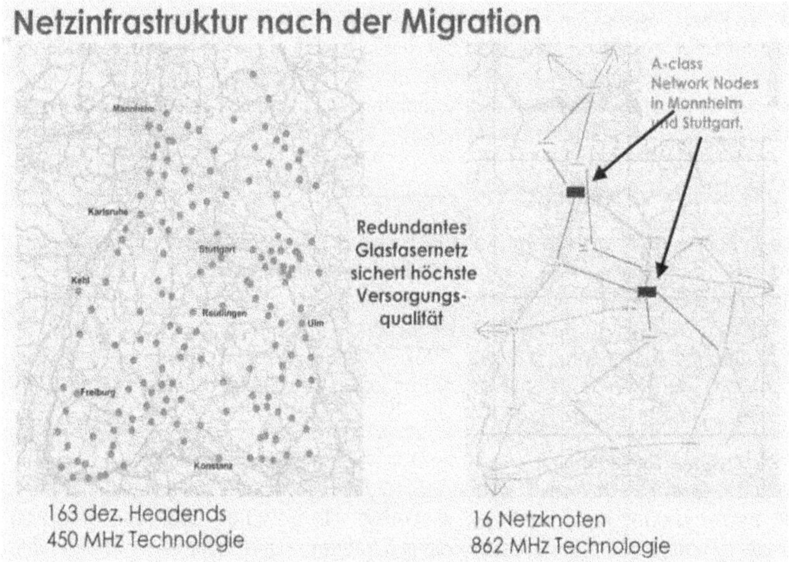

Netzinfrastruktur nach der Migration

A-class Network Nodes in Mannheim und Stuttgart.

Redundantes Glasfasernetz sichert höchste Versorgungsqualität

163 dez. Headends
450 MHz Technologie

16 Netzknoten
862 MHz Technologie

Quelle: Kabel-BW, September 2004

Momentan existieren 163 dezentrale Headends im Versorgungsgebiet von KabelBW. Wenn bis zum Jahr 2010 das Glasfaser-*Backbone* komplett aufgebaut ist, können alle Gebiete über nur 16 Netzknoten versorgt werden. Diese Netzknoten empfangen dann ihre Signale über die noch verbliebenen und ausgebauten großen Kabelkopfstationen in Stuttgart und Mannheim, den sog. A-Class Network Nodes. Prinzipiell würde ein einziger Einspeisepunkt in diesem Netz ausreichen. Um eventuelle Ausfälle kompensieren zu können, werden jedoch zwei *Headends* aufgebaut, die untereinander über ein besonders leistungsstarkes Netz verbunden sind (siehe Abb.B-3).

Im Bereich des digitalen Fernsehens bietet KabelBW zwei unterschiedliche Produktlinien an. Die eine Produktlinie ist das „digitale Kabelpaket", das momentan 75 digitale TV-Programme und 42 digitale Radioprogramme beinhaltet, die unverschlüsselt ausgestrahlt werden (Abb.B-4).

Abb.B-4: Digitale Free-TV-Programme im Netz von Kabel BW (Stand: August 2004)

Digital Free TV in modernisierten Gebieten
75 Sender unverschlüsselt im Kabel

Quelle: KabelBW

Im digitalen Free-TV-Paket von KabelBW sind z. T. Programme enthalten, für die andere Netzbetreiber bereits heute Abo-Entgelte verlangen. Wie lange diese Sender frei und unverschlüsselt in den Netzen von KabelBW zu empfangen sind, ist offen.

Ein bezahlpflichtiges Angebot stellt die zweite digitale TV-Produktlinie von KabelBW dar. Das „digitale Premiumangebot" besteht derzeit aus neun Fremdsprachenprogrammpaketen. Diese werden verschlüsselt ausgestrahlt und können nur mit entsprechender SmartCard genutzt werden.

Im Unterschied zur KDG setzt Kabel BW momentan aber nicht auf Pay-TV als primäre digitale Einnahmequelle, sondern auf die Kombination von Highspeed-Internet und Telefonie über Kabel. Trotzdem will sich das Unternehmen auch den Pay-TV-Markt offen halten. Deshalb verfügen die Dekoderboxen, die KabelBW einsetzt, über ein eingebautes Verschlüsselungsmodul (Nagra), das bei Bedarf über eine entsprechende Smart-Card aktiviert werden kann.

Indem Einkaufspreise für die Boxen direkt an die Nutzer weitergegeben werden, können diese zu einem Preis von bis zu 40 Euro unter dem Ladenpreis angeboten werden. Momentan ist der Dekoder PR-FOX C von Humax im Angebot. Er kann bei KabelBW für 139 € gekauft werden, im Fachhandel kostet er gegenwärtig bis zu 179 €. Ziel ist es, möglichst viele Boxen mit einem embedded CA-Modul in den Markt zu bringen, ohne jedoch den Digitalumstieg der Kunden an den Abschluss eines Abonnements zu koppeln oder Freischalt-Entgelte zu verlangen. Von KabelBW werden auch keine Geräte zertifiziert. Vielmehr sind die Verantwortlichen des Unternehmens davon überzeugt, dass sich ein freier Kaufmarkt für digitale Kabelboxen entwickeln wird und dass der aktuelle Stand der technischen Standardisierung ausreichend ist, um langfristig auch eigene digitale Pay-TV-Angebote einführen zu können.

Führend ist KabelBW mit seinem High-Speed-Internet (HSI)- und Kabeltelefonieangebot. So bietet das Unternehmen im HSI-Bereich acht Flatrates an.

Zudem kann jeder HSI-Nutzer kostenlos mit anderen KabelBW-Kunden über das TV-Kabel telefonieren. Gespräche ins Telefon-Festnetz werden verbilligt angeboten. Das Kabelmodem erhält der HSI-Abonnent von KabelBW kostenlos gestellt. Ein Technikerteam übernimmt die komplette Installation, vom Verlegen der Kabel bis zur Installation des Kabelmodems. Die Vertragslaufzeit für das HSI-Angebot beträgt 12 bzw. 24 Monate. Der Vertrag kann danach mit einer Frist von 4 Wochen zum Monatsende gekündigt werden.

Beim HSI-Angebot kooperiert KabelBW mit anderen Netzbetreibern, wo der direkte Zugang zum Endkunden fehlt. So hat das Unternehmen eine Kooperation mit TeleColumbus und bietet den schnellen Internet-Anschluss in TeleColumbus-Gebieten unter dem Produktnamen „Infocity HSI powered by KabelBW" an.

KabelBW konnte in den Ausbaugebieten relativ schnell eine große Zahl von Abonnenten für das HSI- und Telefonie-Angebot gewinnen. Bis August 2004 konnten ca. 20.000 Kunden überzeugt werden. Bei zu diesem Zeitpunkt technisch erreichbaren 500.000 Haushalten ist dies eine durchschnittliche Kaufrate von 4 %. Diese Rate ist regional sehr unterschiedlich und erreicht in manchen Gebieten nach Angaben von KabelBW bereits mehr als 20 %.

Anhang C: Studien zum Nutzerverhalten

Digitales TV

Titel der Studie

Mercer Management Consulting und HypoVereinbank (2002): **Medien Studie 2006** München (die Studie ist nicht frei verkäuflich).

Fragestellung

Ausgangspunkt der Studie ist die Analyse des Verbraucherverhaltens, der Technologien und Branchenstrukturen sowie der Investitionen innerhalb der Medienbranche. Ihr Ziel ist es Veränderungen, Risiken und Chancen für alle beteiligten Akteure bis zum Jahr 2006 aufzuzeigen.

Inhalt

Die Studie beschäftigt sich mit allen Segmenten der Medienindustrie, so werden Schlüsselfaktoren für die „Musikbranche und Hörfunk", für die „Buchverlagsbranche", für die „Print-Branche" sowie für die „Film-/Video- und Fernsehbranche" untersucht. In dieser Zusammenfassung wird genauer auf die Ergebnisse für die Film-/Video- und Fernsehbranche eingegangen.

Methode

Zur Methode wird kein genauerer Hinweis gegeben. Es wurden jedoch Befragungen durchgeführt.

Ergebnisse/Empfehlungen

Die Studie geht davon aus, dass der *Home-Entertainment* Bereich stark wachsen wird. So wird z. B. erwartet, dass der deutsche Videomarkt bis 2006 bis zu 12 % zulegen wird. Dabei erfolgt der Umstieg von traditionellen Videoformaten (z. B. DVD) auf virtuelle Formate nur schrittweise, da die Übertragungstechnik zum Herunterladen der Videodateien noch nicht für den Massenmarkt geeignet sei. Neue interaktive Informations-, Transaktions- und Kommunikationsdienste werden das Fernsehprogramm ergänzen und können auch als Portal für Pay-TV-Dienste angesehen werden. Die Studie zeigt, dass die Konsumenten im Jahr 2002 ein reges Interesse an interaktiven Diensten hatten. So interessierten der Studie zufolge 57 % der befragten Haushalte für „zeitversetztes Fernsehen" und 42 % für „Video-on-Demand". Obwohl der Pay-TV-Markt in Deutschland im Jahr 2002 stagniert hat, prognostizieren die Autoren der Studie eine Wachstumsrate bis 2006 von 12 %. Allerdings unter der Bedingung, dass die Kabelnetzbetreiber auch eine Netzaufrüstung betreiben und zusätzliche Übertragungskapazitäten zur Verfügung stellen. Im Jahr 2002 bekundeten 23 % der Befragten ein Interesse daran, ein Pay-TV Angebot zu beziehen. Insgesamt wird die Mediennutzung ansteigen. Die Studie rechnet, dass der Konsument im Jahr 2006 pro Tag rund 200 Minuten fernsieht; 1996 waren es noch 183 Minuten pro Tag.

2006 wird in Deutschland 3,4 % mehr Geld für Medien ausgegeben werden als in 2002. Das liegt vor allem an der Teuerung für Film und Fernsehen. Dabei wird sich das Konsumentenverhalten dahingehend verändern, dass die Nutzer stärker aussuchen, auf welchem Wege sie sich die gewünschten Inhalte beziehen. Die werbefinanzierten Sender werden insbesondere gefordert sein, neue Geschäftsmodelle zu entwickeln, da sie durch das interaktive Fernsehen unter Druck geraten. Die Studie prognostiziert, dass es die Sender mittlerer Größe schwer haben werden, große werbefinanzierte Sender sowie Spartensender jedoch gute Überlebenschancen haben werden. Schließlich stellt die Studie zehn Thesen für die Entwicklung der Medienbranche bis 2006 auf:

- Nach einem abrupten Ende des Medienhypes steht die Medienbranche vor gewaltigen Veränderungen.

- Die Konsumentenbedürfnisse entwickeln sich hin zu stärkerer Personalisierung mit hohem Situationsbezug, Interaktivität und erhöhter Nutzung zu Hause.

- Die Entwicklung des traditionellen Medienmarktes stagniert. Signifikante Wachstumsimpulse liefern lediglich Film und Fernsehen.

- Digitale Endgeräte und interaktive Dienste revolutionieren den Medienkonsum. Sie liefern mehr Komfort, mehr Interaktivität und größere Auswahl sowie mehr Kontrolle.

- Der Werbemarkt konsolidiert sich. Das Werbebudget verlagert sich zunehmend von passiven Medienformaten hin zu interaktiven und zielgerichteten Formaten.

- Erneuerung und Ausbau der Kommunikationsnetze sind Grundvoraussetzungen für die künftige Entwicklung der Medienlandschaft.

- Die Medienlandschaft wird sich stark polarisieren. Undifferenzierte Angebote sind chancenlos. Es kommt zum „Collapse of the Middle".

- Die Medienindustrie ist gefordert, das Kundenverständnis zu erhöhen, die Werbefähigkeit zu reduzieren und das Kerngeschäft auf eine profitable und kosteneffiziente Basis zu stellen.

- Die offensive Nutzung neuer Technologien und Plattformen ermöglicht innovative Geschäftsmodelle.

- „Brand Leverage", „Content Leverage" und „Costumer Leverage" sind die Stoßrichtungen für die Entwicklung zukunftsträchtiger Geschäftsmodelle.

Titel der Studie

Freeman, Jonathan; Lessiter, Jane; Williams, Allan et al. (2003): **Easy TV 2002** Research Report (ed. Independent Television Commission und Consumers' Association), London, Download unter www.ofcom.org.uk (zuletzt aufgerufen am 16.08.2004).

Fragestellung

Die von der Independent Television Commission (ITC, Ende 2003 aufgegangen im Office of Communications, OfCom), der Consumers' Association (CA) und dem Design Council (DC) gegründete Initiative „Easy-TV" stellte im Jahr 2002 eine gleichnamige Studie zur Gestaltung der Zugangstechnologie zu digitalem Fernsehen (Receiver, EPGs usw.) vor, die sich der Frage der Benutzerfreundlichkeit widmet.

Inhalt

Die Studie untersucht vor dem Hintergrund des anstehenden *Switch-Overs* die für die Nutzung digitaler Fernsehangebote notwenige technische Ausstattung mit Hard- und Software sowie deren Annahme durch Endverbraucher. Das Augenmerk lag dabei auf der nutzerfreundlichen Gestaltung (Installation, Design, einfache Bedienung), um etwaige Hindernisse und Probleme für die zukünftige Nutzung von digitalem Fernsehen aufdecken zu können („Digital Divide" durch zu komplizierte Technik?).

Methode

Die umfangreiche Studie basiert auf Expertengesprächen, einer Repräsentativbefragung, mehreren Gruppendiskussionen, *Usability*-Audits und Feldtests.

Mit ausgewählten Personen aus den drei Gruppen wurden praktische Tests mit den zu dieser Zeit verfügbaren Geräten für den Empfang digitalen Fernsehens (Kabel, Satellit und Antenne) durchgeführt, bei denen konkrete Schwierigkeiten im Hinblick auf die Benutzung der Fernbedienung, der bildschirmgestützten Displays, der Nutzerhandbücher und der angebotenen Dienste selbst untersucht wurden.

Ergebnisse/Empfehlungen

Die Ergebnisse bestätigen, dass sich das *Equipment* für die Nutzung digitalen Fernsehens deutlich vom analogen Fernsehen unterscheidet. Aus Nutzerperspektive handelt es sich also um eine größere Umstellung. Bestimmte Aspekte des Umgangs mit digitalem Fernsehen, wie etwa das menügesteuerte Navigieren, sind im Hinblick auf die Fernsehnutzung bisher gänzlich unbekannt und allenfalls, wenn auch anders umgesetzt, von Computern oder auch einer zunehmenden Zahl anderer Geräte des Alltagslebens (z. B. Handys oder Fahrkartenautomaten) vertraut.

Der Versuch abzuschätzen, inwieweit bestimmte Bevölkerungsgruppen durch die bisherigen Geräte von der Nutzung digitalen Fernsehens ausgeschlossen werden, führt zu einem Wert von gut 4 % der Nutzer analogen Fernsehens, die auf Grund verschiedener Einschränkungen der Wahrnehmungs- und kognitiven Verarbeitungsfähigkeit nicht in der Lage wären, mit den digitalen Geräten fernzusehen; weitere 1,6 % blieben von der Nutzung interaktiver Dienste ausgeschlossen. Auf der anderen Seite könnten andere mögliche Funktionen digitalen Fernsehens, etwa *Audio Description*, umgekehrt dazu beitragen, dass auch bestimmte Bevölkerungsgruppen digitales Fernsehen besser nutzen können als bisher das analoge.

Die Hauptursache für einen Ausschluss von Teilen der Bevölkerung von der neuen Technologie stellen aber die konkreten kognitiven Herausforderungen dar, mit denen die betreffenden Systeme die Nutzer konfrontieren. Das erste Problem ergibt sich für diejenigen, für die die eng an die Computerwelt angelehnten Menüsysteme nicht vertraut sind, also insbesondere ältere Menschen. Das zweite Problem ergibt sich aus der teilweise unzureichenden Gestaltung der Hard- und Software, die selbst geübte Computernutzer oft vor Probleme stellt.

Während die Autoren vermuten, dass die vertrauten Funktionen der Fernsehnutzung in naher Zukunft annähernd so einfach zu nutzen sein werden, wie dies beim analogen Fernsehen der Fall ist, ergeben sich im Hinblick auf die interaktiven Dienste größere Probleme. Auch die Installation der Set-Top-Boxen, insbesondere für DVB-T, erfordert der Untersuchung zufolge in mindestens 15 % der Fälle die Unterstützung von Fachleuten.

Anhand der Angaben über Schwierigkeiten mit der Technik und allgemeine Einstellungen gegenüber digitalem und interaktivem Fernsehen wurden drei Gruppen herausgebildet, die sich anhand folgender Aussagen charakterisieren lassen:

1. „It's too slow and clunky for me" (25 % der Befragten),

2. „I can deal with it if there's content I want" (42 % der Befragten) und

3. „It's too complicated for me" (33 % der Befragten).

Der entsprechende Forschungsbericht gibt eine Fülle von Anregungen und Hinweisen über auftretende Schwierigkeiten und Missverständnisse sowie über Möglichkeiten, wie diese vermieden werden könnten.

Auf der Grundlage der Ergebnisse werden folgende Empfehlungen formuliert:

- Förderung des Wissens über digitales Fernsehen und seine Grundlagen.

- Initiativen zur Verbesserung von Kaufentscheidungen, z. B. durch computergestützte Entscheidungshilfen sowohl für die Kunden selbst als auch für die Fachhändler, spezielle Fortbildungen für Händler, möglicherweise auch entsprechende Zertifizierungen und Unterstützung der verschiedenen Interessenverbände bei der Zusammenstellung von spezifischen Empfehlungslisten. Auf Grund der besonderen Bedeutung der Fernbedienungen sollten diese gut lesbar sein oder besser noch zum Ausprobieren bereit liegen.

- Verbesserung der Gebrauchsanleitungen: laufende Verbesserung bestehender Handbücher; Bereitstellung von zusätzlichen Informationsmöglichkeiten über Hotlines, das Internet oder Videos/DVDs; vorsorglich sollten die Handbücher

auch die Situation des *Switch-Over* berücksichtigen, in der die Nutzer ihre Geräte neu einstellen müssen.
- Verbesserungen der Funktionalität der Geräte, insbesondere im Hinblick auf einfachere Lösungen für die Aufzeichung von Programmen.
- Verbesserungen des Designs der interaktiven Elemente, etwa durch Design-Checklisten oder die Veröffentlichung von *Best-practice*-Beispielen.
- Verbesserungen des Designs und der Funktionalität der Fernbedienungen.
- Förderung der Entwicklung und Verbreitung integrierter digitaler Fernsehgeräte; Entwicklung von Konzepten zur Gewährleistung individueller Unterstützung etwa durch Kurse und Informationsveranstaltungen in der Situation des *Switch-Over* und Kalkulation der erwartbaren Kosten.

Titel der Studie

Freeman, Jonathan; Lessiter, Jane (2001): **ITC-UsE – Ease of Use and Knowledge of Digital Television: Results** (ed. Independent Television Commission), London. Download unter: http://homepages.gold.ac.uk/immediate/i2/ITCUsE Report.pdf (zuletzt aufgerufen am 16.08.2004).

Fragestellung

Die Untersuchung sollte Aufschluss über die Erfahrungen, Kenntnisse und Erwartungen der Konsumenten in Verbindung mit digitalen Fernsehangeboten geben.

Inhalt

Ende 2001 stellte die Independent Television Commission (ITC, Ende 2003 aufgegangen im Office of Communications) eine Studie zur Nutzerfreundlichkeit des digitalen Fernsehens vor.

Methode

Es wurden 1.085 Fragebögen ausgewertet, die nach der Verteilung im August/September 2001 ausgefüllt und zurückgesandt worden waren. Die Teilnehmer entsprachen nicht den demographischen Profilen der Nutzergruppen der näher untersuchten Produkte.

Ergebnisse/Empfehlungen

In der Zusammenfassung der Ergebnisse wird festgehalten, dass digitales Fernsehen insgesamt den Ruf hatte, schwer bedienbar zu sein. Bei der Einordnung in eine Gruppe mit vergleichbar schwierig zu bedienenden technischen Geräten wurde es auf einer Stufe mit dem PC eingeordnet. Positiver standen dem digitalen Fernsehen jüngere, vor allem männliche Personen aus oberen Einkommensklassen gegenüber. In dieser Gruppe war auch der Wissensstand über die neuen Angebote am besten. Erhebliche Defizite bei den Informationen der Befragten zeigten sich sowohl, wenn es um die verschiedenen in Großbritannien verfügbaren digitalen Plattformen ging, als auch auf der Ebene der tatsächlichen Angebote.

Titel der Studie

Becker, Thomas; Hauptmeir, Helmut; Helfers, Katja (2004): **TV 2010 – Die Digitalisierung des Fernsehens: Was erwarten Internetnutzer vom Zusammenwachsen von TV und PC?** (hrsg. v. Buhl Data Service GmbH und der Universität Siegen), Neunkirchen/Siegen. Download unter: www.sceneo.tv/downloads/TV_2010.pdf (zuletzt aufgerufen am 16.08.2004).

Fragestellung

Ausgangspunkt der Studie sind folgende sieben Annahmen:

- Fernsehen bleibt dumm.
- Fernsehen wird nicht interaktiv.
- Fernsehen wird kein Super-PC.
- Fernsehen wird besser oder tritt ab.
- Fernsehen wird komfortabler.
- Digitalisierung heißt Vernetzung.
- Der PC wird den Fernseher nicht ersetzen.

Die Studie geht nach der Erläuterung der Annahmen der Frage nach, inwiefern die beiden Medien Fernsehen und Computer zusammen passen. Dabei besteht die Grundannahme, dass die Medien grundverschieden sind, da sie sich auf der einen Seite durch Aktivität, Selektivität, Individualität und auf der anderen Seite durch Passivität, Differenzierung und Konstruktion gesellschaftlicher Realität auszeichnen.

Inhalt

Deutschland besitzt mit 36 Mio Fernsehhaushalten den größten Fernsehmarkt in Europa. Die Erreichbarkeit der Bevölkerung liegt bei nahezu 100 %, d. h. es gibt so gut wie keinen Haushalt, in dem nicht mindestens ein TV-Gerät angeschlossen ist. Bei den Übertragungswegen des Fernsehsignals haben sich europaweit heterogene Strukturen durchgesetzt. So liegt in Deutschland, Luxemburg und der Schweiz der Kabelanschluss vorn, während in England und Frankreich der terrestrische Empfang häufiger benutzt wird. Mit der Digitalisierung scheint aber diese Aufteilung zu ändern. So ist zu beobachten, dass die Satellitenbetreiber auch in Deutschland zurzeit bei den digitalen Programmen vorne liegen. Europaweit liegt ihr Marktanteil bei 77 %. Im Europa-Vergleich hinkt die Digitalisierung in Deutschland hinterher. Gründe dafür sind vor allem die größeren Free-TV-Angebote, die dem Zuschauer kostenpflichtige digitale Zusatzprogramme in der Regel nicht attraktiv erscheinen lassen. Insgesamt spekulieren nicht zuletzt die Industrie und die Programmanbieter darauf, dass sich mit der Digitalisierung das Fernsehnutzungsverhalten ändern wird. Das Fernsehen soll zum Mitmachfernsehen werden, das vermehrt PC-Funktionen anbietet und damit vom passivem zum aktiven Medium werden soll. Einer anderen Option nach sei das Fernsehen in Zukunft mit dem PC vernetzt, allerdings bliebe die Fernsehgewohnheiten gleich und der PC bliebe aktives Medium. Eine dritte Möglichkeit wäre, dass mit der Digitalisierung das Fernsehen an Bedeutung verliert und durch die Computerwelt als Orientierungsmedium ersetzt wird. Die Studie geht deshalb drei Grundfragen nach:

- Wird digitales Fernsehen ein neues integriertes Supermedium?
- Bleibt das Fernsehen auf Grund „3G-Features" Leitmedium der Gesellschaft?
- Folgt das Fernsehen dem Radio und wird zum bloßen Hintergrundmedium?

Dabei wird von der Grundannahme ausgegangen, dass das Fernsehen ein Massenmedium bleiben wird, das die Zuschauer zu unterhalten hat. Die Studie hat damit das Ziel, zu erfahren, wo sich der Meinung erfahrener Internetnutzer nach überhaupt Potenziale für das geänderte Fernsehprogramm ergeben.

Methode

Um diese Fragen zu beantworten wurden rund 700 Internetnutzer in einer Online-Umfrage nach ihrer Meinung zur Zukunft des Fernsehens befragt. Dabei lag die Problematik darin, dass nach einer Technik gefragt wurde, die überhaupt noch nicht verfügbar ist. Es wurde nach der Bereitschaft gefragt, sich dem kommenden Medienumbruch anzupassen oder entgegenzustellen. Die Befragten waren allesamt Kunden eines Software-Verlages in Deutschland, in der Mehrzahl männlich (90 %) und im Alter zwischen 39-59 Jahren. Sie sind an Computertechnik interessiert, eher besser verdienend und entsprechen hinsichtlich der TV-Übertragungswege etwa dem bundesweiten Durchschnitt. Auf Repräsentativität der Ergebnisse wurde explizit verzichtet.

Ergebnisse/Empfehlungen

Hauptergebnis der Befragung ist, dass die Befragten nicht ein erweitertes, sondern ein besseres Fernsehprogramm wünschen. So bewerten nur ca. 5 % eine Erhöhung des Fernsehangebots auf 500 Programme als „sehr gut". Die Interaktivität wird dem Fernsehen nur zugebilligt, wenn keine neuen Geräte hinzukommen müssen. Hier scheint z. B. das Lesen von E-Mails am Fernseher keine Killerapplikation für das digitale Fernsehen zu sein. Nur 20 % der Befragten fänden es sehr gut, E-Mails am Fernseher zu versenden, da eine zusätzliche Tastatur für das beantworten von E-Mails abgelehnt und das alleinige Lesen der E-Mails als zu unattraktiv eingestuft wird. Beim Fernsehen stehen Komfort und Qualität im Vordergrund, während der PC den aktiveren Part übernimmt. Dementsprechend wird die Einbindung von Internetdiensten wie z. B. ebay ins Fernsehprogramm sowie T-Commerce und aktives Handeln am Fernsehen, z. B. das Versenden eines Spendenauftrags, eher abgelehnt. Dieses bleibt nach Meinung der Befragten dem PC vorbehalten, während Dienste, wie Fernsehaufzeichnung von unterwegs starten, Fernsehen unabhängig von der Uhrzeit („Time-Shifting") auf positive Resonanz stoßen. Insgesamt wird eine Vernetzung zwischen PC und Fernseher favorisiert (30 % der Befragten fänden dies „sehr gut"). Der Fernseher soll den PC nicht ersetzen, er soll aber technisch mit dem PC kompatibel sein. So wird eine technische Aufrüstung in Kauf genommen, aber nur wenn keine neue Verkabelungen und neue Geräte hinzukommen (33 % fänden es nicht gut, wenn Verkabelungen und Hardware dazu gekauft werden müssten). Insgesamt wollen die Befragten keine höheren Kosten für die Digitalisierung in Kauf nehmen.

Als Fazit bleibt festzuhalten, dass das Fernsehen für die hier untersuchte Zielgruppe der Internetnutzer kein Super-Medium werden wird und die klare Trennung zwischen PC und Fernsehen auch künftig erhalten bleibt. Aus den Ergebnissen lassen sich laut der Studie vier Feststellungen auf der Ebene des Geräteeinsatzes und vier zentrale Anforderungen an das digitale Fernsehen ableiten:

Feststellungen zu den Endgeräten:

- Der TV-Schirm wird ein universelles Display.
- Der PC wird zum zentralen Information and Content Server.
- Der TV- Schirm wird zur zentralen Steuerungsinstanz.
- Der PC wird noch stärker zum produktiven Arbeitsplatz.

Anforderungen:

- Offene Standards.
- Modularer Aufbau des Systems.
- No more cables.
- Freier Zugriff auf alle Inhalte innerhalb der eigenen vier Wände.

Titel der Studie

Go Digital Project (2003): Key findings (ed. Go Digital Project), London. Download unter: www.ofcom.org.uk (zuletzt aufgerufen am 16.08.2004).

Fragestellung

Die Studie geht der Frage nach, welche Faktoren die Akzeptanz oder Ablehnung des digitalen Fernsehens bestimmen. Dabei wurden nicht allgemeine Einschätzungen abgefragt, sondern tatsächliche Nutzer befragt, denen im Rahmen des *Go Digital*-Projekts für eine gewisse Zeit digitale TV-Angebote kostenlos zur Verfügung gestellt wurden.

Inhalt

Im Rahmen des *Go Digital*-Projekts wurde verschiedenen Haushalten die kostenlose Nutzung des digitalen Fernsehens über verschiedene Plattformen ermöglicht. Durch Befragungen wurde die Akzeptanz verschiedener Angebote im Kontext digitalen Fernsehens näher untersucht.

Methode

Es wurden 300 Haushalte in den West Midlands mit digitalem Fernsehen ausgestattet; die Teilnehmer wurden am Anfang und Ende der Untersuchung befragt.

Ergebnisse/Empfehlungen

Wie sich zeigte, waren die größeren Wahlmöglichkeiten und die bessere Bildqualität die wesentlichen Argumente, die für das digitale Fernsehen sprachen. Zusätzliche Funktionen wie der *Personal Video Recorder* (PVR) und der *Electronic Programme Guide* (EPG) spielten ebenfalls eine zentrale Rolle, die Akzeptanz des digitalen Fernsehens zu verbessern. Bei Beginn der Untersuchung gaben rund 20 % der Teilnehmer an, kein Interesse an digitalem Fernsehen zu haben. Nachdem diese Gruppe durch die Teilnahme an der Studie mit dem neuen Angebot vertraut gemacht worden war, gaben mehr als zwei Drittel dieser Gruppe an, im Falle eines *Switch-Over* zur digitalen Empfangstechnik wechseln zu wollen. Die Zahl derer, die weiterhin kein Interesse an digitalem Fernsehen hatte, lag am Ende bei 6 %. Damit zeigte sich erneut, dass die umfassende Information der Bevölkerung eine wesentliche Rolle für die Akzeptanz der neuen Technik spielt. Die Ergebnisse dieser Studie hatten großen Einfluss auf die Entwicklung der Kommunikationsstrategie und die Einschätzung der Bedeutung unterschiedlicher Funktionen für die Konsumenten.

Titel der Studie

Harrison, Amanda; Chilvers, Dave (2001): **The Digital TV Satellite and Cable Monitor** (Continental Research), London.

Fragestellung

Bestandsaufnahme der Verbreitung und Nutzung digitalen Fernsehens und verschiedener Zusatzangebote in Großbritannien knapp zwei Jahre nach dem Beginn der digitalen Übertragung.

Inhalt

Das britische Beratungsunternehmen Continental Research berichtete 2001 in seinem monatlichen „Digital TV Satellite and Cable Monitor", dass Ende 2000 bereits 26 % der Briten digitales Fernsehen empfangen; seit Juni 1999 stieg der Anteil der Fernsehhaushalte mit Digitalempfang kontinuierlich pro Vierteljahr um drei bis vier Prozentpunkte an. Unter den Abonnenten von Sky Digital oder ONdigital sind jüngere Haushalte und Familien mit Kindern überrepräsentiert. Ende 2000 sah die Verteilung nach Übertragungswegen so aus, dass 71 % der betreffenden Haushalte über Satellit, 16 % terrestrisch und 13 % über Kabel versorgt wurden. Die zuletzt gestartete Kabelverbreitung scheint im Hinblick auf den Marktanteil stärker zu Lasten des terrestrischen Digitalfernsehangebots zu gehen, dessen Marktanteil im Laufe des letzten Jahres von 22 % auf 16 % sank, während der Satellitenanteil annähernd konstant blieb (von 73 % auf 71 %).

Bei der Nutzung verschiedener Zusatzdienste stehen Pay-per-view-Filme (23 % der Personen in Digitalhaushalten) und Radioprogramme (17 %) im Vordergrund. Es folgen Computerspiele (14 %) und Pay-per-view-Sportübertragungen (11 %). Nur jeweils 4 % nehmen an interaktiven Quizshows teil oder nutzen die Gelegenheit zum Online-Shopping. Online-Banking und -Wetten erreichen mit 2 % noch geringere Anteile. Mehr als die Hälfte aller Digitalfernseh-Nutzer (51 %) gibt an, keinen der Zusatzdienste zu nutzen – ganz offensichtlich steht also für diese Nutzer der Zugang zu einer größeren Zahl von Fernsehprogrammen mit hoher Bildqualität im Vordergrund.

Diese noch vorherrschende Fernsehorientierung kommt auch in den Fragen nach der Kenntnis und Nutzung des mit dem Digitalfernsehen verbundenen Online-Zugangs zum Ausdruck. Nur 42 % der Digitalfernsehnutzer ist überhaupt bewusst, dass sie die Möglichkeit haben, Online-Dienstleistungen zu nutzen. Nur 7 % nutzen mindestens ein Online-Angebot – die meisten von ihnen seltener als einmal pro Woche.

Methode

Der monatliche Report beruht auf den Ergebnissen aus 4.000 Interviews.

Ergebnisse/Empfehlungen

Nach Einführung digitaler Fernsehangebote stieg die Zahl der Nutzer rasch auf ca. 26 % der Bevölkerung an, wobei „jüngere" Haushalte dominierten. Im Vordergrund für die Entscheidung zur Nutzung der digitalen Angebote standen die erweiterte Programmpalette und die verbesserte Bildqualität. Die Resonanz auf diverse Zusatzangebote wie Pay-per-View, Spiele, Online-Banking etc. war vergleichsweise gering.

Titel der Studie

Pace Mirco Technology (2001): **The Pace Report 2001 – Consumer Attitudes Towards Digital Television in the UK and the US**, Shipley/Boca Raton. Download unter: www.pace.co.uk/documents/PR/pacereport01.pdf (zuletzt aufgerufen am 16.08.2004).

Fragestellung

Ausgangsfrage des Reports war, wie es um die Akzeptanz digitalen Fernsehens in britischen und amerikanischen Haushalten steht.

Inhalt

PACE Micro Technology, ein Unternehmen, das Geräte zur Nutzung digitaler Angebote entwickelt und herstellt, legte im Jahr 2001 eine Studie vor, in der die Akzeptanz digitalen Fernsehens in britischen und amerikanischen Haushalten untersucht wurde. Im Gegensatz zu den erheblichen Unterschieden, die sich auf der Seite der Anbieter in Großbritannien und den USA ergaben, zeigte sich, dass auf der Seite der Konsumenten die Erwartungen sehr ähnlich waren. So haben in beiden Ländern die Anbieter vor allem mit der Erweiterung des Programmangebotes und neuen Diensten und Services sowie mit einer besseren Qualität für Bild und Ton geworben. Ankündigungen, die sowohl in Großbritannien als auch in den USA die Erwartungen an das digitale Fernsehen bestimmen. In beiden Ländern ist die Bereitschaft der Konsumenten, für Angebote zu zahlen, vorhanden. Am größten ist in beiden Ländern die Bereitschaft, für Filme zu zahlen. In den USA belegen Angebote zur Erziehung, Musik, Sport und Nachrichten die folgenden Plätze. Im Gegensatz dazu liegen in Großbritannien Nachrichten an zweiter Stelle, gefolgt von Musik, Erziehung und Sport. Damit deuten sich mögliche zusätzliche Einnahmequellen des Fernsehens über Pay-per-View-Dienste an.

Ein weiteres Ergebnis der Untersuchung war die große Bedeutung des *Personal Video Recording* (PVR). Für diese Option bei der Nutzung digitaler Programmangebote, für die die Set-Top-Box mit einer Festplatte für die Aufzeichnung der Programme ausgestattet sein muss, rechnen die Verfasser der Studie mit einer hohen Akzeptanz bei den Kunden. Ein weiterer Bereich, in dem sich für die Anbieter digitalen Fernsehens neue Finanzierungsmöglichkeiten ergeben können, ist das Teleshopping. Durch eine Beteiligung an den Erlösen könnten die Anbieter digitalen Fernsehens eine weitere Möglichkeit zur Refinanzierung der Angebote erschließen. Das Interesse am so genannten T-Commerce ist in Verbindung mit der unterschiedlichen Akzeptanz des E-Commerce über das Internet in den USA und Großbritannien unterschiedlich stark ausgeprägt. So ist der T-Commerce für knapp 50 % der britischen Konsumenten interessant, während in den USA lediglich 15-20 % der Konsumenten an diesem Angebot interessiert sind. Dabei ist jedoch zu berücksichtigen, dass in Großbritannien bereits ein Viertel der Bevölkerung digitales Fernsehen nutzt, während es in den USA erst 12 % der Bevölkerung sind.

Auf Grund dieser Ergebnisse wird erwartet, dass das Potenzial des digitalen Fernsehens, zusätzliche Einnahmen zu generieren, größer ist, als das des Internet, da die Akzeptanz von *Homeshopping* und Pay-Diensten zeigt, dass diese Plattform für die Bevölkerung sehr attraktiv ist.

Methode

Die von Gallup durchgeführten telefonischen Befragungen sind für die erwachsene Bevölkerung über 16 Jahren in den beiden Ländern repräsentativ. Die Befragungen wurden im Oktober und November 2000 durchgeführt. Folgende Fragen wurden in den USA bzw. GB an die Untersuchungsteilnehmer gestellt:

US:

- Please tell me which of the following features would make you want to have digital television most of all?
- What type of programs do you watch on your television most frequently?
- What types of television programs would you be likely to select on a pay-per-view basis?
- Have you ever purchased goods or services using either the television or computer?
- Which would you prefer to use for home shopping - a computer or the television?
- Which would you prefer to use for purchasing the following types of goods and services; a television or a computer?
- Through which means have you accessed the Internet at home?

UK:

- Do you receive digital television services?
- When do you intend to start using digital television?
- What features would influence your decision to switch to digital TV?
- Which types of programmes will you spend the most time watching on digital TV?
- What services would you be likely to select on a pay-perview basis?
- Have you ever used digital television or a computer for buying goods or services?
- Supposing you had a choice of being able to do home shopping through a computer or digital television, which would you prefer?
- What types of goods or services would you be interested in buying via either digital television or home PC?
- What interactive services would you prefer to access using a handheld device?
- Through which means have you ever used the Internet at home?
- With regard to watching television, what experiences annoy you most?

- What factors most put you off using your video recorder?
- Would remote control of various household appliances via your digital set top box be of interest to you?

Ergebnisse/Empfehlungen

Die Erwartungen der Konsumenten waren in beiden Ländern ähnlich; sie beziehen sich vor allem auf die Erweiterung des Programmangebotes samt neuen Diensten und Services sowie auf eine bessere Qualität für Bild und Ton. Die Bereitschaft für Pay-Dienste ist gegeben und bezieht sich insbesondere auf Filme.

Das Interesse am so genannten T-Commerce war in den USA weniger stark als in Großbritannien.

Titel der Studie

MORI (2001): **Digital Television 2001** – Final Report: Research Study conducted for Department for Culture, Media and Sport, London. Download unter: www.culture.gov.uk (zuletzt aufgerufen am 16.08.2004).

Fragestellung

Die Studie untersucht den Entwicklungsstand, den Verbreitungsgrad und die Perspektiven des digitalen Fernsehens in Großbritannien vor dem Hintergrund der Akzeptanz des digitalen Fernsehens in der Bevölkerung.

Inhalt

Im Auftrag des britischen *Departments for Culture, Media and Sport* (DCMS) wurde die hier vorgestellte Studie im März 2001 durchgeführt. Ziele der Untersuchung waren, eine Bestandsaufnahme über die Verbreitung von digitalen Endgeräten in der Bevölkerung zu erhalten und auf dieser Grundlage zu ermitteln, in welchen Bevölkerungsgruppen der Informationsstand und die Akzeptanz für digitales Fernsehen besonders groß oder besonders niedrig sind. In diesem Zusammenhang sollte ebenfalls ermittelt werden, welche Angebote zum Erfolg digitaler Angebote besonders stark beitragen können und wie sich in der Zukunft der Anteil der Nutzer digitalen Fernsehens im Publikum entwickeln wird.

Methode

Zwei Fokusgruppen in Epsom (20-30 Jahre alt, Sozialkategorie „C2DE"[134]) und Stockport (50-56 Jahre alt, Sozialkategorie „ABC1") wurden mit Leitfadeninterviews qualitativ befragt. In beiden Gruppen waren Männer und Frauen ausgeglichen vertreten, ebenso die Zahl der Eltern und Kinderlosen. In den Gruppen waren nur Personen aufgenommen worden, die noch kein digitales Fernsehen erworben hatten.

Ergebnisse/Empfehlungen

Die Ergebnisse der Untersuchung zeigen, dass bereits 30 % der Zuschauer über digitales Fernsehen verfügten und weitere 25 % angaben, bis zum Jahr 2006 die Anschaffung zu planen. Damit war zu erwarten, dass 55 % der Fernsehzuschauer im Jahr 2006 über digitales Fernsehen verfügen. Zu diesen beiden Gruppen zählen überdurchschnittlich viele Männer. Diese ersten Digitalfernsehnutzer verfügten über ein überdurchschnittliches Einkommen und hatten häufig Online-Zugang oder einen PC im Haushalt. Auch Familien mit Kindern unter 15 Jahren waren überdurchschnittlich stark vertreten. Bei den Nutzern digitalen Fernsehens war die Zufriedenheit mit dem Angebot sehr groß; als wichtigste Vorteile des digitalen Fernsehens wurden die zusätzlichen Kanäle und damit die größere Auswahl angegeben. Dies war auch in der Gruppe der Personen, die die Anschaffung planten das wichtigste Argument für digitales Fernsehen. In dieser Gruppe waren die erwarteten Kosten

---

[134] Die Aufschlüsselung der verwendeten Sozialkategorien findet sich im Anhang der hier genannten Studie.

des Wechsels und die antizipierten künftigen Kosten die Hauptgründe für die Weigerung, von analog auf digital zu wechseln.

Die übrigen 45 % der Befragten ließen sich in zwei Gruppen aufteilen: Personen, die zwar keine Anschaffung digitalen Fernsehens in den nächsten fünf Jahren geplant haben, aber das Angebot nicht prinzipiell ablehnen, und diejenigen, die angeben, dieses Angebot komplett abzulehnen. Die Gruppe der möglichen Nutzer ist mit 30 % doppelt so groß wie die der kategorischen Ablehner. Die Unterschiede der Zusammensetzung in diesen Gruppen im Vergleich zu den Digitalfernsehnutzern lagen im höheren Anteil von Älteren und Frauen. Außerdem war der soziale Status niedriger und Familien mit Kindern unter 15 Jahren waren seltener in diesen Gruppen zu finden. Auch die Nutzung von Computern oder Online-Angeboten war bei diesen Gruppen wesentlich geringer. Diese beiden zuletzt genannten Gruppen zeigten sich mit dem existierenden Fernsehangebot zufrieden und waren weniger gut über die Angebote des digitalen Fernsehens informiert. Auch die erwarteten hohen Kosten waren ein Grund für die Skepsis gegenüber digitalem Fernsehen.

Wichtigste Informationsquellen über digitales Fernsehen waren für alle Gruppen Gespräche im Bekanntenkreis, so dass eine Entwicklung möglich erscheint, die dazu führt, dass der soziale Status für den Informationsstand und die Akzeptanz des digitalen Fernsehens ein entscheidender Faktor wird. Weniger als die Hälfte der Bevölkerung war über den Übergang zum digitalen Fernsehen informiert. Dies war besonders in der Gruppe, die in den nächsten fünf Jahren die Anschaffung digitalen Fernsehens plant, ein wichtiger Faktor. Die Informationen über die entstehenden Kosten waren allerdings nicht ausreichend, so wurde die Entscheidung für digitales Fernsehen auch mit dem Kauf neuer Endgeräte verbunden.

Titel der Studie

Counterpoint Research (2001): **Digital Television – Consumers' Use and Perceptions: A Report on a Research Study for Oftel**, London. Download von Teilen der Studie unter: www.telefonica.es/convergenciademedios/documentosdeinteres/pdf/television_dig.pdf (zuletzt aufgerufen am 16.08.2004).

Fragestellung

Ziel der Untersuchung war es, einen Einblick in die Nutzung der Angebote des digitalen Fernsehens durch die Bevölkerung zu erhalten. Die Fragestellungen der Untersuchung lassen sich in sechs Bereiche einteilen: Fragestellungen zu digitalen Fernsehangeboten, zu digitalen interaktiven Angeboten im Allgemeinen, zu *Electronic Programme Guides*, zu digitalen Textangeboten, zu Geräten für die Nutzung digitalen Fernsehens und zu zusätzlichen Angeboten wie z. B. *Video-on-Demand*.

Inhalt

Im Jahr 2001 legte auch das Unternehmen Counterpoint eine im Auftrag des Office of Telecommunications (Oftel, Ende 2003 aufgegangen im Office of Communications) durchgeführte Studie zur Wahrnehmung und Akzeptanz des digitalen Fernsehens in Großbritannien vor.

Methode

Eine Serie von Tiefeninterviews wurde telefonisch, eine weitere in Haushalten durchgeführt; zusätzlich erfolgte eine Reihe von Gruppendiskussionen.

Ergebnisse/Empfehlungen

Die Entscheidung für die Nutzung digitaler Fernsehangebote wurde von den Teilnehmern der Untersuchung, die bereits Abonnenten analoger Fernsehdienste waren, lediglich als *Upgrade* des bestehenden Angebotes gesehen. Auf Grund der bereits bestehenden Kundenbeziehung zum *Provider* gab es für dieses *Upgrade* auch keine besondere Schwelle, da einfach der bestehende Vertrag geändert wurde. Bestand eine solche Kundenbeziehung noch nicht, war die Schwelle für die Anschaffung deutlich höher; ausschlaggebend ist hier die fehlende Akzeptanz, für Fernsehen zu bezahlen. Die Marketingaktivitäten der *Provider* wurden in diesem Zusammenhang von allen Befragten stark kritisiert, auch die Umstellungen bei der Zusammenstellung von Programmpaketen und die Entwicklung von Pay-Angeboten wurden negativ beurteilt, da von den Anbietern lediglich ein Interesse an der Maximierung ihrer Gewinne unterstellt wurde. Positiv wurden von den Teilnehmern die zusätzlichen Angebote beurteilt, außerdem entstand so bei den Abonnenten der Eindruck, ständig über den Zugang zu den neuesten Angeboten verfügen zu können. Möglichkeiten eigener Einflussnahme sahen die Zuschauer nicht, stattdessen hofften sie auf eine Regulierung der Angebote über den Markt. Wichtige Faktoren, die bei der Entscheidung für digitales Fernsehen eine Rolle spielten, waren die zusätzlichen Programme und die verbesserte Empfangsqualität, während interaktive Angebote nur eine geringe Bedeutung bei der Entscheidung für digitales Fernsehen haben. Auch Kinder im Haushalt spielten bei der Entscheidung über die Anschaffung digitalen Fernsehens eine wichtige Rolle; der mit einem Empfangsgerät ausgestattete Fernseher wurde zum Hauptgerät in der Familie und erlaubte so den Eltern, den Fernsehkonsum der Kinder besser zu kontrollieren, da diese das neue Angebot bevorzugten.

Die Untersuchung zeigte, dass Kinder und Jugendliche die Möglichkeiten der neuen Angebote intensiv nutzen und ihre gewonnenen Kenntnisse an die erwachsenen Mitglieder des Haushaltes vermitteln. Die Erschließung der neuen Möglichkeiten erfolgte in der Regel durch Ausprobieren, wobei sich zeigte, dass Kinder und Jugendliche diese Möglichkeiten stärkerer nutzten.

Eine entscheidende Rolle bei der Nutzung digitaler Angebote spielt der *Electronic Programme Guide* (EPG), der nicht als eigenständiges, unabhängiges Angebot gesehen wird, sondern als Zugangsmöglichkeit zu den Programmen. In dieser Funktion führte der EPG nach Angabe der Nutzer auch zu einer Veränderung ihrer Fernsehgewohnheiten. Bei der Programmwahl spielten bevorzugte Genres eine größere Rolle als Programme; bei der Orientierung im restlichen Programm war die Positionierung im EPG für die Wahl des Programms eine wichtige Entscheidungshilfe. Bei bevorzugten Genres kannten die Zuschauer nach kurzer Zeit einige Kanäle auswendig und mussten sich nicht mit Hilfe des EPG's orientieren. Von den Möglichkeiten, individualisierte EPG's zu erstellen, wurde in der Regel kein Gebrauch gemacht. Die neue Vielfalt der Angebote führte in der Einschätzung der Nutzer dazu, dass Videorecorder und DVD-Spieler weniger attraktiv für sie sind, da das verfügbare Angebot bereits als ausreichend eingeschätzt wurde.

Die Nutzung interaktiver Angebote spielte für die Befragten nur eine geringe Rolle. Grund hierfür waren zum einen eine Reihe von technischen Problemen bei dem Versuch, solche Funktionen zu nutzen. Außerdem fehlte den Nutzern eine ähnliche Orientierungshilfe wie der EPG für das Fernsehen. Wenige Befragte nutzten interaktive Textdienste, dies aber mit großer Zufriedenheit. Der Wechsel vom Computer zum Fernsehen mit Diensten wie E-Mail oder *Homebanking* war auf Grund der Platzierung des Fernsehers im Wohnzimmer für die Nutzer nicht attraktiv. Diejenigen, die solche Dienste nutzten, blieben ihrem Computer treu. Lediglich Personen, die keinen Online-Zugang und keine Erfahrung im Umgang mit Computern hatten, waren an der Möglichkeit, über den Fernseher ins Internet zu kommen, stark interessiert. Der Kontext der Fernsehnutzung zur Entspannung und Zerstreuung trifft auch auf das einzige interaktive Angebot zu, das positiver bewertet wurde: Spiele. Viele Befragte nutzten Spiele zur Unterhaltung für kurze Zeitspannen. Bei der Entscheidung über die Nutzung interaktiver Angebote spielte auch die Transparenz über die möglichen Kosten eine wichtige Rolle. Viele Befragte waren sich unsicher, welche Kosten durch die Nutzung zusätzlicher Angebote entstehen würden.

Insgesamt zeigte sich als Ergebnis der Untersuchung, dass die Befragten digitales Fernsehen in erster Linie als Erweiterung des bestehenden Angebotes von Programmen sahen und vor allem deshalb mit dem Angebot sehr zufrieden waren. In Verbindung mit der größeren Vielfalt änderte sich die Nutzung; Genres spielten eine größere Rolle als beim traditionellen Angebot. Bei der Programmwahl spielte der EPG eine zentrale Rolle. Außerdem war für die Auswahlentscheidung das Erkennen eines Programms in einer kurzen Zeitspanne von entscheidender Bedeutung, so dass Zuschauerbindung und Markenbildung für die Anbieter von Fernsehprogrammen von großer Bedeutung sind.

Titel der Studie

Hanley, Pam (2002): **Striking a balance: the control of children's media consumption**, London. Download unter: www.icra.org/press/striking_a_balance.pdf (zuletzt aufgerufen am 16.08.2004.)

Fragestellung

Mit Blick auf Internet und digitales Fernsehen wurde untersucht, wie Eltern den Medienkonsum ihrer Kinder kontrollieren und steuern.

Inhalt

Im Jahr 2002 veröffentlichten BBC, Broadcasting Standards Commission (BSC, Ende 2003 aufgegangen im Office of Communications) und Independent Television Commission (ITC, Ende 2003 aufgegangen im Office of Communications) eine Studie zur Mediennutzung von Kindern und Jugendlichen in Großbritannien.

Methode

Es wurden qualitative Interviews mit 36 Eltern, Erziehern und Kindern aus London, Solihull, Newcastle, Cardiff und Glasgow durchgeführt, die z. T. über Onlinezugänge und digitales Fernsehen verfügten. Zusätzlich wurde eine quantitative Befragung von 500 Eltern mit Kindern im Alter von fünf bis 16 Jahren durchgeführt.

Ergebnisse/Empfehlungen

Die neuen Medienangebote stellen für Eltern eine besondere Herausforderung dar, wenn es darum geht, den Medienkonsum ihrer Kinder zu steuern. Etwa die Hälfte der Haushalte mit Kindern, die an der Untersuchung teilnahmen, verfügte über digitales Fernsehen, etwas weniger hatten einen eigenen Internetzugang. Viele Kinder verfügen über einen eigenen Fernseher in ihrem Kinderzimmer, außerdem nutzen sie Online-Angebote auch außerhalb der Wohnung, so dass die Kontrollmöglichkeiten der Eltern eingeschränkt sind. Die Eltern haben zudem das Gefühl, dass ihre Kinder ihnen im Umgang mit der Technik überlegen sind.

Die Studie offenbart, dass Eltern sich am intensivsten um die Kontrolle des Medienkonsums ihrer Kinder bemühen, wenn diese zwischen zehn und 14 Jahren alt sind. Dabei wollen Eltern ihre Kinder einerseits vor problematischen Inhalten schützen, andererseits aber auch die positiven Möglichkeiten von Kommunikation und Information über die neuen Angebote nicht versperren. Fernsehen wird bei der Suche nach dieser Balance als weniger problematisch eingeschätzt als das Internet.

Es stellte sich heraus, dass Kinder häufig ohne Kontrolle von Inhalten und Dauer den Fernseher nutzen konnten. Eltern wünschten sich bessere Informationen über die Programmangebote, um entscheiden zu können, welche Sendungen für Kinder geeignet sind. Zu den Mechanismen, die Eltern bei der Kontrolle des Fernsehkonsums ihrer Kinder nutzen, zählen u. a. zeitliche Limitierungen, Diskussionen über problematische Programminhalte, Wechseln von Programmen, wenn problematische Inhalte ausgestrahlt werden und unregelmäßige Kontrollen der Programme, die die Kinder allein ansehen.

Die Verwendung von technischen Kontroll-Systemen wird von Eltern kritisch beurteilt. Dies hat vor allem zwei Gründe: Zum einen möchten sie ihren Kindern vertrauen können und halten den Einsatz solcher Systeme für einen Vertrauensbruch, insbesondere im Umgang mit älteren Kindern. Zum anderen fürchten die Eltern, dass die Kinder ihnen bei der Bedienung der Systeme ohnehin überlegen sind.

Im Vergleich zum Fernsehen stehen die Eltern der Nutzung des Internets durch Kinder und Jugendliche sehr skeptisch gegenüber. Im Gegensatz zum Fernsehen, bei dem großes Vertrauen in die existierenden Kontrollinstitutionen besteht, haben die Eltern das Gefühl, den Umgang mit dem Internet intensiver beobachten zu müssen. Kinder unter acht Jahren haben praktisch keinen unbeaufsichtigten Zugang zum Internet, dies nimmt mit steigendem Alter ab. Die Kontrolle der Internet-Nutzung durch die Eltern erfolgt z. B. dadurch, dass der Computer an einem sichtbaren Platz aufgestellt wird, nur die Eltern den Rechner einschalten und die Nutzung nur in Anwesenheit der Eltern stattfindet. Außerdem werden in vielen Fällen die Inhalte genau überwacht, etwa indem eigenständiges Surfen nicht zugelassen wird. Auch in diesem Bereich spielt der Einsatz von technischen Kontrollmöglichkeiten praktisch keine Rolle.

Für die Zukunft sehen die Autoren der Studie einen wachsenden Informationsbedarf der Eltern zu Programminhalten. Außerdem sollte die Akzeptanz von technischen Systemen für die Kontrolle des Medienkonsums verbessert werden, damit die Eltern bei einem unübersichtlicher werdenden Medienangebot diese Möglichkeiten nutzen. Dazu muss nach Ansicht der Eltern vor allem die Benutzerfreundlichkeit dieser Systeme verbessert werden.

Titel der Studie

Hanely, Pam (2002): **The Numbers Game – Older People and the Media.** An ITC Research Publication, London. Download unter: www.ofcom.org.uk/research/consumer_audience_research/tv/tv_audience_reports/numbers_game_older_people.pdf (zuletzt aufgerufen am 16.08.2004).

Fragestellung

Die Studie widmet sich der Frage nach dem Ausmaß der Akzeptanz und Nutzung des digitalen Fernsehens in Großbritannien bei älteren Menschen (ab 55 Jahren).

Inhalt

Im Jahr 2002 erschien eine Studie der Independent Television Commission (ITC, Ende 2003 aufgegangen im Office of Communications) zur Fernsehnutzung älterer Menschen.

Methode

Die Untersuchung stützt sich auf statistische Daten und Ergebnisse der jährlichen Untersuchung „The Public's View" (mit über 1.000 Zuschauern zwischen 07.08. und 11.09.2001), der Befragung des BARB Audience Reaction Panels (23.07.-05.08.2001, 4.478 Antworten sind eingegangen) sowie den Einschaltergebnissen des BARB Panels.

Ergebnisse/Empfehlungen

In dieser repräsentativen Untersuchung zur Fernsehnutzung älterer Menschen zeigte sich, dass diese Bevölkerungsgruppe mit einer täglichen Nutzungsdauer von 314 Minuten wesentlich ausgiebiger das Programmangebot nutzt als der Durchschnitt der britischen Bevölkerung. Es zeigte sich aber, dass diese Gruppe zu einem überdurchschnittlich hohen Anteil nur über terrestrischen Rundfunkempfang verfügt und nur in geringem Maße moderne Geräte mit Videotext oder Breitbild-Formaten nutzt. Auch andere Unterhaltungselektronik wie DVD-Player und Online-Zugänge sind in den Haushalten dieser Bevölkerungsgruppe nur unterdurchschnittlich verfügbar.

Titel der Studie

Klein, Jeremy; Karger, Simon; Sinclair, Kay (Generics Group, IPSOS UK) (2004a): **Attitudes to Digital Television: Preliminary Findings On Consumer Adoption of Digital Television**, London. Download unter: www.digitaltelevision.gov.uk/ pdf_documents/publications/Attitudes_to_Digital_Television.pdf (zuletzt aufgerufen am 16.08.2004).

Klein, Jeremy; Karger, Simon; Sinclair, Kay (Generics Group, IPSOS UK) (2004b): Attitudes to Digital Switchover: **The Impact of Digital Switchover On Consumer Adoption of Digital Television**, London. Download unter: www.digitaltelevision. gov.uk/pdf_documents/publications/AttitudestoSwitchover_300304.pdf (zuletzt aufgerufen am 16.08.2004).

Fragestellung

Es wurden die unterschiedlichen Nutzergruppen mit ihren spezifischen Einstellungen zum digitalen Fernsehen in Großbritannien und die sich daraus ergebenden Folgen für die Anschaffungspläne der Konsumenten näher untersucht.

Inhalt

Die Ergebnisse der im Jahr 2003 durchgeführten zweiteiligen Studie liefern zum einen den Überblick über den momentanen Informationsstand in der Bevölkerung zum digitalen Fernsehen, zum anderen verdeutlichen sie die Segmentierung des Publikums in unterschiedlichen Gruppen in Bezug auf die Akzeptanz digitalen Fernsehens.

Methode

Im März 2003 waren in acht Fokus-Gruppen 4.000 Zuschauern befragt und verschiedene Stakeholder konsultiert worden; die Daten bilden die Basis für den ersten Studienteil. Die Ergebnisse des zweiten Teils der Studie beruhen auf computergestützten persönlichen Interviews mit 1.500 Zuschauern aus Großbritannien (Nov./Dez. 2003). Im Rahmen dieser Befragung wurden Informationen zu den Haushalten und ihren Plänen für den Übergang zum digitalen Empfang von Rundfunkprogrammen gesammelt. Darüber hinaus wurden die Teilnehmer der Befragung mit unterschiedlichen Daten für den *Switch-Over* konfrontiert. Im Anschluss daran wurde geprüft, inwieweit die unterschiedlichen Daten für den *Switch-Over* zu einer Änderung des Verhaltens der Konsumenten führen. Neben den Erkenntnissen dieser Befragung flossen auch Ergebnisse ein, die bei dem im Januar veröffentlichten Studienteil gesammelt wurden.

Ergebnisse/Empfehlungen

Mit Blick auf den Übergangsprozess zum digitalen Fernsehen zeigt sich, dass die Bekanntgabe eines klaren Umstellungsdatums starke Auswirkungen auf die Haushaltsausstattung hat. Die Studie zeigt, dass mit der Bekanntgabe eines klaren Datums für den Übergang zum digitalen Fernsehen das von der britischen Regierung formulierte Ziel, nach dem 95 % der Bevölkerung für die erfolgreiche Einführung des digitalen Fernsehens Zugang zu solchen Angeboten haben müssen, tatsächlich erreichbar wäre.

Bei näherer Betrachtung der Einstellungen der Konsumenten werden im Rahmen der Untersuchung vier bis fünf Typen gebildet.

Dies sind Personen,

- die bereits über digitales Fernsehen verfügen („Adopter"),
- die klare Anschaffungspläne bis 2010 haben, sowie damit verknüpft jene,
- die bei einem klaren Anlass wie der Abschaltung der analogen Übertragung wechseln würden („Likely"),
- die sich kein digitales Fernsehen anschaffen werden („Won't be") und
- die Gruppe der Unentschlossenen („Could be").

Die beiden ersten Gruppen, die dem digitalen Fernsehen am positivsten gegenüber stehen, verfügen im Durchschnitt über ein höheres Einkommen als die anderen Gruppen. Das niedrigste Durchschnittseinkommen hat die Gruppe derjenigen, die nicht zum digitalen Empfang wechseln wollen. Mehr als die Hälfte der Personen aus dieser Gruppe fürchten, den mit dem digitalen Fernsehen verbundenen Anforderungen im Hinblick auf die finanziellen Investitionen, aber auch mit Blick auf die Bedienung der Geräte nicht gewachsen zu sein. Das Durchschnittsalter dieser Gruppe liegt bei 62 Jahren.

Die Veröffentlichung eines Datums für den Übergang von der analogen zur digitalen Rundfunkübertragung fördert einerseits das Tempo der Entwicklung, andererseits stehen die Konsumenten dem Übergang kritisch gegenüber. Die Hälfte der Befragten lehnt die Setzung eines klaren Datums für den *Switch-Over* ab, da sie sich dann dazu gezwungen fühlen, zu reagieren. Vor allem die fehlende Klarheit über die Kosten des digitalen Fernsehens spielt für diese skeptische Haltung eine große Rolle, da auch in Großbritannien digitales Fernsehen oft mit Pay-TV in Verbindung gebracht wird. Die wichtigsten Gründe derjenigen, die dem digitalen Rundfunk positiv gegenüber stehen, sind die bessere Übertragungsqualität und die zusätzlichen Inhalte, in dieser Gruppe ist auch der Informationsstand über die Kosten für die Nutzung der Programme wesentlich besser.

Titel der Studie

Ofcom (2004): **Driving Digital Switchover: A Report To The Secretary of State** ed. Office of Communications, London. Download unter: www.ofcom.org.uk/research/dso_report/print/dso.pdf (zuletzt aufgerufen am 16.08.2004).

Fragestellung

Im Rahmen dieses Berichts sollten die Optionen für die Nutzung des Übertragungsspektrums, die Probleme bei der Umsetzung des *Switch-Overs* und die politischen Handlungsoptionen zur Förderung des digitalen Fernsehens dargestellt werden.

Inhalt

Im Auftrag von Tessa Jowell, der *Secretary of State for Culture, Media and Sport* hat das Office of Communications (Ofcom) einen Bericht über die möglichen Auswirkungen der Einführung des digitalen Fernsehens in den nächsten zehn Jahren erstellt.

Methode

Literaturarbeit in Verbindung mit aktuellen Statistiken.

Ergebnisse/Empfehlungen

Die wichtigsten, positiv zu wertenden Effekte, die sich aus der Einführung des digitalen Fernsehens für Großbritannien ergeben sollen, liegen demnach in der effizienteren Nutzung des zur Verfügung stehenden Übertragungsspektrums – das dann auch für neue zusätzliche Dienste verwendet werden kann –, einer Erweiterung des digitalen Angebots auf dem Rundfunkmarkt, da neuen Marktteilnehmern der Zugang ermöglicht werden kann. Darüber hinaus verbessere sich sowohl die Zahl als auch die Qualität der für den Zuschauer zugänglichen Angebote mit dem digitalen Fernsehen. Schließlich werde durch den frühen Übergang zur digitalen Übertragung die Spitzenposition Großbritanniens in diesem Bereich gefestigt.

Den erhofften positiven wirtschaftlichen Effekten stehen die Investitionen in neue Empfangsgeräte durch die Verbraucher gegenüber. Um den Verbrauchern den Übergang zu erleichtern, sollte aus Sicht des Ofcom eine Simulcast-Phase eingeplant werden, in der sowohl analoge als auch digitale Signale übertragen werden. Um die von der Regierung formulierten Vorgaben für einen erfolgreichen Übergang zum digitalen Fernsehen zu erreichen und tatsächlich 95 % der Haushalte mit digitalem Fernsehen zu versorgen, ist eine gemeinsame Anstrengung aller Beteiligten notwendig, um von der Planung zur tatsächlichen Einführung überzugehen.

In vielen Bereichen sind die Voraussetzungen für die erfolgreiche Einführung des digitalen Fernsehens nach Ansicht der Ofcom noch nicht erfüllt. So fehlten z. B. noch die technischen Voraussetzungen, um eine Reichweite von 95 % für digitale Fernsehsignale zu erreichen. Vor diesem Hintergrund fordert das Ofcom klare Vorgaben für die Gestaltung des *Switch-Overs*, durch die für die Beteiligten Planungssicherheit geschaffen werden soll.

Neben der Klärung des Zeitplanes für den Übergang zum digitalen Fernsehen besteht aus Sicht des Ofcom vor allem bei der Information der Konsumenten dringender Handlungsbedarf, um die Akzeptanz des digitalen Fernsehens zu verbessern. Dies betrifft vor allem Informationen über die Qualität der neuen Angebote und die Empfangsmöglichkeiten für kostenlose Programme.

Neben den Konsumenten sollten auch die Veranstalter Anreize für den Übergang zur digitalen Verbreitung ihrer Programme erhalten. Für die BBC und ihre privatwirtschaftliche Konkurrenz sinken zwar einerseits die Übertragungskosten, andererseits wird das Ergebnis der Entwicklung eine Steigerung des Wettbewerbes sein, die auf der Seite der kommerziellen Veranstalter das finanzielle Budget von Zuschauern und Werbekunden betrifft. Auf der Seite der BBC wird sich möglicherweise der Verlust der Bedeutung auf einem dann vielfältigeren Markt ergeben und so eventuell die Akzeptanz dieser Institution in der Bevölkerung sinken.

Zur verbindlichen Organisation des weiteren Übergangsprozesses fordert Ofcom die Einrichtung einer neuen Institution, die mit klaren Vorgaben die Entwicklung vorantreibt. Diese „SwitchCo" sollte vor allem die Koordination der unterschiedlichen Akteure vornehmen, die an diesem Prozess beteiligt sind und möglichst unabhängig und neutral im Hinblick auf die Entwicklung des digitalen terrestrischen Fernsehens und der anderen möglichen Übertragungswege sein.

Titel der Studie

Oliver & Ohlbaum Associates Ltd. (2004): **An Assessment Of The Market Impact Of The BBC's Digital TV Services** (BBC 3, BBC 4, CBeebies, CBBC). A report for the BBC's submission to the Department of Culture, Media and Sports, London. Download unter: www.culture.gov.uk (zuletzt aufgerufen am 16.08.2004).

Fragestellung

Untersucht wurde das Ausmaß der ökonomischen wie publizistischen Marktmacht der BBC im Bereich des digitalen Fernsehens in Großbritannien sowie Rolle der BBC bei der Einführung des digitalen Fernsehens.

Inhalt

Im Rahmen dieser Studie wird auf die Fernseh- und Online-Angebote CBeebies, den The CBBC Channel, BBC Three und BBC Four eingegangen, die als Referenz für digitale Angebote entwickelt werden sollten. Im zweiten Abschnitt wird vorgestellt, in welcher Weise diese Angebote zu den Aufgaben der BBC passen. In weiteren Kapiteln stehen die Aktivitäten der BBC zur Förderung des digitalen Fernsehens und Radios, die Akzeptanz der Angebote beim Publikum, die Bedeutung der Aktivitäten der BBC im Rundfunkmarkt beim Übergangsprozess sowie die künftigen Pläne im Mittelpunkt.

Methode

Im Rahmen dieser Konsultation wurde im Auftrag der BBC durch das Unternehmen Oliver & Ohlbaum Ltd. eine Marktanalyse zu den digitalen Angeboten der BBC im Wettbewerb mit kommerziellen Anbietern durchgeführt.

Ergebnisse/Empfehlungen

Die Ergebnisse dieser Analyse zeigen, dass die BBC-Angebote als Bestandteile des *Freeview*-Angebotes einen wesentlichen Beitrag zu dessen Erfolg geleistet haben. Da neben den Programmen der BBC noch weitere Anbieter mit diesem Paket verbreitet werden, können diese ihre Reichweite vergrößern. Die Auswirkungen auf die Attraktivität des Pay-TV werden als gering eingeschätzt, da Zuschauer, die *Freeview* nutzen, sich nicht für das Pay-TV-Angebot interessierten.

Besonders positiv werden die umfangreichen Investitionen der BBC in die Entwicklung neuer Programmangebote beurteilt, die erheblich zur Entwicklung einer Produktionslandschaft beitragen. Insbesondere die Kinder- und Jugendprogramme CBeebies und The CBBC Channel, die wesentlich weniger Animationsprogramme senden als die kommerzielle Konkurrenz erfreuen sich einer hohen Akzeptanz. Auch dies habe positive Effekte für die heimische Produktionslandschaft, da hier meist Programme britischer Herkunft gezeigt würden.

Das Engagement der BBC spielt indes vor allem durch das kostenfrei empfangbare *Freeview* eine wichtige Rolle bei der Förderung der Akzeptanz des digitalen Fernsehens in der Bevölkerung insgesamt. Die einzelnen digitalen Programme werden sich in ihren Marktumfeldern uneinheitlich entwickeln; während BBC 3 und BBC 4 weitere Marktanteile gewinnen werden, droht CBeebies durch wachsende Konkurrenz der Verlust von Marktanteilen. Thematische Angebote der BBC werden erhebliche Auswirkungen auf die Entwicklung des Marktes haben, da der finanzielle Spielraum der Konkurrenz für Investitionen in neue Programme gering ist.

Interaktives TV

Titel der Studie

Stipp, Horst (2001): **Der Konsument und die Zukunft des interaktiven Fernsehens: Neue Daten und Erfahrungen aus den USA**. In Media Perspektiven 7/2001, S. 369-377. Download unter: www.ard-werbung.de/showfile.phtml/2001_07_04.pdf ?foid=96 (zuletzt aufgerufen am 16.08.2004).

Fragestellung

Die Studie untersucht die Unterschiede und Gemeinsamkeiten in der Entwicklung des digitalen und interaktiven Fernsehens in den USA und Europa – insbesondere unter ökonomischen Aspekten.

Inhalt

Horst Stipp, Vice President Primary and Strategic Research bei NBC in New York, berichtete 2001 über aktuelle Entwicklungen im Bereich des interaktiven Fernsehens in den USA und vergleicht diese punktuell mit der Situation in Deutschland bzw. Europa.

Methode

Literaturarbeit in Verbindung mit aktuellen Statistiken.

Ergebnisse /Empfehlungen

Nach den negativen Erfahrungen in den 90er-Jahren mit Investments in neue Technologien und Unternehmen sind die Akteure in den USA beim Engagement für das interaktive Fernsehen vorsichtiger als in Europa. Ein Beispiel für solche Fehlinvestitionen ist z. B. das Pilotprojekt von Time Warner in Orlando. Deshalb konnte sich Europa bei der Entwicklung des interaktiven Fernsehens einen Vorsprung erarbeiten, allerdings sind eine Reihe von amerikanischen Firmen bei der Entwicklung von Hard- und Software für das interaktive Fernsehen aktiv. Die entscheidenden Hürden für die Entwicklung sind die schlecht entwickelte Infrastruktur, fehlende einheitliche Standards und die z. T. unklare Rechtslage. Außerdem orientierten sich nach Ansicht des Autors die Vorhersagen zur Entwicklung des interaktiven Fernsehens zu wenig an den tatsächlichen Bedürfnissen der Konsumenten, oft wurde die Rolle der Technik überschätzt und das Verhalten der *Early Adopters* auf das der typischen Nutzer übertragen. Ein Beispiel für eine solche Fehleinschätzung ist die Entwicklung im Bereich der *Personal Video Recorder* (PVR). Für diese digitalen Aufzeichnungsmöglichkeiten auf Festplatten war ein dynamisch wachsender Markt prognostiziert worden, der tatsächliche Absatz ist jedoch bisher enttäuschend. Offenbar beruhten die Prognosen zur Entwicklung des Marktes auf einer Fehleinschätzung des Interesses der Kunden. Am Ende seines Beitrages analysiert der Autor kurz die Chancen von sieben Anwendungen für interaktives Fernsehen. Mit besonders hohen Erfolgschancen sieht er dabei Video-on-Demand-Angebote und EPGs, langfristige Erfolgsaussichten haben möglicherweise auch die PVRs. Das Interesse der Nutzer an Enhanced-TV-Angeboten wie interaktiven Spielen schätzt der Autor als gering ein, auch die Erfolgsaussichten für textbasierte Zusatzangebote werden skeptisch beurteilt. Wichtige Einnahmequellen für die Veranstalter können sich in der Zukunft aus interaktivem Marketing und der Entwicklung von interaktiven T-Commerce-Angeboten ergeben.

Breitband-Internet-Studien

Titel der Studie

Erber, Georg; Köhler, Thomas; Lattemann, Christoph et al. (2004): **Rahmenbedingungen für eine Breitbandoffensive in Deutschland**. Berlin: Deutsches Institut für Wirtschaftsforschung (DIW).

Ausgangspunkt/Fragestellung

In dieser Studie geht es um das Thema der Nutzung von Breitbandtechnologien für den Internet-Zugang in Deutschland. Dazu werden verschiedene Rahmenbedingungen näher beleuchtet: „Determinanten der Nachfrage für private Haushalte im Festnetzbereich", „Technische und regulatorische Voraussetzungen", „Staatliche Aktivitäten zur Förderung der Breitbandnutzung" und „Gesamtwirtschaftliche Effekte der Breitbandkommunikation". Innerhalb dieser Zusammenfassung wird genauer auf die „Nachfrage für private Haushalte im Festnetzbereich" eingegangen.

Inhalt

Die Breitbandtechnologie wird in Deutschland noch wenig genutzt. In der Studie werden Diffusionspfade und Nutzungsmuster sowie die Beiträge der Breitbandtechnologie zu Wachstum und Beschäftigung diskutiert. Insbesondere werden die Determinanten der Nachfrage in privaten Haushalten näher betrachtet. Dabei handelt es sich um: Marktdurchdringung von leitungsgebundenen Breitbandzugangstechnologien, Charakterisierung der Nachfrager, unter den Gesichtspunkten soziodemographischer (Alter, Geschlecht, Einkommen und Beruf) Merkmale sowie die Struktur des Marktes, den Nachfrageeffekten durch wirtschaftspolitische Maßnahmen und einem Vergleich des deutschen Breitbandmarktes mit dem Ausland.

Methode

Es wird eine Sekundäranalyse mehrerer vorhandener Studien zum Thema Breitbandtechnologie durchgeführt. Dabei wird ein eigener Begriff der Breitbandtechnologie zugrunde gelegt: Unter Breitbandtechnologie werden diejenigen Verbindungen verstanden, die eine Übertragungsgeschwindigkeit von über 128 kbit/s ermöglichen. Dabei wird auch aufgezeigt, dass die verschiedenen Studien von verschiedenen Begrifflichkeiten ausgehen.

Ergebnisse/Empfehlungen

In Deutschland dominiert, mit einem dominanten Marktanteil von über 90 %, die DSL-Technologie den Markt für breitbandige Internetanschlüsse. Die Analysen von fünf herangezogenen Studien ergaben eine Prognose zwischen 10 und 17 Mio Anschlüssen in Deutschland bis zum Jahr 2008. Das Internet wird vorwiegend von jüngeren Menschen genutzt. Daraus folgert die Studie, dass auch die Jüngeren einen schnelleren Wechsel zum breitbandigen Internet vollziehen werden und erst längerfristig mit steigenden Nutzerzahlen im höheren Alter zu rechnen ist. Der Internet-Nutzer ist häufiger männlich als weiblich, auch bei den Breitband-Zugängen liegen die Männer mit 69 % klar vorn. Zudem sind Breitband-Nutzer meist Akademiker und leitende Angestellte und leben eher in Haushalten mit höheren Einkommen. Die Sinus-Milieu-Analyse liefert Hinweise auf die Eigenschaften der Breitbandwender-Population, dabei ist besonders unter den Gruppen der „Modernen Performer", der „Postmateriellen", der „Experimentalisten", der „Etablierten" und der „Hedonisten" der Anteil von Internet-Nutzern hoch. Deswegen gehen die Autoren der Studie davon aus, dass sich in diesen Gruppen am ehesten die Breitbandtechnologie durchsetzen wird. Die Gruppen der „Traditionsverwurzelten" und der „Bürgerlichen Mitte" müssen erst noch erschlossen werden, um letztendlich auch den Massenmarkt bedienen zu können. Bei breitbandigem Internet entstehen Netzeffekte, da umso mehr Breitband-Nutzer teilnehmen werden, desto mehr attraktive Dienste angeboten werden. In Deutschland ist allerdings die Bereitschaft für neue Inhalte zu bezahlen eher gering, so dass der Einstieg vor allem durch den *free-content*-Sektor getragen werden muss. Insgesamt ist der Preis für breitbandiges Internet ein wesentlicher Faktor.

Die Studie kommt zu vier Schlussfolgerungen:

- Die sozio-demographischen Daten sowie die Wertevorstellungen der Konsumenten haben einen großen Einfluss auf den Erfolg des Breitband-Internets. Das hohe Alter der Bevölkerung könnte sich als hemmender Faktor erweisen.
- Es gibt auf dem deutschen Markt keine ausgeprägte Konkurrenzsituation und keinen ausgeprägten Wettbewerb unter den alternativen Breitbandtechnologien.
- In Deutschland gibt es besonders wenige Inhalte, die die Breitbandtechnologie begünstigen. Zur Neugewinnung von Breitband-Nutzern müssten zielgruppenspezifische neue Inhalte geschaffen werden, die dazu idealerweise noch kostenlos sind.
- Es konnte kein zentraler Treiber oder Hemmfaktor für die Entwicklung der Nachfrage gefunden werden, welche dominant über die Entwicklung des Breitband-Internets entscheiden wird.

Verwendete Studien:

Accenture (2003): E-Government 2003 – Ergebnisse einer internationalen Vergleichstudie 2003.

Bakkers, J.H. (2003): Broadband Access Services Competitive Analysis ICT (Hrsg.), Framingham.

DotEcon and Criterion Economics (2003): Competition in broadband provision and its implications for regulatory policy. A report for the Brussels Round Table. London.

Durlacher (2000): UMTS Report. An Investment Perspective 2003.

Forrester (2003): Euopean Mobile Forecast: 2003 to 2008.

Gries, Christin-Isabel (2003): Die Entwicklung der Nachfrage nach breitbandigem Internet-Zugang. wik Diskussionsbeiträge Nr. 242, Bad Honnef.

ITU (2003): Birth of Broadband. ITU Internet Reports, Genf.

Little, Arthur D. (2003): High Expectations, Low Profitability: Arthur D. Little Global Broadband report.

OECD (2003): Communication Outlook 2003.

Ovum (2003): Management Summary for the broadband market, 2003.

Prognos (2003):Themenreport Breitband-Access 2007 Ausgabe 2, Basel.

SIBIS (2003): Measuring the Information Society in the EU, the EI Accession Countries, Switzerland and the US, SIBIS Pocket Book 2002/2003, Bonn.

Wood, Rupert (2003): Maximizing Revenues from Broadband: new pricing strategies for European operators, Cambridge.

Titel der Studie

Gries, Christin-Isabel (2003): **Die Entwicklung der Nachfrage nach breitbandigem Internet-Zugang**. Bad Honnef: WIK Diskussionsbeiträge Nr. 242.

Fragestellung

Die Studie geht der Frage nach, wie sich die Nachfrage privater Haushalte nach breitbandigem Internet-Zugang bis zum Jahr 2015 entwickeln wird. Dazu wird nicht nur die Breitbandverbreitung, sondern auch die Anschlussmöglichkeit und Technikentwickelung mit einbezogen.

Inhalt

Das Internet ist in Deutschland weit verbreitet, es erreicht in der Gruppe der über 14-Jährigen eine Verbreitung von über 50 %. Bis 2005 soll diese Verbreitung bis auf 70 % anwachsen. Der schmalbandige Internet-Zugang ist dabei allerdings vorherrschend. Über breitbandige Internet-Anschlüsse verfügten in Deutschland Ende 2002 mit ca. 3,2 Mio weniger als 8 % der Haushalte. Die Breitband-Internet-Entwicklung ist in Deutschland durch folgende Faktoren gekennzeichnet:

- ISDN spielt eine herausragende Rolle für Internet-Zugänge.
- Die Entbündelung der Teilnehmeranschlussleitung fand sehr früh statt.
- Der breitbandige Internet-Zugang wurde Ende 2002 zu 98,4 % über DSL realisiert.
- Im DSL Bereich dominiert im Jahr 2002 mit einem Marktanteil von 92 % die Deutsche Telekom AG.
- Der Breitbandkabelmarkt ist gekennzeichnet durch eine Netzebenentrennung. Der erwartete Umbruch blieb bisher aus.

Die Studie geht folgenden Grundfragen nach:

- Wie wird sich die Breitband-Penetration bis zum Jahr 2015 entwickeln?
- Wie verteilt sich die zukünftige Nachfrage auf die alternativen Zugangstechnologien?
- Welche Faktoren beeinflussen die Nachfrage privater Haushalte nach breitbandigem Internet?

Methode

Zur Beantwortung dieser Fragen wird in der Studie die Szenariotechnik eingesetzt. Dabei werden unter Berücksichtigung aller relevanten Einflussfaktoren die relevanten Treiber und Hemmnisse auf die Nachfrageentwicklung herausgearbeitet und alternative Entwicklungspfade untersucht. Am Ende steht ein Trendszenario für die Marktentwicklung bis zum Jahr 2015. Ausgangspunkt der Analyse bildet dabei das Nachfragepotenzial für breitbandigen Internet-Zugang. Danach wird für jede Plattform geschätzt, wie hoch der Anteil der Haushalte ist, denen ein breitbandiger

Internet-Zugang zur Verfügung gestellt werden kann. Im nächsten Schritt wird die ermittelte Gruppe mit Hilfe der Strategien der Anbieter und ihre Investitionsmöglichkeiten näher analysiert, um letztlich eine Aussage darüber zu treffen, wie vielen Haushalten ein breitbandiger Internet-Zugang angeboten werden kann. Zuletzt werden die Einflussgrößen auf der Ebene der privaten Haushalte selbst berücksichtigt, d. h. es werden die Präferenzen der Nachfrager untersucht.

Ergebnisse /Empfehlungen

Innerhalb der Studie werden Deskriptoren auf „Umweltebene", „Produktebene" und der „Ebene des Nachfragers" identifiziert. Der Nachfrage-Deskriptor wird anhand von sozio-demographischen Merkmalen, den Internet-Ausgaben und Nutzungsintensität des Internets sowie der Technikakzeptanz und Zahlungsbereitschaft bestimmt.

Die Internet-Nutzer unterscheiden sich von den Nichtnutzern hinsichtlich sozio-demographischer Merkmale. So ist der durchschnittliche Internet-Nutzer um die 40 Jahre alt, männlich, gut verdienend und verfügt über ein hohes Bildungsniveau. Die Studie prognostiziert, dass sich die Unterschiede zwischen den Nutzern „deutlich abschwächen" werden. Das Alter der Internet-Nutzer wird zunehmen, weil die heutige Nutzergeneration auch noch im Seniorenalter das Internet nutzen wird. Auch die Merkmale Geschlecht, Bildung und beruflicher Status werden durch die „Diffusion des Internets" an Bedeutung verlieren. Allerdings wird es für einkommensschwache Bevölkerungsgruppen noch schwieriger werden, sich einen Zugang zum Internet zu verschaffen. Zur den Ausgaben privater Haushalte für Dienste im TK- und Internetbereich liegen keine offiziellen Daten vor. Die Autorin schätzt daher die Ausgaben für Mediennutzung und Informationstechnik im Jahr 2002 auf monatlich ca. 130 € pro Kopf. Dabei gab der durchschnittliche Internet-Nutzer im Monat etwa 20 €, der Breitband-Nutzer 25 € für den Internetzugang aus. Die Studie prognostiziert einen Anstieg dieser Ausgaben bis 2015 um 2-3 % pro Jahr.

Auch die Nutzungsintensität des Internets ist in den letzten Jahren gestiegen, dabei verbringen durchschnittliche Schmalband-Nutzer weniger Zeit im Internet als DSL-Nutzer. Die gegenwärtig am stärksten genutzten breitbandigen Anwendungen, sind Audio-/Videodienste, *Download* von Dateien, *Messaging*, *Chat* und Spiele, sowie *E-learning* und *E-shopping*. In Zukunft wird es laut Studie keine Killerapplikation geben, die einen schnellen Anstieg von breitbandigem Internet zur Folge hätte. Eher wird ein Mix aus verschiedenen Anwendungen zur Verfügung stehen, dessen Entwicklung allerdings stark von den Faktoren wie Tarifentwicklung und Freizeitgestaltung abhängen wird. Ein weiterer wichtiger Punkt ist die Technikakzeptanz und Zahlungsbereitschaft. Die Autorin geht dabei von einer steigenden Akzeptanz der Breitband-Technologie und einer einhergehenden langsamen Steigerung der Zahlungsakzeptanz aus. Insgesamt werden folgende Treiber und Hemmnisse für die Verbreitung von breitbandigem Internet abgeleitet:

Treiber:
- Die Gemeinde der Internet-Nutzer gleicht sich immer stärker der allgemeinen sozio-demographischen Verteilung der Bevölkerung an.

- Durch die steigende PC-Verbreitung verbessern sich insgesamt die Zugangsvoraussetzungen zum breitbandigen Internet.
- Die Haushaltseinkommen wachsen geringfügig.
- Es kommt zu einer langsam steigenden Technikakzeptanz und Zahlungsbereitschaft bei den Nutzern.
- Die Vorteile des breitbandigen Internets wird bis zum Jahr 2015 deutlich wahrgenommen.
- Die Nutzungsdauer verlängert sich durch neue Applikationen.
- Es sind kaum noch Anwendungen für schmalbandiges Internet vorhanden.
- Es kommt zu einer Verschärfung der Konkurrenz der Zugangsplattformen, die sich positiv auf die Nachfrage auswirkt.

Hemmnisse:

- Bis 2015 werden nicht alle Haushalte flächendeckend mit breitbandigem Internet versorgt werden können.
- Haushalte mit geringem Einkommen werden es noch schwerer haben, einen Zugang zum Internet zu bekommen.
- 2015 gibt es immer noch Haushalte, die sich gegen breitbandiges Internet entscheiden.
- Die Zugangsgeräte für breitbandiges Internet erreichen eine Sättigungsgrenze, die weit unter 100 % liegt.

Insgesamt wird etwa die Hälfte aller deutschen Haushalte 2010 über einen breitbandigen Internet-Zugang verfügen. 2015 wird DSL einen Marktanteil von 68 % haben und auf der Basis des Kabelnetzes werden mehr als ein Viertel der Haushalte angeschlossen sein.

Für die Kabel-TV-Plattform selbst kommt die Autorin zum dem Schluss, dass 2015 etwa 25 % aller Breitband-Nutzer über Kabelmodemsysteme ins Internet gehen werden. Dabei liegt die jährliche Wachstumsrate beginnend im Jahr 2002 bei etwa 48 %. Entscheidend dafür ist der voranschreitende Netzausbau. Bleibt dieser aus, verschlechtert sich die Prognose beträchtlich.

GPSR Compliance
The European Union's (EU) General Product Safety Regulation (GPSR) is a set of rules that requires consumer products to be safe and our obligations to ensure this.

If you have any concerns about our products, you can contact us on

ProductSafety@springernature.com

In case Publisher is established outside the EU, the EU authorized representative is:

Springer Nature Customer Service Center GmbH
Europaplatz 3
69115 Heidelberg, Germany